Amand Rose Emy

Über die Bewegung der Wellen und über den Bau am Meere und im Meere

Amand Rose Emy

Über die Bewegung der Wellen und über den Bau am Meere und im Meere

ISBN/EAN: 9783955623630

Auflage: 1

Erscheinungsjahr: 2013

Erscheinungsort: Bremen, Deutschland

@ Bremen-university-press in Access Verlag GmbH, Fahrenheitstr. 1, 28359 Bremen. Alle Rechte beim Verlag und bei den jeweiligen Lizenzgebern.

Ueber die

Bewegung der Wellen

und

über den

Bau am Meere und im Meere.

Von

A. R. Emy,

königl. franz. Obersten im Genie=Corps, Offizier der Ehrenlegion und Ludwigs=
ritter, ehemaligem Fortifikations=Direktor von la Rochelle und Bayonne,
Mitgliede der Akademie der Künste und Wissenschaften von la Rochelle.

———

Aus dem Französischen übersetzt

von

C. Wiesenfeld,

Professor der Baukunst am Prager polytechnischen Institute, Mitgliede mehrerer
gelehrter Gesellschaften.

Wien, 1839.

Vorrede des Verfassers.

Viele Gelehrte haben mit Hilfe der Analyse das Problem der Wellen zu lösen gesucht, aber ihren Kalkül auf willkürliche Voraussetzungen oder auf solche Erfahrungen gegründet, bei welchen ganz andere Umstände obwalteten und ganz andere Mittel eine Bewegung hervorbrachten, welche der immerwährenden und großartigen der Meereswogen entsprechen sollte.

Newton war der erste, welcher sich mit der Bewegung der Wellen beschäftigte, auch Laplace, Lagrange, Biot und Poisson haben ihren Scharfsinn darauf gerichtet; alle ihre Theorien aber sind auf Annahmen gegründet, ohne welche die Aufgaben so verwickelt geworden wären, daß ihre Lösung nicht gehofft werden konnte *).

Die vorzüglichsten Untersuchungen bezogen sich jedoch nicht auf die Baukunst, denn man bekümmerte sich nur um die Geschwindigkeit der Wellen auf der Oberfläche einer Flüssigkeit für eine augenblickliche Schwankung, und vernachlässigte meistens die Phänomene, welche die Oscillation der Wellen begleiten.

---

*) Mémoire sur la théorie des ondes par M. Poisson. Nouveau recueil de l'Academie des Sciences t. 1.

Der Zweck solcher Untersuchungen schien mehr eine Erweiterung des Gebietes der **transcendenten Analyse** als die Auffindung von Resultaten zu sein, welche beim Seebauwesen nützlich sein konnten, wo es wichtig ist, die Art und Weise des Wellenspieles, das heißt jener Bewegung, die im Innern der schwingenden Massen vorgeht und zerstörend auf die Umgebungen wirkt, kennen zu lernen.

Den Herren de la Coudraye*), Offizier in der Marine, und Brémontier**), Ingenieur beim Straßen- und Brückenbau, verdankt man die ersten, auf Beobachtung gegründeten Untersuchungen über die Wellen.

Herr de la Coudraye hatte beobachtet, daß die Wassertheilchen einer Welle sich fast nur vertikal auf- und abwärts bewegen; Brémontier aber sprach bestimmt aus, daß die Elementchen des Wassers sich erheben und herabfallen, ohne weder in Bezug auf die Oberfläche von ihrer Stelle zu rücken, noch von der vertikalen Linie abzuweichen. Diese Gelehrten haben dieß mit aller Strenge als Grundsatz angenommen, und bei ihren Untersuchungen über die Fortpflanzung der Wellen nichts weiter als die Höhe (amplitude) der vertikalen Oscillationen betrachtet.

Brémontier schlug in Folge dieser nur vertikalen Bewegung vor, die dem Wasser zugekehr-

---

*) Théorie des vents et des ondes. Paris an. X.
**) Recherches sur les mouvemens des ondes. Paris 1809.

ten Flächen der Stränd=Mauern, und anderer, dem Wellenschlage ausgesetzten Bauwerke senkrecht herzustellen.

Ich habe, da ich in der Lage war, eine große Menge vom Meere zerstörter Mauern zu untersuchen, bemerkt, daß viele, obgleich mit fast senkrechten Verkleidungen versehen, in Rücksicht auf ihre Stärke verhältnißmäßig schnell zu Grunde gegangen waren *).

Indem ich bei Neubauten, und namentlich bei Herstellung einiger großen Futtermauern diese bedeutenden Nachtheile vermeiden wollte, habe ich mich bemüht, zu untersuchen, warum Brémontier's Theorie so wenig mit den Resultaten der Erfahrung übereinstimme.

Ohne Hoffnung, die Schwierigkeiten des Kalküls zu überwinden, welche bereits der Gegenstand des Nachdenkens der ersten Gelehrten gewesen sind, habe ich mich allein darauf beschränkt, die Erscheinungen bei Wellen auf dem Meere selbst in ihrer imposanten Größe, und unter Einwirkung aller Umstände zu beobachten. Ich erkannte, daß viele Beobachtungen der Herren de la Coudraye und Brémontier wahr, aber die daraus abgeleiteten Theorien unvollkommen seien, und daß vorzüglich die von Brémontier in Beziehung auf die

---

*) Die Außenflächen der Mauern haben gewöhnlich eine Böschung von $1/5$ bis $1/10$ der Höhe, was sich der senkrechten Stellung ziemlich nähert.

Gestalt *) und Brechung der Wellen, ihr Auslaufen, und das, was er die Grundwellen **) nennt, falsch sei. Ich habe entdeckt, daß die wirklichen Grundwellen sehr wichtige, ihrer Natur nach bis jetzt unbekannte Erscheinungen darbieten, obgleich einige ihrer Wirkungen schon beobachtet wurden.

Die Grundwellen (in Ermanglung einer besseren Benennung behalte ich diesen Namen bei), ganz unähnlich jenen an der Oberfläche, sind die vorzüglichsten Ursachen der Veränderungen der Ufer und der Zerstörung der Seebauwerke. Ich nahm wahr, daß sie einen ungeheuren horizontalen Stoß hervorbringen, und daß daher unter allen, dem Meere ausgesetzten Mauerprofilen keines weniger zweckmäßig sei, als das von Brémontier angegebene. Ich unterzog mich hiernach der Untersuchung, welche Form die Strandmauern erhalten müßten, um im Stande zu sein, der Wuth der Wellen zu widerstehen, und das im achten Kapitel beschriebene Profil einer Strandmauer gibt die Auflösung der mir vorgesetzten Aufgabe. Dieses Profil wurde ausgeführt, und hat, obgleich es bis jetzt erst zehn Jahre besteht, die von

---

*) Es ist bemerkenswerth, daß die Gelehrten den Wellen solche Krümmungen zuschrieben, welche von jenen, die sie wirklich haben, ganz verschieden sind, und daß gute Seemaler, welche die Natur kopirten, ihre wahre Gestalt viel besser darstellten.

**) Das Werk von Brémontier ist erst nach seinem Tode gedruckt worden, und es unterliegt keinem Zweifel, daß, wenn dieser gelehrte Ingenieur noch länger am Leben geblieben wäre, er seine Theorie verbessert hätte; ich aber mußte sie so betrachten, wie sie dem Publikum mitgetheilt wurde.

mit beabsichtigten Vortheile gewährt, weßwegen es auch jetzt bereits von mehreren Ingenieurs angenommen worden ist. Der Zweck dieser Schrift ist ferner, zu zeigen, wie Seebauwerke vom Meere angegriffen und zerstört werden, und wie das oben angezeigte Profil dieselben fähig mache, der beständigen Wirkung der Wellen zu widerstehen. Ich werde durch eine neue Theorie die Erscheinungen bei Wellen und diejenigen aus der physischen Geographie, bei welchen das Meer einwirkt, z. B. Ansandungen, Untiefen an den Flußmündungen (barres), das Toben des Meeres bei ruhiger Luft, die Springflut in Flüssen, erklären, und endlich versuchen, auch einige geologische Fragen zu beantworten.

Indem ich mich mit den Phänomenen der Wellen beschäftigte, mußte ich auch die Mittel untersuchen, die Ruhe des Wasserspiegels in den Häfen hervorzubringen, weßwegen ich mir die Gelegenheit verschaffte, die Rhede zu Cherbourg mit größter Aufmerksamkeit zu studiren, was zufällig gerade zur Zeit der größten Flut, im Oktober 1830, geschah. Meine Wellen-Theorie bestimmte mich zu der Vermuthung, daß die Grundwellen das Gelingen der Dammarbeiten bis jetzt verhindert hätten; meine Vermuthung ward zur Gewißheit, als ich auf der Steinschüttung war, und dieselben Wirkungen des Meeres sah, wie ich sie bereits anderswo bemerkt hatte.

Nachdem alle dortigen Bauten so wie die gemachten und beabsichtigten Vorschläge kurz ge=

würdiget ſein werden, lege ich hier einen neuen Entwurf vor, welcher nach der Theorie der Wogen und der Grundwellen die vollkommene und unfehlbare Löſung eines Problemes enthält, das den Dienſt der franzöſiſchen Marine in hohem Grade intereſſirt.

Ob ich gleich gezwungen bin, die bisher geltenden Wellentheorien zu unterſuchen, um ihre Unzulänglichkeit darzuthun, ſo möge man, wenn ich auch eine neue, vollkommnere Theorie als Erſatz dafür zu bieten verſuche, in dieſem Werke keine analytiſchen Unterſuchungen oder eine gelehrte Abhandlung über die Oscillationen der Wellen erwarten. Ich habe bloß die zahlreichen, durch alle Seeleute als wahr anerkannten, oder von mir geſammelten Erfahrungen in der Abſicht zuſammengeſtellt und erklärt, um, wenn auch keine vollſtändige Theorie aufzuſtellen, doch die nützlichen Kenntniſſe über Phänomene zu vermehren, welche die Ingenieurs bis jetzt, meiſtens mit wenigem Erfolge, beobachtet haben. Ich glaube in Beziehung auf das, was bei Seebauten, und hauptſächlich zur Bekämpfung und Zähmung der Wellen nöthig iſt, genug geſagt zu haben, und würde mich glücklich ſchätzen, wenn mein Werk die Aufmerkſamkeit der Gelehrten in ſo weit auf ſich zöge, um ſie zu ſtrengen analytiſchen Unterſuchungen, welche in den Bereich der naturforſchenden Mathematik gehören, zu beſtimmen.

Vorrede zur deutschen Uebersetzung.

Von allen mathematischen Untersuchungen der Natur ist keine bisher von weniger glücklichem Erfolge gewesen, als die Erörterung der Bewegungsgesetze des Wassers und überhaupt aller Flüssigkeiten. Es ist der Analysis gelungen, die Mechanik des Himmels den genauesten Rechnungen zu unterziehen, für die Bewegung des Wassers aber hat aller Scharfsinn der Analytiker, wir mögen es frei bekennen, kaum den Schatten einer vollkommenen Theorie zu begründen vermocht. — Nach vielfältigen und in der That doch so wenig erfolgreichen Bemühungen der achtbarsten Physiker und Mathematiker, schien man fast daran verzweifeln zu müssen, daß es je möglich sein werde, die Resultate der Rechnung mit den Erscheinungen übereinstimmen zu sehen. Gewiß wäre dieß jedoch anders, wenn jene großen Männer, die sich mit hydraulischen Problemen beschäftigten, durch zahlreiche und gute Beobachtungen ihrer Vorfahren, wie z. B. in der Astronomie, in den Stand gesetzt worden wären, für ihre Rechnungen die erforderlichen Daten und für ihre Resultate einen Prüfstein zu finden. Dem Mangel dieser Beobachtungen ist es demnach vorzüglich zuzuschreiben, daß fast Alles, was hierin geleistet wurde, ganz oder theilweise auf willkürlichen und oft unstatthaften Voraussetzungen und Spekulationen beruht, denn es konnten dem Kalkul nur sehr wenige und nur sehr unzuverlässige Daten unterlegt werden.

Auch auf dem Wege kleiner Versuche, wie sie du Buat, die Gebrüder Weber und mehrere Andere angestellt haben, ist man dem gewünschten Ziele nur unmerklich näher gerückt.

Hierin allein läge im Allgemeinen schon Aufforderung genug für die Naturforscher, sich mit einem Gegenstande zu beschäftigen, der noch so wenig ergründet ist; diese Lücke in der Wissenschaft hat aber auch auf das praktische Leben einen wesentlich nachtheiligen Einfluß, denn dort, wo es sich darum handelt, das Wasser zu benützen, oder die Werke der Menschen gegen diesen unermüdlichen und zugleich riesig starken Feind derselben zu befestigen oder zu vertheidigen, entbehrt man häufig fast ganz einer gründlichen wissenschaftlichen Belehrung und Unterstützung. Ungeachtet zu unserer Zeit fortwährend große und merkwürdige Wasserbauten aller Art ausgeführt werden, so ist dabei am meisten doch nur die Kühnheit und vorzüglich die Umsicht und Geschicklichkeit in Ueberwindung der vorkommenden Schwierigkeiten zu bewundern, und man muß oft von Glück sagen, wenn unter dem Anscheine wissenschaftlicher Begründung, das Urtheil des gesunden Verstandes, oder der Rathschlag eines praktischen Sinnes verhüllt ist; weit öfter wird die mangelhafte Theorie willkürlich gedeutet und mißbraucht, und auf diese Art die Quelle ganz verkehrter und widersprechender Ansichten und Projekte.

Es ist allerdings demüthigend, dieses Geständniß auszusprechen zu müssen, gleichwohl aber macht man dadurch den ersten Schritt vorwärts, da Selbstgefälligkeit nirgend nachtheilbringender ist als hier. Mit einem Schlage, und so leichten Kaufes wird man, wie die Erfahrung lehrt, den Principien der Wasserbewegung keineswegs auf die Spur kommen, — doch welches wissenschaftliche System wurde wohl in **einer** Nacht zusammen gestellt?

Das Belauschen der Natur bei Beobachtung der Bewegung des Wassers hat seine besonderen Schwierigkeiten, weil die Erscheinungen eben so vorübergehend als complicirt sind, aber mühsamere Beobachtungen und schwierigere Probleme als in der Astronomie dürften doch nicht immer vorkommen, und deßwegen scheint die Hoffnung nicht ungegründet zu sein, daß, wenn Männer von scharfer Beobachtungsgabe sich fortan solchen Arbeiten unterziehen, einst auch die Hydraulik, wenigstens theilweise jenen Grad von Vollkommenheit und Zuverläßigkeit erlangen werde, welcher für diesen Theil der Naturwissenschaft so wünschenswerth und nothwendig ist.

Derjenige Zweig der Hydraulik im weitesten Sinne, welcher die großartigsten Erscheinungen umfaßt, betrifft die Bewegung der Wellen, und vielleicht eben darum haben sich seit Newton die ausgezeichnetsten Köpfe mit demselben beschäftigt. Durch Theorie und Versuche ist wirklich schon Vieles erklärt worden, aber merkwürdiger Weise haben jene Männer, denen wir die scharfsinnigsten Erörterungen über die Wellenbewegung verdanken, den eigentlichen Schauplatz der Wellen — ich meine das Meer — kaum gesehen, viel weniger aufmerksam genug beobachtet. In der Hauptsache blieb ihr Genie daher ohne eigene Anschauung auf den ohnehin kargen Schatz schwankender und undeutlicher Berichte hingewiesen. — Welch Wunder demnach, daß dieser Theil der Physik so unvollkommen blieb als er es ist, und daß wir bis heute unvermögend sind, viele große Phänomene des Meeres, die verschiedenen Strömungen, das Auswerfen der ins Meer gefallenen Körper und dergleichen mehr, auch nur einiger Maßen befriedigend zu erklären?

So viel uns bekannt ist, haben zwar einzelne Männer schon im Verlauf des vorigen Jahrhunderts die Wellen des Meeres in der Absicht, eine erschöpfende Wellentheorie ausfindig zu machen, wissenschaftlich zu beobachten angefangen, doch sind sie, so dankenswerth übrigens ihre Bemühungen sind, noch weit davon entfernt geblieben, diese große Aufgabe gehörig zu lösen. Erst unserer Zeit schien es vorbehalten zu sein, hierin, so wie in vielem Andern einen bedeutenden Fortschritt zu machen. Dem französischen Ingenieur-Obersten Emy, einem Manne von gründlicher Bildung und begabt mit einem hohen Grade von Scharfsinn, der mehrere Decennien lang das Meer aufmerksam beobachtet und seinem Berufe gemäß am Meere gebaut hatte, gelang es, seine vielfältigen Erfahrungen mit jenen Anderer zu vereinigen und nach sorgfältiger Prüfung und Sichtung aller ihm bekannt gewordenen Leistungen in diesem Fache, ein vollständiges System der Wellenbewegung zu begründen. Ein einziger heller Gedanke, die Entdeckung und Erklärung der Grundwellen, hätte ihm allein schon die Anerkennung und den Dank der Nachwelt erworben. Er hat die gesammten Resultate seiner Forschungen, so wie nicht minder eine Anwendung derselben auf das Seebauwesen im Jahre 1831 der Publicität übergeben. In diesem schätzbaren Werke ist eine Wellentheorie nicht bloß hypothetisch aufgestellt, sondern sie ist auch bewährt durch den guten Erfolg der nach solchen Principien ausgeführten Bauten, während sie zugleich dazu dient, viele noch nicht gehörig erklärte Erscheinungen und Thatsachen aus dem Gebiete der Physik und Geologie, ihrer Ursache und Wesenheit nach, vollkommen zu erklären.

Es sind daher von dem Obersten Emy nicht etwa bekannte Sachen nur neu aufgewärmt worden, sondern seine Arbeit ist als eine wahre Bereicherung der Naturwissenschaften und der Baukunst zu betrachten, und das deutsche Publicum erhält in der hier gelieferten Uebersetzung ein, dem Physiker und Ingenieur gleich interessantes und wichtiges Werk. Erst jetzt, wo Alles, was mit der Wellenbewegung des Wassers in Verbindung steht, deutlich erörtert werden kann, erhalten die sämmtlichen früheren Abhandlungen über diesen Gegenstand ihren gehörigen Werth, und es wird nicht fehlen, daß bei der Aufmerksamkeit, welche man seit dem Beginne dieses Jahrhunderts der fortgesetzten und ununterbrochenen Beobachtung des Meeres gewidmet hat, nun auch jene Meeres-Erscheinungen, die größtentheils von der Bewegung der Himmelskörper abhängen, ihre vollständige Erklärung finden werden. Die neulich erst bekannt gewordene Abhandlung des Herrn Whewell über die Flutwellen *) scheint diese Meinung zu bestätigen.

Es hätte in dieser Uebersetzung die hie und da eingewobene Widerlegung einiger älterer Irrthümer, da sie von deutschen Gelehrten aus der letzten Zeit,

---

*) Phil. Trans. of the Royal Society of London 1833 Part. I. p. 147, auch deutsch in den Annalen der Erd-, Völker- und Staatenkunde von Dr. H. Berghaus. 18. Jahrgang, 1837. p. 393.

deren Schriften dem Herrn Obersten Emy unbekannt blieben, berichtigt sind, ausgeschieden und eben so wohl manche, vorzüglich theoretische, Zusätze gemacht werden können, aber aus gerechter Scheu vor unbefugner Willkür und um auch den Schein zu vermeiden, als hätte man an einer vorzüglichen Sache meistern wollen, ist in der Form und in der Wesenheit des Originales nichts geändert worden. Die analytische Behandlung der Wellenbewegung mag einem besonderen Werke vorbehalten bleiben.

Mit dem Wunsche, daß Emy's Werk in Deutschland eine gleiche Würdigung und Anerkennung finden möge, wie in Frankreich, verbindet man die Bitte, vor Lesung desselben die angezeigten wenigen Druckfehler gütigst zu verbessern.

Prag, im Jänner 1839.

Der Uebersetzer.

Ueber die

Bewegung der Wellen

und über den

Bau am Meere und im Meere.

Erstes Kapitel.

Scheinbare Fortbewegung der Wellen.

1. Die Wellen sind nichts anderes als Unebenheiten der Oberfläche des, in Unruhe versetzten Meeres; es gibt deren zwei Gattungen: die erste begreift jene Wellen, welche ich die laufenden nennen werde, weil es scheint, als befänden sie sich in fortschreitender Bewegung; sie werden meistens durch den Stoß des Windes hervorgebracht, kommen von der offenen See, und endigen am Ufer. Die zweite Gattung begreift die stehenden Wellen. Diese sind eine Art der erstern, nichtsdestoweniger aber von ihnen ganz verschieden, denn sie zeigen kein Fortrücken. Bis jetzt haben Jene, welche über die Wellen geschrieben haben, nur von den laufenden gesprochen.

2. Man sieht oft Wellen von verschiedener Größe sich zugleich nach verschiedenen Richtungen bewegen, sich nach allen Richtungen kreuzen, und so den Anblick von Unordnung darbieten; aber bei genauerer Beobachtung erkennt man, daß jede Welle, selbst während der heftigsten Aufregung, einem eigenen System von, durch eine besondere Kraft hervorgebrachter, schwankender Bewegung angehöre, und daß jede dieser Wellenschwankungen unabhängig von andern, allein bestehen könne. Die Kombination mehrer Wellen-Systeme gibt eine zusammengesetzte Wellenschwankung. Brémontier hat nur solche zusammengesetzte Wasserbewegungen beobachtet, welche von der Durchkreuzung kreisförmiger Wellen herrühren, die durch den Fall dreier Körper in ein Bassin entstanden sind.

Er beobachtete auch ein zeitweise wiederkehrendes Erheben der Wellen, und schrieb es mit Recht dem Zusammenwirken zweier Wellensysteme zu; eines von großen, sehr sichtbaren Wellen, das andere von kaum bemerklichen, d. i. solchen, die bei großer Breite nur eine sehr schwache Erhebung zeigen; er gab aber keine Erklärung über das gleichzeitige Beisammenseyn mehrer Wellensysteme, und Niemand beschäftigte sich weiter damit.

Ich hätte mich wohl dessen entheben können, von den zusammengesetzten laufenden, und eben so von den stehenden Wellen zu sprechen, weil sie nicht in unmittelbarer Beziehung zu den Seebauten stehen; aber insofern sie mit den allgemeinen Fragen über die Wellen zusammenhängen, glaubte ich ihnen ein Plätzchen in diesem Werke einräumen zu müssen; übrigens aber läßt sich Alles, was ich über die zusammengesetzten Wellensysteme und über die stehenden Wellen anführe, aus dem Mechanismus der einfachen Wellen entwickeln, und wird dazu dienen, die Zuverlässigkeit meiner Theorie über die Bewegung der Wellen zu bewähren.

3. Die Wellen, welche von der offenen See kommen, haben, verglichen mit den sekundären, die sie durchkreuzen, meist eine so bedeutende Größe, daß man sie als einfache betrachten kann, und dieß um so mehr als sie allein gegen die Bauwerke eine kräftige Wirkung äußern, sei es auf direkte Art, oder indem sie, höchst zerstörende, Grundwellen hervorbringen.

4. Es sei A B C D E F G Fig. 1 das, bis jetzt angenommene Profil, welches für einen gegebenen Zeitmoment den, mit der Fortrückung oder scheinbaren Bewegungsrichtung parallelen Durchschnitt einer verticalen Ebene, mit der bewegten Wassermasse darstellt. Es versteht sich, daß die Erzeugungslinien der schwankenden Oberfläche (generatices) in jedem Zeitmomente gerade, horizontale, auf den obigen Durchschnitt

senkrechte Linien sind, und daß in jedem Augenblicke diese Wasseroberfläche von der Gattung der cylindrischen, die, in der Figur gezeichnete Kurve bildet. Diese vollkommene Regelmäßigkeit der Wellen findet indessen wegen des steten Wechsels der Winde fast niemals Statt. Doch ist es nöthig, sie hier vorauszusetzen, um einen, ohnehin so schwierigen Gegenstand zu vereinfachen. Zum Glück kann diese Voraussetzung auf die Genauigkeit der Resultate unserer Untersuchungen keinen nachtheiligen Einfluß haben.

Man nennt **Wellenberge** jene Theile B. D. F. der schwankenden Wassermasse, welche über O R sich erheben, und O R stellt den horizontalen und ebenen Spiegel dieses, als vollkommen ruhig, gedachten Wassers vor. **Wellenthäler** heißen die Vertiefungen C E, zwischen den Wellenbergen und **unter demselben Niveau**, O R. Jede Welle besteht daher aus einem Wellenberge und zwei halben Wellenthälern, oder was einerlei ist, jede Undulation abwechselnd aus Wellenbergen und Wellenthälern, so, daß der Berg zwischen zwei Wellenthälern, und das Wellenthal zwischen zwei Wellenbergen eingeschlossen ist.

5. Man ist übereingekommen, die Entfernung der Mitten zweier nachbarlicher Wellenthäler **die Länge der Wellen** zu nennen; so ist C E die Länge, und die Vertikale D Z, die Höhe der Welle C D E. Man sagt, die Wellen seien lang oder kurz, je nach dem Verhältniß der Linie C E zur Höhe D Z, indem man die Wellen des weiten Oceans, des größten bekannten Wasserbeckens, wo sie nach jeder Richtung hin den erforderlichen Raum zur freien Bewegung haben, zur Richtschnur nimmt.

Es wäre richtiger gewesen, dieses Ausmaß die Breite zu nennen, und die Bezeichnung Länge für jene, oft meilenlange Ausdehnung der Wellenberge zu bestimmen, welche meist parallel mit dem Ufer ist. In wulstförmigen, ununterbrochenen und unter sich parallelen Linien scheinen die Wellen nemlich dem Ufer zuzueilen. Nichts destoweniger haben die Seeleute, sie mögen das bewegte Meer wie immer mit ihren Schiffen durchschneiden, stets die Länge nach jener Richtung gezählt, wohin die Bewegung der Wellen zu gehen scheint.

6. Die Bewegung der Wellen zeiget ein scheinbares Fortrücken derselben. Betrachtet man aber die Bewegung der Elemente des Wasserspiegels, so bemerkt man, daß sie bloß schwanken (osciIIiren) und die Wellenberge bilden, indem sie sich erheben, die Wellenthäler, indem sie sich senken. Eine wirkliche Fortbewegung in horizontaler Richtung findet nicht Statt, und nur die Ordnung und Aufeinanderfolge der Schwankungen verursachen die Wellen und den Anschein des Fortrückens. Stellet man sich vor, daß die Wellen in O erregt werden, und von O nach R sich fortpflanzen, so sieht man die Wellenberge B D F, einen nach dem andern auch von O nach R vorrücken, und doch beweget sich kein Wassertheilchen wirklich von O nach R. Die fortrückende Bewegung beziehet sich demnach wohl auf die Gestalt der Wellen, nicht aber auf die Wassertheilchen *). Gerade so ist's bei der Bewegung einer, in der Luft flatternden Fahne; die wellenförmigen Ausbauchungen und Einbauchungen durchlaufen die ganze Ausdehnung des Stoffes, und doch bleibt dieser befestigt an der unbeweglichen Stange. Eben so ist's bei den Schwingungen der Aehren eines Kornfeldes. Die, vom Winde hervorgebrachten Wellen scheinen fort

---

*) Nichts stellt die Fortrückung der Gestalt ohne wirkliche Bewegung der Materie nach der Richtung der Fortrückung besser dar, als die Oberfläche einer Schraube, welche man zwischen zwei festen Puncten um ihre Achse drehet. Man bedient sich auch in Theatern großer gewundener Säulen, welche, angemessen gemalt, horizontal gelegt, und um ihre Achse gedreht werden, um die Bewegung der Wellen auf eine sehr täuschende Weise vorzustellen.

zu fliehen, und doch sind Aehren und Halme an die Scholle gebunden. Es ist endlich auch so mit den Schwingungen einer langen Saite, deren eines Ende festgehalten wird, während das andere sich frei nach der Wirkung der mitgetheilten Bewegung krümmt. Die Fig. 5 zeigt hiervon ein Beispiel *).

7. In fließenden Wässern, selbst während der Ebbe und Flut des Meeres, haben die Wellen, von welcher Seite her sie sich auch fortpflanzen mögen, durchaus keinen Einfluß auf die Geschwindigkeit des Stromes; aber dieser reißt sie mit seiner Geschwindigkeit fort, ohne übrigens im mindesten den Mechanismus der oscillirenden Bewegung zu ändern, so zwar, daß, je nachdem die Wellen dem Strome, auf welchem sie sich zeigen, entgegen gehen oder folgen, ihre scheinbare Geschwindigkeit gleich ist dem Unterschiede oder der Summe ihrer eigenen, und der Geschwindigkeit des Stromes. Ich nenne die eigene Geschwindigkeit der Wellen jene, welche sie hätten, wenn das Wasser stünde.

Es geschieht zuweilen an der Ausmündung von Flüssen, daß die Geschwindigkeit der vom Meere herkommenden Wellen, jener des Flusses ziemlich gleich ist; es bilden sich dann auf der Oberfläche desselben unbeweglich stehende Hügelreihen, und das strömende Gewässer ist gezwungen, dieser Gestalt sich zu fügen.

8. Obgleich es gewiß ist, daß die Wogen oder Wellen weder mit der nemlichen Größe, noch mit der nemlichen Kraft, welche sie oft in entfernten Meeresgegenden, dort, wo sie er-

---

*) Nicht so ist es mit einem Wasserstrahle b c d Fig. 6, welchem man durch Hin- und Herbewegung des Spritzröhrchens a b eine wellenartige Gestalt gibt, die bis in's Unendliche abgewechselt werden könnte. Die Wassertropfen oscilliren hier nicht, sondern jeder folgt, indem er sich fortbewegt, seiner eigenen Wurfbahn, welche ihm im Augenblicke seines Austrittes aus der Röhre, durch die Lage derselben, vorgeschrieben wurde.

regt wurden, haben, an's Ufer gelangen, so behalten sie doch während der Annäherung zum Lande, und lange, nachdem die Ursache ihrer Erregung aufgehört hat, eine Größe und Geschwindigkeit, welche wir als konstant für den kurzen Weg, den wir zu betrachten haben, ansehen können. Wir werden daher in allem Folgenden, und in den bezüglichen Figuren für die unbedeutende Länge einiger Wellen vor dem Ufer, oder vor den Bauwerken annehmen, daß die Wellenberge und Wellenthäler eines und desselben einfachen Wellensystems unter sich gleich seien. Was liegt daran, die Aenderung der Kraft zu kennen, welche die Wellen vom Orte ihrer Erregung bis zum Ufer erleiden? Wichtiger ist's zu wissen, welche Kraft sie besitzen, wenn sie die, ihnen entgegen gestellten Bauwerke treffen. Aber diese Kraft ist nichts weniger, als beständig, im Gegentheile sehr veränderlich, weil sie abhängt von den Winden, von der Zeit, während sie nach einer Richtung blasen; endlich von dem Ungestüm und der Entfernung der Stürme, ohne zu rechnen, daß eine Anzahl von örtlichen Verhältnissen oft dazu beiträgt, die Wuth der Wogen zu vermehren oder zu besänftigen.

9. Wir sehen, daß Bauwerke vom Meere zerstört worden sind, obgleich man nichts gespart hat, und auch kein Fehler oder keine Nachlässigkeit der Ausführung bemerkt werden konnte; wir haben selbst gesehen, daß ihre Massen nicht erschüttert wurden, sondern daß nur die Verkleidung allein gelitten hat; wir müssen daraus den Schluß ziehen, daß es weniger nöthig sei, der Kraft der Wellen oder einer eigenthümlichen Art ihrer Wirkung zu widerstehen, als vielmehr ohne Beeinträchtigung der Vollkommenheit des Baues künftig hin vorzüglich durch die Gestalt der Bauwerke den Wirkungen der Wellen Widerstand zu leisten.

Zweites Kapitel.

Theorie der laufenden Wellen, wie sie bis jetzt angenommen wurde.

10. Diejenigen, welche sich mit den Erscheinungen bei Wellenbewegungen beschäftiget haben, stellten als Grundsatz auf, daß die Wasserelementchen während der Schwankung ihre Oscillationen nur in einer Vertikalen vollbringen. Ich will zuerst von jener Theorie sprechen, wo dieser Grundsatz mit aller Strenge vorausgesetzt wurde, wie es de la Coudraye, Brémontier und andere Gelehrte thaten; wir werden im nächsten Kapitel sehen, welche Zusätze oder Veränderungen diesfalls nöthig sind, um eine vollständige Wellentheorie zu begründen.

11. Es sei in der Figur 2, welche einen vertikalen Durchschnitt vorstellt, die Linie O R der Spiegel einer ruhigen Wassermasse. Es sei ferner A B C D E F G das Profil einer Wellenschwankung, wenn man sie durch eine vertikale Ebene nach der Richtung, wohin sich die Wellen fortpflanzen, schneidet. Es wird vorausgesetzt, daß die Wasserelementchen von was immer für einer Vertikalen M N, ohne von ihr abzuweichen, nur in dieser oscilliren, daß ihnen die Bewegung durch die, in der nachbarlichen Vertikalen M N oscillirenden Theilchen mitgetheilt werde, so wie sie dies selbst auf jene der Vertikalen M N übertragen, so zwar, daß in Folge der Kohäsion und Reibung sich die Bewegung ohne Unterlaß von O nach R in der ganzen Wassermasse fortpflanzet und erhält, und daß jedes Theilchen nur in der, ihr zugehörigen Vertikalen oscillirt. Da diese Bewegung nicht augenblicklich in allen Senkrechten zugleich sich mittheilet, sondern allmälig von einer zur andern übergeht; so folgt daraus, daß die Elementchen der Vertikalen M N zur bestimmten Höhe und Tiefe erst gelangen, nachdem

jene der Vertikalen m n bereits diese Höhe und Tiefe erreicht haben, und bevor die Elemente der Vertikalen m' n' zu dem gleichen Niveau kommen; hierdurch geschieht es, daß für einen gegebenen Zeitmoment die Elementchen der Wasseroberfläche, welche im Zustande der Ruhe mit der Linie O R zusammen fielen, sich während der Wellenschwankung auf verschiedenen Höhen befinden, und eine Schlangen- oder Wellenkrümmung A B C D E F G bilden, daß in den nächst folgenden Zeittheilen dieselben Elementchen allmälig in die ähnlichen Krümmungen A'B'C'D'E'F'G', A"B"C"D"E"F"G", A'''B'''C'''D''' E'''F'''G''' übergehen, bis sie wieder in die erste Stellung zurückkehren, und mit der Krümmung A B C D E F G die Oscillation auf's Neue beginnen. Auf diese Art durchlaufen während einer Periode die Elementchen alle Punkte der Höhe und Tiefe, in der ihnen zugehörigen Vertikalen.

Dieß ist genau die Theorie, welche aus den Erklärungen von de la Coudraye und Brémontier folgt, und welche den Berechnungen der Gelehrten zum Grunde gelegt wurde.

12. Brémontier glaubte seine Theorie der vertikalen Oscillationen durch seine Beobachtungen hinlänglich bestätiget. Er sagt: "In einem sehr tiefen Meere, wo die Wellen ohne "Hinderniß sich frei bewegen können, zeigt ein Korkstöpsel, ein "Siegellackkügelchen, ein Stück Holz, und jeder auf den Wel- "len schwimmende Körper keine andere Bewegung, als die "von oben nach unten, und von unten hinauf; und wenn er "sich ein wenig von der Vertikalen entfernt, so ist's nur für "einen Augenblick; er kehrt stets wieder auf seine vorige Stelle "zurück... Diese leichte Verrückung ist nichts Anderes, als die "Wirkung der Schwere jenes Theils vom schwimmenden Kör- "per, welcher über dem Wasser steht, und herabzufallen strebt, "auch wirklich herabfällt; aber diese kleine Abweichung beein- "trächtigt nicht die Wahrheit des Grundsatzes. — Wenn man "einen Körper in's Meer wirft, dessen specifische Schwere nur

„wenig größer ist, als jene des Wassers, so wird er um so lang-
„samer untergehen, je kleiner der Unterschied der beiden Schwe-
„ren ist, aber stets in einer Vertikalen." Diese, von Brémontier angegebenen Erscheinungen hält er für hinreichend,
um hieraus den Schluß zu ziehen, „daß alle Elementchen, aus
„welchen eine Welle besteht, und welche unter sich im voll-
„kommenen Gleichgewichte stehen, nur vertikal auf- und abstei-
„gen, ohne in ihrer Gesammtheit weder eine Verrückung von
„der Vertikalen, noch in Beziehung auf die Oberfläche zu er-
„leiden... er folgert noch, daß, wenn man von einem festen
„Punkte aus, an einem Faden einen Stock, der sich stehend
„im Wasser erhalten kann, hinabhängen läßt, dieser sicher kei-
„ner andern Wirkung ausgesetzt ist, als jener der Reibung des
„Wassers, indem es sich erhebt oder heruntersinkt, und daß
„ihm nur durch eine Strömung eine Bewegung mitgetheilt
„werden könnte... ferner, daß, wenn man statt des Stockes
„eine senkrechte Mauer sich denket, die über die Gipfel der
„höchsten Wellen reichet, derjenige Theil dieser Mauer, wel-
„cher sich unter den Wellenthälern befindet, daher stets un-
„term Wasser bleibt, auch keiner andern Anwirkung, als der
„Reibung durch die, sich senkrecht bewegenden Wellen, wie der
„Stock, ausgesetzt seyn würde."

Die Beobachtungen, die gegebenen Erklärungen und die
Schlußfolgen Brémontier's sind nicht richtig.

13. Ich will zuerst ein, täglich unter Jedermanns Augen
sich ergebendes Phänomen bemerklich machen, welches beweiset, daß benetzbare, schwimmende Körper auf der schiefen Oberfläche einer Flüssigkeit sich hinauf bewegen, statt herab zu glei-
ten*). Die Bewegung des Korkstöpsels, welche Brémontier

---

*) Wenn man ein Gefäß von kleinem Durchmesser mit so viel
Wasser anfüllt, als sich nur über den Rändern, ohne überzu-
laufen, erhalten kann (Figur 7) und dann einen, specifisch

beobachtet hat, muß daher einer andern Ursache, als der Schwerkraft zugeschrieben werden, und beweiset nichts in Beziehung auf seine Theorie. Wir werden im nächsten Kapitel (28) die Ursache dieser Bewegung kennen lernen.

14. In Betreff der geradlinigen und vertikalen Bewegung der Körper, welche durch einen geringen Ueberschuß von specifischer Schwere im Wasser herabsinken, hat Brémontier sicher nicht gut beobachtet, oder der Versuch fand bei sehr kleinen Wellen Statt. Es ist sehr schwer, diesen Versuch mit Genauigkeit bei großen Wellen im freien Wasser anzustellen, weil es an einem festen Punkte für den Beobachter, und an einer Richtschnur für die Beobachtungen selbst fehlt. Es mag übrigens die Bewegung eines, im Wasser hinabfallenden Körpers welche immer sein, so wird es sehr schwer halten, seinen

leichtern Körper b auf die Oberfläche des Wassers bringt, wird er durch seine Leichtigkeit empor gehoben, und stellt sich auf den Scheitel der Convexität. Auf gleiche Weise legen sich in Folge dieser Leichtigkeit Luftbläschen und andere schwimmende Körper, Fig. 8, an die Wände des Gefäßes, indem sie auf die Oberfläche der Flüssigkeit, welche sich an den Wänden erhebt, empor steigen, sich aber alsobald entfernen, wenn man die Oberfläche durch Hinzugießen von Flüssigkeit, oder durch eine hinlängliche Neigung des Gefäßes, Fig. 9, convex macht. Körper, welche sich nicht benetzen lassen, gleiten, wenn sie auch specifisch leichter sind, als die Flüssigkeit, im Gegentheile, statt sich auf die Convexität zu erheben, wie auf der schiefen Fläche eines festen Körpers abwärts. So laufen Kügelchen von Holz, Eisen, Wachs, Marmor, selbst von geblasenem Glase zur tiefsten Stelle einer Quecksilber-Oberfläche, während Kügelchen von Kupfer oder Silber schwimmend den Scheitel der Convexität suchen. Die Fig. 10 zeigt einen Wassertropfen auf einer solchen Fläche, welche ihn zwingt, seine sphäroidische Gestalt beizubehalten; ein in x aufgelegter kleiner Körper stellt sich sogleich auf den Scheitel b. In der Fig. 11 hängt ein Tropfen an einem Körper; ein

11

Weg zu beobachten, weil wegen der Beweglichkeit der Wellen die Strahlenberechnung sich in jedem Augenblicke ändert.

15. Die krumme Linie, welche die Gestalt der Wellen unter der Voraussetzung der streng vertikalen Oscillation darstellt, so wie sie de la Coudraye, Brémontier und mehrere Gelehrte annehmen, ist die Throcoibe oder die Schlangenkrümmung, welche auch für den, von la Place abgehandelten Fall paßt *). Eine vertikale Ordinate dieser Curve ist gleich dem Cosinus, eines, mit der horizontalen Abscisse, proportionalen Bogens, oder in der angenommenen Voraussetzung, wenn die Linie O R, Fig. 1, den ruhigen Wasserspiegel und A B C D E F G den Durchschnitt einer Wellenbewegung vorstellt, so sind die, in gleichen Abständen auf der Abscissen-Linie O R gezogenen Ordinaten T D, P M, P'M', P''M'', K C, Q N, Q'N', Q''N'' gleich oder proportional den Ordinaten S B, p m, p'm', p''m'', S L, p n, p'n', p''n'', welche gleichen Theilen des Umfanges vom Kreise B H L entsprechen, bes-

---

kleines benetzbares Kügelchen erhebt sich auf der Oberfläche, und gewinnt den Rand c; läßt sich das Kügelchen nicht benetzen, so haftet es auch nicht am Wassertropfen; läßt sich das Kügelchen benetzen, ist aber specifisch schwerer, als das Wasser, so hängt es sich an, bleibt aber auf dem untersten Punkt d stehen. Diese Erklärung der Bewegung kleiner Körper auf den krummen Oberflächen der Flüssigkeiten ist enthalten in einem Aufsatze von Monge, über die sichtbaren Anziehungen und Abstoßungen in den Mémoires de l'Academie des Sciences von 1787. Das, was also Brémontier in Beziehung auf leichte, auf der Oberfläche des Meeres schwimmende Körper anführt, ist demnach nicht richtig, und diese Körper hätten empor steigen sollen, statt herabzufallen, wenn die beobachtete Bewegung nicht von einer andern Ursache bewirkt worden wäre.

*) Recherches sur plusieurs points du systeme du monde, par M. de la Place. 2me mémoire; Recueil de l'Academie des Sciences, année 1776; et mémoire de M. Poisson, déjà cité.

sen Halbmesser gleich ist der Höhe der Wellenberge, oder der Tiefe der Wellenthäler, in Bezug auf die Linie O R. Die Wellenberge und die Wellenthäler sind daher von gleicher Gestalt, und die Throcoide nichts Anderes, als die Projection einer Schraubenlinie, auf eine, mit der Achse des Cylinders, um welche die Schraube geführt ist, parallele Ebene; die Grundfläche dieses Cylinders ist gleich dem Kreise BHL.

Die Throcoide, welche der Voraussetzung vertikaler Oscillation entspricht, weicht aber sehr von der wirklichen Form der Wellen ab, wie man es im nächsten Kapitel sehen wird.

———

Drittes Kapitel.
Neue Wellentheorie.

16. Das Bestreben der Flüssigkeiten, sich, in Folge der Wirkung der Schwere, horizontal und in Ruhe zu stellen, hat zu dem Glauben Veranlassung gegeben, daß während einer Wellenschwingung die Wasserelementchen gerade und vertikale Linien beschreiben; aber es ist gewiß, daß sie ganz andern Bahnen folgen; und die streng vertikale Bewegung, welche als eine nothwendige Voraussetzung betrachtet wurde, um das Problem dem analytischen Kalkül unterziehen zu können, widerspricht sogar der Erklärung der Haupterscheinungen bei Wellen.

Herr de la Coudraye und Brémontier stellen sich vor, daß, weil das Wasser nicht zusammendrückbar sei, eine vertikale, und in Masse herabfallende Welle eine gleiche Anzahl Wassertheilchen steigen mache, wodurch die neue Welle gebildet wird. Letzterer schloß nichts destoweniger weiter, daß alle Elementchen, aus welchen eine Welle besteht, und welche untereinander in vollkommenem Gleichgewichte sind, vertikal

13

und in Masse sich erheben und herabfallen, ohne im Geringsten, weder in Beziehung auf die Oberfläche, noch in Beziehung auf die Vertikale eine Verrückung zu erleiden. Er wiederholt selbst, daß man niemals vergessen dürfe, die Bewegung der Welle sei bloß vertikal.

17. Um jedoch diesen Grundsatz zuzugeben, müßte das Wasser sehr zusammendrückbar seyn, und es wäre nöthig, daß alle Elementchen in unendlicher Tiefe eines Meeres dieselben Oscillationen vollbringen, wie an der Oberfläche. Die Bewegung kann aber nicht bis zur unendlichen Tiefe fortgepflanzt werden, weil die Tiefe des Meeres nicht unendlich ist, oder wollte man sie im Vergleich mit den Oscillationen der Wellen so betrachten, so bleibt nichts Anderes übrig, als zuzugeben, daß das Maß der Bewegung in der Tiefe eine sehr kleine Größe sein müsse. Auf diese Art ergibt sich, daß die Nichtzusammendrückbarkeit des Wassers, und die geradlinige und vertikale Bewegung der Elementchen zwei, mit einander unvereinbarliche Annahmen sind *).

18. Brémontier und be la Coudraye erzählen Thatsachen, wornach man nicht zweifeln kann, daß die Bewegung der Wellen noch auf sehr bedeutende Tiefen merklich sei. Auf der Bank von Terre neuve wie ich es später erzählen werde, (52) reicht sie noch mehr als 500 Schuh in die Tiefe. Dies zeigt den Irrthum derjenigen, welche den unzuverlässigen Aussagen der Taucher Glauben beimaßen, oder einzelne Fälle als allgemein gültig annahmen, daß bei den heftigsten Stürmen auf mehr als 15 Klaftern unter der Meeresoberfläche vollkommene

---

*) Es handelt sich hier um die Unzusammendrückbarkeit des Wassers in dem Sinne, wie sie die Physiker annehmen, d. h , daß das Wasser sich nicht merklich zusammenpressen läßt, außer durch einen ungeheuren Druck, dem es innerhalb der Gränzen der Wellenbewegung niemals ausgesetzt sein kann.

Ruhe herrsche. Es gibt selbst solche, die wie Boyle *) angenommen haben, daß sich die Oscillationen nur auf sehr geringe Tiefen mittheilen, und daß der Wind auf das Wasser des Meeres in größerer Tiefe als 6 Schuh nicht unmittelbar einwirken könne. Belibor **) glaubte, daß tiefer als 12 bis 15 Schuh die Bewegung wenig merklich, und auf 24 bis 25 Schuh so schwach sei, daß selbst die kleinen Steine einer Vorschüttung nicht verrückt werden. Herr de Cessart ***) und die Ingenieurs bei den Bauten in Cherbourg scheinen Anfangs gleicher Meinung gewesen zu sein; indessen haben sie später bemerkt, daß 14 Schuh unter dem Niveau des niedrigsten Meeres, die Steine am Damme von ihrer Stelle gerückt wurden ****). Dieß alles beweiset aber nur, daß die Bewegung weder nur bis in sehr kleine Tiefe merklich, noch ganz ohne Gränzen sei.

19. Die Wirkung einer Kraft schwächt sich durch die Fortpflanzung; wir haben hiervon den Beweis bei der Verbreitung des Schalles, des Lichtes, und selbst bei jener der Wasserwellen, die, je weiter vom Orte, wo sie erregt wurden, stets kleiner, endlich unsichtbar werden; daher kommt es, daß in der offenen See heftige Stürme ausbrechen können, ohne daß deßwegen nahe am Ufer die Ruhe gestört werden müßte. Man sollte glauben, daß dieß in vertikaler Richtung eben so sei, wie in horizontaler, um so mehr, weil man nicht zugeben mag, daß Wellen von einigen Zollen Höhe bis in eben so große Tiefe wirken könnten, als die entsetzlichen Wogen, die man

---

*) Dictionnaire des sciences naturelles, par les professeurs du jardin du Roi. Tom 35. art: Océan.
**) Architecture hydraulique II. partie. Liv. 3. p. 172.
***) Tome 2. pag. 198 et 330.
****) Rapport de la Commission de 1792 sur les travaux de Cherbourg.

15

mit Bergen vergleicht, und wovon eine einzige oft hinreicht, daß zwei große, ganz nahe an einander befindliche Schiffe sich aus den Augen verlieren, indem sie sich dazwischen wälzt *).

20. Alles spricht dafür, daß die Wellenbewegung auch abwärts eine Gränze haben müsse, die nur von der, mehr oder weniger heftig beunruhigten Oberfläche, nicht aber von der Tiefe des Wassers abhängig ist, und daß ferner die Bewegung allmählig von der Oberfläche bis zur Gränze, wo sie Null wird, abnehmen muß.

Diese Gränze muß sich der Oberfläche der Flüssigkeit nähern, je nachdem die Wellen schwächer werden, und mehr entfernt sind von dem Orte, wo sie erregt wurden. Aber für unsern Fall, wo nur eine sehr kurze Reihe von Wellen, die als gleich groß angenommen werden können, in Betracht gezogen wird, setzen wir voraus, daß die Gränze der Bewegung in der Tiefe eine ebene, horizontale Fläche sei.

21. Es sei in einem, mit der Richtung der Wellenbewegung parallelen Profile die Linie T U, Fig. 3, eine horizontale, gleich weit von der Höhe der Wellenberge und der Tiefe der Wellenthäler abstehende Ebene; O H der ebene Spiegel des ruhigen Wassers; A B C D E F G das Profil einiger Wellen von gleicher Größe für einen gegebenen Zeitmoment; q r endlich die horizontale Ebene als Gränze der, in die Tiefe sich mittheilenden Wellenbewegung. Unterhalb dieser Gränzlinie ist keine Spur der, darüber vorgegangenen Erregung merkbar; das Wasser ist in vollkommener Ruhe.

----
*) Man hat gesucht, die Höhe der Wellen zu messen, und behauptet, daß die größten nicht mehr als 2 Klaftern über den tiefsten Punkt ihres Wellenthales reichen. Viele Seeleute behaupten, weit größere Wogen gesehen zu haben, und Hr. de la Coudraye theilt ein Täfelchen von Hrn. Goimpy mit, worin Wellen von 40 Fuß Höhe und mehr als viermal so großer Länge verzeichnet sind.

Die Oscillation eines Elementchens D der Wasseroberfläche ist nicht eher vollendet, bis dasselbe im Hinaufsteigen und im Herabsinken alle Stufen des Niveau-Unterschiedes DZ durchlaufen hat, wozu es durch die Aufeinanderfolge des Wellenberges CDE und des Wellenthales XZY in der Vertikalen Dd genöthiget wird. Das Maß dieser Oscillation in vertikaler Richtung ist demnach die Höhe der Welle DZ. Für ein anderes Elementchen d' oder d'' derselben Vertikalen, welches im Zustande der Ruhe sich im Niveau o'r' oder o''r'' befände, muß die Höhe der Oscillation d'z' oder d''z'' kleiner sein, weil die Bewegung von der Oberfläche bis zur Gränze or, wo sie Null ist, abnimmt. Auf diese Art befinden sich die, im Zustande der Ruhe auf dem Niveau o'r', o''r'' liegenden Elementchen, während der Wellenschwankung zu gleicher Zeit in den krummen Linien a'b'c'd'e'f'g', a''b''c''d''e''f''g'', wenn die Elementchen des Wasserspiegels OR sich in ABCDEFG befinden.

22. Die innern, auf verschiedenen Tiefen der flüssigen Masse sich bildenden Wellen müssen nothwendiger Weise dieselbe Länge haben, wie jene der Oberfläche; denn das Gesetz der Bewegung mag sein, welches es wolle, so müssen die Elementchen, welche im Zustande der Ruhe sich in vertikaler Richtung entsprechen, während der Bewegung allemal zu gleicher Zeit sich erheben und hinabsinken. Die Wellen in verschiedenen Tiefen unterscheiden sich daher nur durch die Höhen d'z', d''z'' ihrer Wellenberge, und durch deren Krümmungen, die mit der Größe der Oscillation von oben bis zur Gränze or, wo beide verschwinden, abnehmen. Unterhalb dieser Gränze gibt es keine Oscillation mehr.

23. Das Abnehmen der Wellenhöhe im Innern der Flüssigkeit zwischen der Oberfläche und der Gränzlinie der Bewegung in der Tiefe, könnte, bei Voraussetzung vollkommen perpendikulärer Oscillationen, nur durch die Zusammendrückbarkeit

des Wassers erklärt werden. Wir haben aber gesehen, daß diese bei den Erscheinungen der Wellen nicht zulässig sei. Die Wasserwellen gehen also von der Gestalt der Wellenberge in jene der Wellenthäler über, ohne daß das Wasser zusammengedrückt würde; und weil es sicher ist, daß an der Gränze o r völlige Ruhe herrschet, diese also von keinem Elementchen der schwingenden Flüssigkeit überschritten werden könne, so muß durch eine horizontale Verrückung der, zwischen der Oberfläche und der Gränze o r enthaltenen Elementchen, die sich erhebende Wasserwelle ihr Volumen zum Theil auf Unkosten der sich senkenden enthalten. Wir wissen aber auch eines Theils, (6.) daß die, durch die Schwingung bewegten Elementchen keine wirklich fortschreitende Bewegung haben; anderer Seits kann ihre Schwingung nicht jener ähnlich sein, welche in dem gebogenen Theile eines umgekehrten Hebers Statt findet, während das Wasser in den vertikalen Armen oscillirt, denn es würde im Innern der Flüssigkeit eine Verwirrung entstehen, welche schlechterdings die Wellenschwankungen aufheben müßte. Ueberdieß zeigt die Erfahrung, daß diese Art von Bewegung nicht Statt findet. — Auf welche Weise geschieht demnach die horizontale Bewegung der Wassertheilchen?

Dieß ist die Frage, von der zu wünschen wäre, daß sie die Gelehrten in größter Allgemeinheit und ohne Voraussetzungen zu lösen vermöchten. Ich will, in Erwartung einer analytischen Theorie, nach ganz einfachen Betrachtungen den Mechanismus der Wellen auseinandersetzen, und werde, ohne jene Schärfe zu erreichen, die nur dem Kalkül zukommt, alle Phänomene bei Wellen, was bisher nicht möglich war, vollkommen erklären.

24. Wenn wir uns in der Fig. 3 einen Ausschnitt der ruhigen Wassermasse denken, welcher zwischen den beiden, auf das vorgestellte Profil senkrechten Ebenen M N und M N enthalten ist, so kann während der Wellenbewegung das Volumen

dieses Ausschnittes, da das Wasser nicht zusammendrückbar ist, sich allein in Beziehung auf seine Form verändern. Seine Verlängerung bis zum höchsten Punkte der Welle m m kann nur auf Unkosten seiner Dicke erfolgen, d. h., wenn sich die, in dem Ausschnitte enthaltenen Elementchen in vertikaler Richtung entfernen, so müssen sie sich in horizontaler nähren: und weil diese horizontalen Annäherungen um so größer sind, je größer die vertikale Entfernung der Elementchen ist, und diese um so größer wird, je größer die Weite der Oscillationen, oder je kleiner die Tiefe des Wassertheilchens unter der Oberfläche ist: so folgt daraus, daß der Ausschnitt nach oben zu schmäler wird, indem er sich, um den höchsten Punkt der Welle zu erreichen, verlängert, und daß dieß Schmälerwerden mit der größern Verlängerung zunimmt, während auf der Gränzfläche o r keine Verlängerung vorkommen kann. Im Augenblicke der größten Verlängerung hat daher der betrachtete Ausschnitt die Gestalt N m D m N.

Das Niedrigerwerden dieses Ausschnittes bis zur größten Tiefe des Wellenthales m' m' verursacht eine Vermehrung der Dicke, indem sich die Elementchen in horizontaler Richtung aus einander begeben, in vertikaler zusammenziehen. Der Ausschnitt nimmt in seinem niedrigsten Zustande die Gestalt N m' Z m' N' an.

In beiden Fällen berühren die Linien N m, N m und N m', N m', welche den Ausschnitt der Flüssigkeit im Zustande seiner größten Verlängerung und größten Verkürzung zwischen sich fassen, in den Punkten N und N' die Linien M N, M N, welche die gleichförmige Dicke des Ausschnittes im Zustande der Ruhe angeben, denn auf der Gränzfläche o r haben die Elementchen keine Bewegung und die Dicke N N dieses Ausschnittes bleibt im Niveau dieser Oberfläche unverändert und der Uebergang von der Bewegung zur Ruhe kann nur allmählig geschehen.

19

Gleiche Formveränderungen ergeben sich unter denselben Umständen bei allen Ausschnitten, die man sich für den Zustand der Ruhe zwischen zwei vertikalen Ebenen eingeschlossen denken mag, so, daß die ganze unendliche Zahl der Ausschnitte, in welche man die Flüssigkeit zertheilt annehmen kann, nach und nach, und in bestimmter Ordnung, die nemlichen Formen der größten Erhebung und Erniedrigung erreichen. — Zwischen diesen zwei Extremen durchlaufen die Ausschnitte die zwischen liegenden Zustände und Gestalten; und weil sie bei ihrer Bewegung sich weder trennen, noch eine Leere lassen können, so unterstützen sie sich wechselseitig. Ihre Bewegungen und Formveränderungen sind einander untergeordnet, und sie biegen sich, eine über der andern, indem sie auf beiden Seiten eines Wellenthales divergiren, gegen den Gipfel einer Welle aber konvergiren. Jene Ausschnitte, welche den höchsten und niedrigsten Punkten der Welle entsprechen, stehen allein in dem Augenblicke, wo ihre Scheitel diese Maxima berühren, vertikal, so, daß während einer Wellenschwingung jeder Ausschnitt, indem er seine Länge und Dicke wechselt, sich alternative von der abgegangenen zur kommenden Welle und umgekehrt neigt. Auf diese Weise verlängern sich, in dem, durch die Figur dargestellten Zeitmomente, die den Räumen bc, de, fr, der Gränzlinie o r entsprechenden Ausschnitte, während jene sich verkürzen, die ob, cd, ef angehören.

25. Es folgt daraus, daß die Elementchen, welche im Zustande der Ruhe in der Vertikalen d Z liegen, und sich während der extremen Oscillations-Zustände von d nach D, und von d nach Z vertheilt befinden, sich in den Zwischenzuständen nach den Kurven dx, dy, anfangs dem kommenden Wellenberge X, und hernach demselben Wellenberge, wenn er in Y angelangt ist, entgegen neigen. Aber sie können nicht von der Lage dZ zu Lage dD übergehen, ohne zugleich die Lagen dx und dy durchlaufen zu haben; auf diese Art schwankt jedes Element=

2 *

chen der Oberfläche, indem es zu gleicher Zeit vom Niveau Z zum Niveau D oscillirt, von x nach y, und ist gezwungen, eine Art Ellipse x D y Z zu beschreiben. Dasselbe erfolgt nothwendiger Weise mit den, den Niveaus o'r', o"r" der nemlichen Vertikalen S d angehörigen Elementchen d', d" nur daß sie, weil ihre Oscillations-Weiten in vertikaler Richtung, und ihre horizontalen Schwingungsweiten kleiner sind, auch kleinere Ellipsen x'd'y'z', x"d"y"z" beschreiben.

Man sieht demnach, daß die Elementchen im Innern der flüssigen Masse, eben so wie jene der Oberfläche, indem sie neben einander vorbei laufen, während der Wellenbewegung Ellipsen beschreiben, deren Größen von der Oberfläche bis zur Gränze o r (wo keine Ellipse beschrieben wird, weil keine Bewegung Statt findet) abnehmen.

Die Elementchen der Wasseroberfläche, so wie von jedem andern Niveau, gelangen, indem sie steigend und fallend ihre Bahnen beschreiben, nur allmählig nach der Ordnung und in gleichen Zeiten zu denselben Höhen. Welches auch ihre Geschwindigkeit und die Natur der Bahnen sei, die übrigens nothwendiger Weise geschlossene, und, für dieselben Niveau's, gleiche Kurven sein müssen *): so sind diese Theilchen an den Oberflächen in einer cykloidischen Kurve an einander gereihet, wie dieß die, für einen gegebenen Zeitmoment den Wellendurchschnitt darstellende Figur für den Wasserspiegel durch die Linie A B C D E F G und für die Niveau's o'r', o"r" in den Linien a'b'c'd'e', a"b"c"d"e" zeigt.

26. Um die Fig. 8. leichter zu konstruiren, habe ich die Länge einer Welle A C als Abscissen-Linie in gleiche Theile

---

*) Für den Fall, daß die Wellenbewegung allmählig schwächer wird, sind die Bahnen Spirallinien, deren Gestalt von jener der geschlossenen Bahnen und von dem Gesetze abhängig ist, nach welchem die Bewegung abnimmt.

getheilt, und auf die Ordinaten, die großen Axen elliptischer Bahnen gelegt, welche gewiß von den wirklichen Bahnen entweder gar nicht oder sehr wenig verschieden sind. Ich habe diese Bahnen in gleiche, oder den Abscissen proportionale Bogen getheilt, und die krumme Linie der Wellenoberfläche durch jene Puncte der Bahnen gezogen, welche mit derselben Ziffer bezeichnet sind, als die Ordnungszahl ihrer Bahn. Auf diese Art geht die Kurve in jedem Niveau bei der ersten Bahn durch Nr. 1, bei der zweiten durch Nr. 2, bei der dritten durch Nr. 3 u. s. w. Diese Cykloide kann nur sehr wenig von dem wirklichen Profil der Wellen abweichen, wenn sie damit nicht vollkommen identisch ist. Es ist leicht wahrzunehmen, daß die vertikale Axe dieser Bahnen größer ist, als die horizontale; denn wären die Axen gleich, so sind die Bahnen Kreise, und es fallen die Wellenberge in Vergleich mit den, am häufigsten beobachten Wellen, deren Länge vier= bis fünfmal größer ist, als die Höhe, zu spitz aus; nimmt man gar an, daß die horizontale Axe größer sei, als die vertikale, so zeigt das Profil eine absurde Figur *).

27. Aus der elliptischen Bahnbewegung der Wassertheilchen, und der Erzeugung der Cykloide, welche das Profil der Wellen darstellet, ergibt sich, daß die Halbmesser der Krümmung für die Wellenberge kleiner seien, als jene für die Wellenthäler; es mag übrigens das Gesetz der Geschwindigkeit bei der Bewegung der Elementchen sein, welches es wolle. Da das Volumen der, durch den Wellenberg erhobenen Wassermenge gleich sein muß, der, durch das Wellenthal gebildeten

---

*) Bei den Versuchen der Herren Weber sind zwar die horizontalen Axen größer beobachtet worden, als die vertikalen, aber die wellenerregende Kraft wirkte auch ganz anders, als es im Meere der Fall ist. (Wellenlehre, auf Experimente gegründet, von den Gebrüdern Ernst Heinrich Weber und Wilhelm Weber. 1835. p. 196.) D. Ü.

Leere, so muß die Fläche PBK oder JDF auch gleich sein der Fläche FEL oder KCJ, und es folgt daraus, daß die Linie OR, welche den Spiegel der ruhigen Wasserfläche vorstellt, nicht genau in der Mitte zwischen den Wellengipfeln und den tiefsten Punkten des Wellenthales liege, und daß die Wellenberge sich höher über die Oberfläche des Meeres OR erheben, als sich die Wellenthäler unter dieselbe hinabsenken, d. h., daß der Pfeil CG des Wellenthales kleiner sei, als jener SD des Wellenberges. Dieses Resultat ist der gewöhnlichen Meinung ganz entgegen, eben so wie die, die Wellenschwankung vorstellende Kurve nach der neuen Theorie wesentlich verschieden ist von jener, durch welche man bis jetzt die Wellen darstellte. Aber diese größere Erhebung der Wellenberge, im Vergleich mit der Vertiefung der Wellenthäler, so wie die cykloidische Gestalt der Wellen, Fig. 8, sind ganz übereinstimmend mit dem Anblick der bewegten Meeresoberfläche *) und es dient diese Uebereinstimmung zur Bestätigung, daß die Bewegung der Wasserelementchen während der Wellenschwankungen in elliptischen Bahnen Statt finde. Einige, im nächsten Kapitel zu beschreibende, Thatsachen werden neue Beläge zur Bestätigung dieser Wahrheit geben.

28. Es ist ohne Zweifel der Bahnbewegung zuzuschreiben, daß ein schwimmender Körper, z. B. ein Korkstöpsel, so wie es Brémontier beobachtet hat (12), von der Vertikalen abweicht. Der leichte Körper wird durch die Elementchen, die ihn umgeben, von der Vertikalen abgeführt und wieder auf sie zurückgebracht, und es ist die Bahnbewegung bei starken Wellen so merklich, daß, wenn man aufmerksam und nahe genug zu beobachten Gelegenheit hat, man mit dem Auge

---

*) Bei Wellen, deren Länge gleich ist der vier- oder fünffachen Höhe, beträgt die kleine Are der Bahn für ein Elementchen der Oberfläche höchstens die Hälfte der großen Are.

den Bahnen folgen kann, die die Elementchen der Oberfläche und kleine schwimmende Körper beschreiben.

29. Durch die Wirkung des Druckes, welche der Wind auf die Seitenflächen der Wellen ausübt, nehmen diese eine geneigte Gestalt an, Fig. 4, die, durch die Elementchen gebildeten, Wasserfäden neigen sich dann mehr nach der Seite R als nach O, die Bahnen derselben werden schief, wie B L, C'X', die hiernach entstandene Wellenkrümmung A B C D E ist eine geneigte Cycloide, und dies ist die Gestalt, welche die Wellen stets bei Stürmen annehmen. Die Bahnen der Elementchen im Innern der flüssigen Masse sind in der Figur nicht vorgestellt, sie sind aber gleichfalls schief; doch wird diese Aenderung von der Wasseroberfläche, nach unten zu, immer unbedeutender, weil die zufällige Wirkung des Windes, welche die Wellen niederlegt, sich nur auf eine geringe Tiefe erstreckt. Die Gränze, bis zu welcher sich die Bahnen neigen, liegt gewöhnlich höher, als jene der Bewegung o r, Fig. 3.

Brémontier hat diese Gestalt der Wellen beobachtet, und selbst auf der ersten Kupfertafel eine Abbildung gegeben, aber er hat sich getäuscht, indem er sie als eine Folge der zusammengedrängten und vom Ufer zurückkehrenden Wellen ansah, denn man bemerkt liegende Wellen eben so gut in offener See, als an den Küsten.

30. Es bleibt noch übrig, die Natur der, von den Wasserelementchen beschriebenen, Bahnen, das Gesetz der Geschwindigkeit, mit welcher sich die Wassertheilchen in dieser Bahn bewegen, endlich jenes der Größenabnahme dieser Bahnen in der Tiefe der Flüssigkeit, streng zu erörtern und festzustellen. Doch, es kommt der analytischen Mathematik zu, Schwierigkeiten von so großer Bedeutenheit, wie sie diese Fragen mit sich bringen, aufzulösen. Für den Zweck, welchen ich mir vorgesetzt habe, ist ihre Lösung nicht gerade unumgänglich nöthig.

31. Newton bemerkte, daß die Resultate, zu welchen er in Beziehung auf die Geschwindigkeit der Wellen gelangt ist, nur in der Voraussetzung, wenn die Wasserelementchen in geraden Linien auf- und absteigen, genau sein können; da aber die Aufsteigung und das Niedersinken im Kreise (per circulum) stattfinde, so sei die Geschwindigkeit der Wellen nur annäherungsweise bestimmt *). Auch Laplace bemerkte, daß die Wasserelementchen eine horizontale Oscillation haben, aber er spricht davon nur sehr kurz **), und nichts desto weniger sind die andern Gelehrten ***) doch dabei geblieben, bei der Wellenbewegung einer Flüssigkeit nur streng vertikale Oscillation vorauszusetzen, und man nahm bis jetzt keine Rücksicht auf die wirklich stattfindenden horizontalen Oscillationen, wodurch die Bahnbewegung, welche das größte Licht über die, von den Wellen abhängigen Phänomene verbreitet, hervorgebracht wird.

Viertes Kapitel.
Erklärung verschiedener Erscheinungen bei Wellen.

32. Die Bahnbewegung der Wasserelementchen in den Wellen gibt auf eine sehr einfache Weise Aufschluß über verschiedene Erscheinungen, welche alle Seeleute beobachtet haben, die aber noch Niemand vollständig erklärte.

Die erste ist die Gleichzeitigkeit verschiedener Wellensysteme.

---

*) Philosophiae naturalis principia mathematica. Prop. XLII. prob. X.
**) Mémoires de l'Académie des Sciences. 1776.
***) Versteht sich in Frankreich; denn Gerstner schrieb schon im J. 1804 seine Theorie der Wellen- und Teich-Profile. D. Ü.

Die zweite ist das Zurückwerfen der Wellen von den Oberflächen fester Körper.

Die dritte Erscheinung ist das Brechen gleicher, sich begegnender Wellen, und die stehende oder Klappenschwingung (clapotage).

Die vierte ist das Zurückstoßen der Wellen (ressac) und ihre Verkürzung in engen Meeren.

Die fünfte endlich ist das Kräuseln der Wellen.

1. Gleichzeitige Wellenbewegungen.

33. Die Gleichzeitigkeit der Wellen, welche entweder nach einer und derselben, oder nach verschiedenen Seiten sich verbreiten, ist nach der Theorie der vertikalen Oscillation unerklärlich; denn es ist unmöglich, das Gesetz der Geschwindigkeit bei einer geradlinigen, und so sehr abwechselnden Bewegung, wie sie bei den drei-, vier-, fünffachen ꝛc.... Schwingungen Statt findet, aufzufassen, während durch die Bahnbewegung die Erklärung ganz leicht wird, und der Mechanismus der Wellen eine Einfachheit zeigt, wie man sie bei allen Erscheinungen in der Natur bewundert.

34. Ich werde mit dem einfachsten Falle anfangen, wo zwei ungleiche Schwingungen nach einer Richtung hingehen. Es ist derselbe, dessen Brémontier erwähnt, als er von jenen Wellen spricht, welche er auf sogenannten stillen Wogen bemerkt hat, und von welchen er keine Erklärung gab. Es stelle in einem vertikalen, mit der Richtung der Wellenbewegung parallelen Querschnitte, die Linie T U, Fig. 12, eine, gleich weit von den Wellengipfeln und den Wellenthal-Tiefen entfernte horizontale Ebene vor; O R die Oberfläche des ruhigen Meeres; a f k das Profil einer sehr starken Wellenbewegung; $a'b'c'd'e'f'g'h'i'k'$ den Querschnitt einer sehr schwachen Wellenbewegung, beide für dieselbe Oberfläche, und jede für sich allein bestehend; die Wellenbewegungen gehen in bei=

den Fällen von der Seite O aus. Ich nehme ferner an, daß fünf Wellen von den kleinen, einer großen entsprechen.

Es sei ferner P Q in der Tiefe eine horizontale Ebene, unter welche hinab bei der größten Wellenbewegung keine Erregung der Wassertheilchen Statt findet; p q sei eine solche Gränzebene für die schwachen Wellen, jedesmal, wenn nur eine Wellenbewegung Statt findet. Ein Wasserelementchen S, des, in Ruhe stehenden Wasserspiegels würde bei der starken Wellenbewegung, wenn sie allein Statt fände, die große Bahn a m oder f o, und eben so bei der kleinen Wellenbewegung die Bahn a' m' oder f' o' beschreiben.

Die Gleichzeitigkeit der Wellen macht, daß das Theilchen S an beiden Bahnbewegungen Theil nimmt, so zwar, daß, während dasselbe Theilchen, welches im Augenblicke der vorgestellten Bewegung sich in A befindet, die Bahn A M nach der Richtung des gezeichneten Pfeils durchläuft, die Ebene dieser Bahn durch die große Wellenbewegung mitgerissen wird, und ihr Mittelpunct a in der großen Bahn a m nach der, durch einen zweiten Pfeil angezeigten Richtung fortschreitet. Es entsteht aus der Kombination dieser zwei einfachen Bahnbewegungen eine epicykloidische Bahn A V X Y, nach welcher sich das Elementchen in der, durch einen dritten Pfeil gezeichneten, Richtung bei der doppelten Wellenschwingung bewegt. Die Aufeinanderfolge der epicykloidischen Bewegung der Theilchen eines Niveau's bringt die Doppel-Welle A B C D E F G H I J K hervor. Die in gleichen Zeiten durchlaufenen Bögen sind in jeder Bahn für sich gleich, und das Verhältniß der beiden Schwingungen zu einander bestimmt die Zahl der Knoten für die epicykloidischen Bahnen. In dem, durch die Figur vorgestellten Falle durchläuft ein Wasserelementchen in derselben Zeit fünfmal die kleine Bahn, während deren Mittelpunkt nur einmal der großen folgt, und die epicykloidische Bahn hat vier Knoten. Die nach oben zugekehrten Konvexitäten entspre=

chen ben Wellenbergen der kleinen Schwingungen, und die nach unten gekehrten ben dazu gehörigen Wellenthälern.

35. Das Profil dieser Wellenschwingung ist gezähnt, weil die kleinen Wellen sich auf den großen befinden. Brémontier sagte, gewöhnliche Wellen befänden sich auf stillen. Dieser Ausdruck aber ist nicht scharf bezeichnend genug, denn man kann nicht sagen, welche Wellenbewegung der andern vorgegangen ist; auch ändert die Aufeinanderfolge ihrer Entstehung nichts im Resultate. Es ist alles eins, ob man sich vorstellt, daß die epicykloidische Bahn durch die Bewegung eines Elementchens auf der kleinen Ellipse, deren Mittelpunkt der großen zu folgen gezwungen ist, entsteht, oder ob man annimmt, daß das Elementchen die große Ellipse beschreibet, und diese mit ihrem Mittelpunkte der kleinen Bahn folgt. Die hiernach gefundene Oberfläche der Wellen ist stets dieselbe.

36. Die Elementchen im Innern der Flüssigkeit beschreiben epicykloidische Bahnen von derselben Art, wie sie an der Oberfläche in Folge der doppelten Bewegung entstehen; sie unterscheiden sich nur durch ihre Größe (25). Aber man muß bemerken, daß, weil die kleinere Wellenschwingung sich nur auf geringe Tiefe, hier bis zur Gränzlinie p q, für den Fall, daß sie allein bestände, erstreckt, die, dem Systeme der großen Wellen angehörige, und dem Niveau der Gränzlinie p q entsprechende Wellenlinie a″ f″ k″ auch die Gränze der zusammengesetzten Schwingung im Innern der Flüssigkeit angibt, so zwar, daß von der Oberfläche des Meeres, bis zur Wellenlinie a″ f″ k″ sich zusammengesetzte und gezähnte Wellen ergeben, unter dieser Linie aber bis zur Gränze P Q die Wasserelementchen nur einer, dem Systeme der großen Wellen angehörigen Schwingung unterworfen sind; denn auf der Wellenlinie a″ f″ k″ sind die Bahnen für die kleine Wellenschwingung schon Null geworden.

37. Ich habe in dem Vorhergehenden angenommen, daß die größeren Wellen sich auch auf eine größere Tiefe wirksam zeigen, so wie es wirklich Statt findet, wenn ihre Wellenberge hoch sind; aber es gibt auch sich verlaufende Schwingungen, deren Wellen lang und wenig hoch sind; dieß ist der Charakter der stillen Wogen, welche bei ihrem Ursprunge riesengroß waren, aber durch die Zeit und die große Strecke, bis auf welche sie sich verbreiten, fast unmerklich geworden sind. Bei dieser Art Wellen könnte es vorkommen, daß die Mittheilung der Bewegung nach unten hin weniger tief reichet, als jene einer lebhaften Wellenschwingung, bei welcher die Wellenberge zwar eine geringe Länge, aber eine größere Höhe haben. Es ist nicht schwer, das, was oben gesagt wurde, auf die Kombination zweier Wellenschwingungen unter solchen Verhältnissen anzuwenden. Im Allgemeinen also erstrecket sich die doppelte Bewegung im Innern der Flüssigkeit von der Oberfläche des Wassers nur bis zur Gränze der, weniger tiefreichenden, Wellenschwingung.

38. Wenn zwei Wellenbewegungen, anstatt nach einer Seite hin sich fortzupflanzen, im Gegentheile gerade entgegengesetzt sind, d. h. wenn die größeren Wellen von O ausgehen, Fig. 12, während die kleineren von der Seite R herkommen, und es bleiben die Bahnen k n, k' n' dieselben, so beschreibt das Wasserelementchen Z der ruhigen Oberfläche, wenn es im Augenblicke der, durch die Figur vorgestellten Wellenbewegung sich in K befindet, die kleine Bahn AN nach der Richtung des gezeichneten Pfeiles, während zu gleicher Zeit der Mittelpunkt k der kleinen Bahn, die Bahn k n, so wie es ein zweiter Pfeil anzeigt, durchläuft. In diesem Falle hat die epicykloidische Bahn die Gestalt K' V' X' Y'. Das Wasserelementchen bewegt sich in dieser Bahn nach der Richtung des dritten Pfeiles, und die zusammengesetzte Wellenschwingung zeigt die Oberfläche KJIHGFEDCBA, so wie im vorhergehenden Falle, nur daß die kleineren Wellen, welche die Zähne bilden, sich von R nach V zu bewegen scheinen, während die großen von O nach R gehen.

39. In den, bis jetzt gegebenen Beispielen habe ich noch vorausgesetzt, daß die Länge der großen Wellen genau ein Vielfaches jener der kleinen sei, und daß die Bewegung ferner sich so ergebe, daß, wenn ein Elementchen auf den Gipfel der großen Welle gelangt, es sich zugleich auf dem Gipfel einer kleinen befinde; die Wellenthäler fallen demnach auch zusammen, wodurch man die epicykloidischen Bahnen, als regelmäßige und symmetrische Kurven erhält. Wenn die Wellenlängen zwar ein exactes Verhältniß unter einander haben, sich aber nicht symmetrisch bewegen, so daß, wenn ein Elementchen sich auf einem Punkte befindet, welcher dem Gipfel der großen Wellen entspricht, es niemals zugleich auch auf einen Gipfelpunkt der kleinen Wellen trifft, so sind die epicykloidischen Bahnen nicht regelmäßig und symmetrisch, wie jene in der Fig. 12; doch behalten sie die nämliche Anzahl der Knoten, aber ungleichmäßig ausgetheilt. Stehen endlich die Wellenlängen zweier Systeme nicht in einem solchen Verhältniß, wie es oben angenommen wurde, so kehren die Knoten der epicykloidischen Bahn immer erst nach einer gewissen Anzahl von Bahnumgängen auf dieselben Punkte zurück.

40. Die Geschwindigkeit eines Stromes, und die allmählige Abnahme der Stärke der Wellen kann zwar die einfachen epicykloidischen Bahnen in nicht geschlossene und endlose Kurven verändern, aber durchaus nicht das so sehr einfache Gesetz, nach welchem sie sich bilden.

41. Wenn zwei einfache, gleiche und nach einer Richtung hin sich fortpflanzende Wellenschwingungen zusammentreffen, so erfolgen, je nachdem die Bewegungen sich verbinden, durch die Doppel=Wellen auch verschiedene Erscheinungen. Treffen zwei Schwingungen so zusammen, daß ihre Wellengipfel zu glei-

cher Zeit in die nemliche Vertikale kommen, so befindet sich, was immer für ein Wasserelementchen auf der elliptischen Bahn einer Wellenschwingung, in einem solchen Punkte, der homolog ist der Lage ihres Mittelpunktes, auf der Bahn der andern Wellenschwingung, im gleichen Zeitmomente. So ist, zum Beispiel, wenn die Kurve AFD, Figur 13, die einfachen und gleichen Wellenschwingungen vorstellt, und die Bahn FH den beiden Schwingungen gleichmäßig angehört, ein Elementchen S in den Puncten SPQR der, der ersten Schwingung angehörigen Bahn, indem der Mittelpunct dieser Bahn sich stets zugleich in den Puncten FGHI der Bahn der zweiten Wellenschwingung befindet. Die hierdurch gebildete, epicykloidische Bahn SPQR ist ähnlich den Bahnen der einfachen Bewegungen, ihre Ausmaße sind aber doppelt. Die entstehenden Wellen OSK zeigen sich nur einfach; ihre Längen sind gleich der Länge einer einfachen Wellenschwingung, aber ihre Höhen sind doppelt, wodurch sie sich in die Gattung der kurzen Wellen einreihen (74). Der eben abgehandelte Fall, wo sich zwei, nach einer Richtung hin ziehende, Wellenschwingungen treffen, gibt die größten Bahnen für die Wasserelementchen und die größten Wellenhöhen.

42. Für jeden andern Fall, wo sich zwei gleiche, und nach einer Richtung hin gehende, Wellenbewegungen kombiniren, ist die epicykloidische Bahn um so kleiner (wie S'Q', S"Q") und die Wellen um so niedriger (wie O'K', O"K"), je mehr die Wassertheilchen in einem und demselben Zeitmomente von demjenigen Puncte ihrer Bahn entfernt sind, der der Lage des Mittelpunktes ihrer Bahn auf der andern homolog wäre. Geschieht es endlich sogar, daß der Punkt, wo ein Wasserelementchen auf seiner Bahn sich befindet, dem Orte diametral entgegen gesetzt wäre, wo sich der Mittelpunkt dieser Bahn auf der andern in gleichem Zeitmomente herstellet: so fallen die Wellenberge der einen Wellenschwingung und die Wellen=

thäler der andern zusammen, heben sich auf, und es findet gar keine Bewegung Statt. Dies ist die Ursache, daß man zuweilen mitten auf der bewegten Meeresoberfläche eine Stelle ohne Wellen bemerkt. Diese glatten Stellen entstehen durch gleiche, nach einer Richtung hin, sich mit ziemlich gleicher Geschwindigkeit fortpflanzende Wellen, deren entgegengesetztes Ineinandergreifen, dort wo sie sich treffen, jede Wellenschwingung unmittelbar aufhebt, bis sich wieder andere Wogen erheben.

43. Wenn zwei gleiche Wellenschwingungen sich in entgegengesetzten Richtungen fortpflanzen, so entsteht bei ihrem Zusammentreffen eine Klappenschwingung, oder die sogenannte stehende Wellenbewegung. Ich behalte mir es für die Erklärung 3 vor, über diese ganz besondere Art von Bewegung zu sprechen.

44. Um die gegebene Erklärung (34) über die Kombination gleichzeitiger Wellen, auch auf sich kreuzende anzuwenden, genügt es, sich die, von einem Wasserelementchen beschriebene Bahn, als wenn sie allein bestände, auf einer, mit der Richtung der Fortpflanzung parallelen Ebene darzustellen, und, wie oben geschehen ist, die beiden Bewegungen zu verbinden, um die epicykloidische Bahn der zusammengesetzten Wellenbewegung zu erhalten. In Folge dieser Verbindung findet die Bewegung, was immer für eines Wasserelementchens, stets in einer ebenen Bahn Statt, die sich auf eine der beiden Schwingungen bezieht, während der Mittelpunct dieser Bahn auf einer, der andern Schwingung zugehörigen Bahn-Ebene fortgerissen wird. Die Ebenen beider einfachen Bahnen bilden unter sich einen beständigen Winkel, der gleich ist jenem, welchen die Richtungen der Fortpflanzungen bilden, und die epicykloidische Bahn, welche durch die doppelte Schwingung entsteht, ist eine Kurve von doppelter Krümmung.

Um diese Kombination durch eine Figur anschaulich zu machen, seien P Q und p q, Fig. 14, auf einer horizontalen Ebene, die Richtungen zweier gleichzeitigen Wellenschwingungen, indem man sich vorstellt, daß diese beiden Linien vertikale Ebenen sind, welche das Wasserelementchen Z durchschneiden; ferner denke man, daß diese beiden Ebenen auf den Horizont umgeschlagen, und daß ihre Durchschnittslinien durch Z S und z s angezeigt sind. Die Linien O R und o r bezeichnen die Oberfläche des ruhigen Wasserspiegels.

Wenn jede Wellenschwingung für sich allein Statt fände, so würde ein und dasselbe in S und s für den Ruhezustand projektirte Elementchen, während der, durch B F C vorgestellten, größeren Wellenbewegung die große Bahn F G in der, durch P Q vorgestellten, vertikalen Ebene beschreiben; für die, durch b f c dargestellte, kleinere Wellenbewegung müßte in der vertikalen Ebene p q die kleine Bahn f g beschrieben werden. Die Bahnen F G und f g sind in M N und m n projektirt. Wegen der Gleichzeitigkeit der beiden Schwingungen ist ein und dasselbe Elementchen genöthigt, die kleine Bahn f g zu durchlaufen, während die Ebene dieser Bahn sich so fortbewegt, daß der Mittelpunct dieser kleinen Bahn sich beständig auf der großen Bahn F G befindet; es folgt daher, im Raume, einer epicykloidischen Bahn von doppelter Krümmung, die auf der Ebene P O durch A Y V L auf der zweiten Ebene p q durch a y v l und auf der horizontalen Ebene durch Y Z A in der Projektion dargestellt ist.

45. Die beiden gleichzeitigen Wellenschwingungen zeigen auf der Oberfläche des Wassers eine Art von Netz, das durch zwei Reihen von Hügelchen, oder, in jedem Wellensystem unter sich parallelen, Wellenbergen gebildet wird; ein vertikaler Schnitt dieser Wellenbewegung zeigt auch ein gezähntes Profil (35).

Die Elementchen im Innern der Flüssigkeit beschreiben epicykloidische Bahnen von derselben Art, so wie sie den gleichzeitigen Wellenschwingungen im Niveau dieser Elementchen entsprechen, und das, was in Beziehung auf die Gränze, bis zu welcher sich die Wellen in die Tiefe hin verbreiten, gesagt worden ist, gilt ganz auch für jenen Fall, wo die Wellenschwingungen sich durchkreuzen.

46. Wenn wir uns vorstellen, daß, anstatt zweierlei Wellenschwingungen, drei zu gleicher Zeit wirken, so bewegt sich was immer für ein Wasserelementchen, auf der, den schwächsten Wellen entsprechenden kleinen Bahn, und der Mittelpunkt dieser kleinen Bahn auf der, der mittleren Wellenschwingung entsprechenden Bahn fortrückt, während zu gleicher Zeit der Mittelpunkt dieser zweiten Bahn auch auf der Bahn der größten Wellenschwingung fortgerissen wird. Es entsteht hierdurch eine epicykloidische Bahn von höherer Ordnung, als in den vorhergehenden Fällen. Man sieht hieraus, daß die kleinste Wellenschwingung sich auf der Oberfläche der mittleren und beide zugleich sich auf der größten darstellen.

47. Es sei im Allgemeinen die Zahl und Richtung der gleichzeitigen Wellenschwingung, welche sie nur immer wolle, die Wasserelementchen haben stets eine epicykloidische Bahnbewegung, deren Entstehung leicht begreiflich ist. Man ordne die betreffenden Wellenschwingungen nur nach der Größe der ebenen Bahnen, welche von den Wassertheilchen, wenn jede Schwingung für sich bestände, beschrieben werden. Das Gesetz der Kombination aller dieser, zugleich wirkenden Bewegungen ist folgendes: ein Wassertheilchen beschreibt die kleinste Bahn, während ihre, der ersten Stellung stets parallel bleibende Ebene sich so fortbewegt, daß der Mittelpunkt die Bahn der nächstfolgenden in derselben Zeit durchläuft, als der Mittelpunkt dieser zweiten auf der noch größeren Bahn fortgerissen wird u. s. w., bis zur größten und letzten Bahn. Man mag

34

in was immer für einer Ordnung die Wellenschwingungen kombiniren, das Resultat bleibt immer dasselbe, man erhält stets dieselbe epicykloidische Kurve.

Man sieht, wie einfach diese Bewegung vor sich geht, und wie groß doch die Verschiedenheit der Wellenschwingungen sein kann. Es ist dieß um so mehr bemerkenswerth, als nur ein einziges Gesetz Statt findet.

Diese Theorie erklärt auch vollkommen den Mechanismus des Zusammentreffens von Kreiswellen unter sich, oder mit geraden Wellen. Die Divergenz oder die strahlenförmige Fortpflanzung der Wellen ändert nichts am Gesetze, nach welchem die epicykloidischen Bahnen entstehen.

2. Von dem Zurückwerfen der Wellen.

58. Es ist unmöglich, die Erscheinung des Zurückwerfens der Wellen von einem steilen Ufer, oder vorzüglich von einer senkrechten Mauer zu erklären, wenn man bei den Schwingungen der Wassertheilchen nur eine streng vertikale Bewegung annimmt; denn es ist nicht denkbar, daß die geringe Reibung des Wassers an der ebenen Fläche im Stande wäre, dieses mit solcher Heftigkeit zurück zu stoßen, als man es oft beim Zurückwerfen der Wellen bemerkt. Wenn man aber weiß, daß die Wasserelementchen sich in elliptischen Bahnen bewegen, so begreift man bald, wie eine Welle von einem Körper, gegen den sie sich erhebt, zurückgeworfen werden kann.

59. Es sei M'R', Fig. 15, der Grundriß, und MR der Querschnitt einer Mauer oder eines steilen Ufers, nach der Linie A'B'; AB ist der Durchschnitt einer einfachen Wellenbewegung, welche von der offenen See herkommt, und deren Direction im Grundriß durch A'B' angedeutet ist; ab ist der Durchschnitt nach derselben Ebene und zeigt eine innere Wellenschwingung, welche natürlich jener der Oberfläche entspricht. Die Wasserelementchen A und a beschreiben während der

Schwingung die Bahnen AF und a f. Man bemerkt leicht, daß die, längs der Mauerverkleidung in der Vertikalen MR liegenden Wassertheilchen B und b ihre Bahnen nicht vollenden, weil sie die Oberfläche der Mauer nicht verlassen, und eben so wenig über sie hinaus sich bewegen können. Sie oscilliren nur längs der Oberfläche der Mauerverkleidung, sind aber nichts destoweniger ganz jenem Drucke ausgesetzt, welcher ihnen durch die andern, nicht nahe an der Mauer befindlichen Wasserelementchen mitgetheilt wird, so, als wenn sie ihre Bahnen völlig beschrieben. Wenn die Elementchen B und b auf die höchsten Punkte ihrer Erhebung gelangen, so werden sie durch die, in Bahnen sich bewegende Masse gegen die Mauer angeworfen, und erhalten, so wie die Mauer selbst, nach der Direction A'B', in der vertikalen Projektion nach den Tangenten zu den Bahnen AB und a b ihren Stoß; die Stöße und die Elementchen werden im Grundriße nach der Linie B'T, im Durchschnitte nach den Linien BA und b a so zurück geworfen, daß der Winkel A'B'M' gleich ist dem Winkel R'B'T, und weil dasselbe auf der ganzen Vertikalen BR Statt findet, so wird die, in der Ebene A'B' vorkommende Bahnbewegung allen Theilchen, welche sich in der, der Richtung B'T entsprechenden vertikalen Ebene befinden, mitgetheilt. Es entsteht daher in der Ebene B'T eine zurückgeworfene Wellenschwingung, welche ungefähr der direkten gleich ist. Sie würde dasselbe Profil AB haben, wenn sie allein bestünde, nur daß die Wellen nach entgegengesetzter Richtung, das ist von B' nach T sich bewegen müßten. Weil das, was ich jetzt von den, in den Ebenen A'B', B'T enthaltenen Elementchen gesagt habe, sich auch auf die Elementchen der Ebenen a' b' und b't anwenden läßt, so folgt daraus, daß die Wasserelementchen, welche sich in der vertikalen Durchschnittslinie x der beiden Ebenen A'B' und b't befinden, zu gleicher Zeit von der direkten Wellenbewegung nach der Richtung A'B', und von der

3 *

zurückgeworfenen Wellenbewegung nach der Linie b't ergriffen werden. Diese Elementchen sind demnach einer doppelten Schwingung unterworfen. Das, was in der Vertikalen x vorgeht, findet in allen Vertikalen der ganzen Masse Statt, weil jede ein Durchschnitt von irgend einer vertikalen Ebene ist, die mit der direkten Wellenbewegung parallel liegt, und von irgend einer vertikalen Ebene, die mit der Richtung der zurückgeworfenen Wellen parallel läuft. Hieraus ergibt sich, daß durch die zurückgeworfene Wellenschwingung alle Elementchen der bewegten Masse einer doppelten Wellenschwingung hingegeben sind, und daß ihre Bahnen solche epicykloidische Linien bilden, wie sie der Gegenstand der Fig. 14 waren (44).

50. Man hat geglaubt, daß der Mittelpunkt der Wirkung (centre d'action) jeder Woge gleich weit entfernt sei vom Wellengipfel und vom tiefsten Punkte des Wellenthales*). Man berücksichtigte damals nur die Wellen an der Oberfläche; jetzt weiß man, daß dieser Mittelpunkt sich zwischen der Oberfläche des Meeres und der Gränze der Bewegung in der Tiefe, in einem Punkte befinden müsse, dessen Lage von dem Gesetze der Abnahme der Bewegung in die Tiefe hin abhängt.

51. Die elliptische, und wie eben gesagt wurde, zurückgeworfene Bewegung bringt Wellen hervor, welche parallel zur Linie IH, und in der Richtung B'T fortlaufen; diese zurückgeworfenen Wellen bilden durch die Durchkreuzung mit den direkten, auf der Oberfläche des Wassers die verschobenen Vierecke CDLI, deren Diagonalen parallel mit dem zurückwerfenden Ufer sich bewegen.

52. Eine zusammengesetzte Wellenbewegung, von was immer für einer Ordnung, würde auf gleiche Weise zurückgeworfen werden und eine zurückgehende Wellenschwingung von gleicher Ordnung erregen; die, aus beiden entstehende zusam-

---

*) Bericht der Commission vom Jahre 1792, Nr. 38.

mengesetzte Wellenschwingung aber wäre von doppelter Ordnung.

53. Das Zurückwerfen der Wellen von einer vertikalen Wand, wenn sie in einer, auf diese senkrechten Richtung anschlagen, bringt nicht immer eine zusammengesetzte Wellenschwingung hervor; denn, wenn die direkten Wellen stark sind, so sind die zurückgeworfenen ihnen ganz gleich, und weil sie sich ihnen gerade entgegen bewegen, so können sich die beiden Schwingungen nicht kreuzen, und es entsteht eine stehende oder Klappenschwingung, wie man sie zuweilen längs steilen Küsten bemerkt (43).

54. Das Zurückwerfen der Wellen kann auch nur bei einem Theile der Tiefe des, in Unruhe befindlichen, Wassers Statt finden; dies aber reicht schon hin, um alle obern Wellenschwingungen zu stören. Es sei A B C, Fig. 16, eine Wellenschwingung auf der Oberfläche des Meeres, P Q die Gränze der Bewegung in der Tiefe des Wassers, D E das Profil einer steilen Bank, die sich nicht bis zum Niveau der Oberfläche des Meeres erhebt; a b D das Profil derjenigen innern Wellenschwingung, wo die Wellenberge sich bis zum Niveau o r, das ist auf die Höhe der Bank erheben: so sind es allein die, zwischen der Wellenschwingung a b D und der Gränze P Q enthaltenen Wassertheilchen, welche in Folge ihrer Bahnbewegung, an die steile Wand D Q anschlagen. Die Rückwirkung dieses Anschlagens zerlegt sich; ein Theil wirkt vertikal gegen die Oberfläche zu, und ist oft stark genug, um die Welle B C F zu heben, ihr die Gestalt B C' F' zu geben, ja sie selbst zum Schäumen zu bringen; der andere Theil verliert sich in der flüssigen Masse, und sei es, daß durch das schiefe Anprallen an das steile Ufer, zwischen dem Niveau o r und der Gränze P Q, sich eine zusammengesetzte Wellenschwingung bildet, sei es, daß die Wellen perpendikulär anwirken: stets ist die Folge davon eine Störung der obern Wellenschwingung, welche

dann unordentlich über die Bank wegläuft, und, eine Strecke hin, stehende Wellen zeigt.

55. Es ist dieß besonders bemerkenswerth auf der großen Bank von Terre-Neuve. Herr de la Coudraye berichtet, daß die steilen Wände dieser Bank, den sich nähernden Schiffen, durch die kurzen und stehenden Wellen bemerklich werden. Diese Erscheinung, welche sich nicht anders, als durch das Zurückwerfen der, in Bahnen sich bewegenden Massen von den steilen Wänden dieser Bank erklären läßt, beweiset, daß die starken Wellen der Gegend von Terre-Neuve die Gränze ihrer Bewegung erst in sehr großer Tiefe erreichen, weil man nach Herrn de la Coudraye bei Terre-Neuve über der Bank noch 100 Faden (600 Schuh) Wassertiefe findet. Es muß daher die Gränze PQ noch auf eine weit größere Tiefe reichen, damit die, zwischen dem Wasserspiegel und der Gränztiefe der Bewegung enthaltene, Wassermasse durch das Anschlagen an die Wände eine solche Wirkung hervorbringen könne, um die Wellen der Oberfläche durch eine, 600 Schuh dicke, Wasserschichte zu beunruhigen, selbst zur stehenden Schwingung zu vermögen (18).

56. Der Anschlag der Wellen gegen ein steiles Ufer ist noch viel stärker, wenn sie, wie es die Fig. 4 zeigt, niedergelegt sind, weil sie dann gewöhnlich von einer größern Geschwindigkeit getrieben werden, und die Tangenten, nach welchen die Anschläge geschehen, nur wenig gekrümmten Bogen der Bahnen entsprechen, wodurch die, sich von Theilchen zu Theilchen mittheilende Kraft stärker und dauernder wirkt.

57. Die Wellen können auch von einer nicht vollkommen vertikalen Wand zurückgeworfen werden. Es geschähe dieß z. B., wenn die Fläche MR, in der Figur 15, anstatt vertikal zu sein, die Lage mr hätte. Ist diese Wand stark geneigt, so erfolgt der Anschlag auf der Oberfläche des Wassers erst dann, wenn die Welle in die Lage A″D kommt, wobei der

Punkt D perpendikulär getroffen wird. Das Zurückwerfen geschieht nach der Richtung DS. Im Allgemeinen aber ist der Anschlag auf eine schiefe Ebene deßwegen schwächer, weil die inneren Wellen auf verschiedenen Höhen nicht in einem und demselben Augenblicke an die Wand treffen können, so wie es an der vertikalen geschah. Der Anschlag einer Wellenschwingung $a''b''$ im Niveau ab geschieht in dem Punkte d, bevor noch die Wellenschwingung AB in dem Punkte D anwirken kann, das Zurückwerfen nach der Linie ds in dem Punkte d geschieht daher auch vor dem Zurückwerfen der Wassertheilchen in dem Punkte D, nach der Richtung DS. Dieser Mangel des Zusammentreffens beim Zurückwerfen verursacht, besonders wenn die Schwingung lebhaft ist, ein Brechen der Wellen auf der Oberfläche, und zuweilen eine Klappenschwingung (clapotage). Gewöhnlich werden die, der Oberfläche zunächst liegenden Wassertheilchen, durch das Zurückwerfen der unteren Wellen, in Folge der elliptischen Bahnbewegung gehoben, und weil keine gleiche Gegenwirkung existirt, gezwungen, in der Gestalt m n empor zu springen. Diesem Umstande ist es zuzuschreiben, wenn die Wellen sich auf der Böschung in die Länge ziehen, so wie es Brémontier beobachtet hat.

58. Zur Zeit der Windstille, oder bei nur leichter Bewegung des Wassers, ist der Anschlag der Wellen gegen vertikale Flächen oder gegen steile Ufer allerdings nur schwach; aber man braucht nur bei stürmischem Wetter Acht zu geben, um sich zu überzeugen, wie heftig derselbe sein kann, und man sieht dann, daß die, von Brémontier vorgeschlagenen senkrechten Uferverkleidungen, die nur eine einfache Reibung auszuhalten bestimmt sein sollten, im Gegentheile den stärksten Schlägen ausgesetzt sind, daher unmöglich als das beste Profil gegen die Bewegung der Wellen angesehen werden können.

59. Ein kleiner, durch die Bahnbewegung der Wasserelementchen mitgerissener Körper erleidet keinen merklichen

Schlag; ein großer schwimmender Körper aber, wovon ein Theil tief unter das Wasser taucht, wird von dem Anschlage der Wellen an seiner Oberfläche merklich bewegt.

60. Wenn sich Schiffe während der Stürme bemühen, der Strandung zu entgehen, so treibt sie zuweilen der Schlag großer Wellen, und vereitelt, indem er sich mit der Wirkung des Windes vereinigt und den Schiffbruch beschleuniget, die Anstrengungen des Steuermannes.

61. Durch die Wirkung der Bahnbewegung geschieht es, daß bei Stürmen die Wellen mit Heftigkeit gegen die Schiffe anschlagen und schäumend zurückgeworfen werden, und das Schwanken des Schiffes vermehrt noch diese Heftigkeit, indem es die Seitenflächen des Fahrzeuges den Wellen entgegen führt. Wenn eine große Woge unter einem angemessenen Winkel an ein Schiff schlägt, so wird sie vom Rückschlage oft bis über den Bord gehoben. Die Bahnbewegung theilt den Elementchen des Wellengipfels eine große Geschwindigkeit mit, und das Wasser folgt, wenn es an den Seiten des Schiffes keinen Widerstand mehr findet, mit Gewalt der Richtung der Tangenten im Scheitel der Bahnen, verbreitet sich mit Wuth auf dem Verdecke, reißt Alles mit sich, und stürzt über den entgegengesetzten Bord hinunter. Dieses traurige Ereigniß bezeichnen die Seeleute dadurch, indem sie sagen: die Wellen haben das Verdeck gekehrt. Ist das Fahrzeug ohne Verdeck, so bleibt die Welle im Schiffe, und Eine reicht hin, um es zu füllen und zu Grunde gehen zu machen.

62. Wenn ein Schiff sich fortbewegt, so wird der Schlag der Wellen auf die Seitenfläche in Folge der Geschwindigkeit zerlegt, und der daraus hervorgehende Schaden ist ganz gering; wenn es aber vor Anker ist, oder ruhelos mitten in einer heftigen Wellenbewegung, oder wenn plötzlich Windstille eintritt, das Meer jedoch, ungeachtet der Wind schon aufgehört hat, sein Ungestüm noch beibehält, so wird es, des Vor-

theils seiner Segel beraubt, und wie auf der Stelle fest gebannt, nicht allein durch die Schwankungen nach der Seite und nach der Länge erschüttert, sondern auch von den Wellen geschlagen. Da die Heftigkeit der Schläge in diesem Falle nicht zerlegt wird, wie wenn das Schiff das Wasser schnell durchschneidet, so wirken sie mit aller Kraft auf den Kiel, reißen sogar die Schiffsplanken ab, und bringen das Fahrzeug in die größte Gefahr, unterzugehen. Diese Erscheinung wurde zwar schon beschrieben, aber niemals die Ursache der Heftigkeit dieser gefährlichen Schläge nachgewiesen *). Sie liegt in der Bahnbewegung der Wassertheilchen, und man sieht, daß sie nicht, wie Brémontier meint, nur die Wirkung einer einfachen Reibung ist, auch durch vertikale Oscillationen niemals erklärt werden kann.

3. Das Brechen sich begegnender, gleicher Wellen und die stehende oder Klappenschwingung (clapotage).

63. Wenn zwei ungleiche Wellenschwingungen, nach entgegengesetzten Richtungen hin sich bewegend, einander begegnen, so entsteht, wie wir es bereits gesagt haben (38), eine zusammengesetzte Wellenschwingung; sind aber beide Schwingungen gleich, so ergibt die Kombination der Bahnen, welche die Wassertheilchen jeder, für sich allein bestehenden, Schwingung durchlaufen müßten, keine Bahnen für jene Theilchen, welche nunmehr der Wirkung beider Schwingungen zu folgen haben, und es finden keine sich fortbewegenden, zusammengesetzten Wellen Statt.

64. Es stelle in der Figur 17 die Kurve ABC, EDC zwei gleiche Wellenschwingungen vor, welche einander entge-

---

*) Encyclopédie moderne, par M. Courtin et une société de gens de lettres; t. V. art. Calme.

gengehen, und sich in dem Wellenberge C begegnen; ein Elementchen der Wasseroberfläche, sowohl bei einer, als bei der andern Schwingung, wenn sie allein oder abgesondert Statt fänden, würde die Bahn CF beschreiben, mit dem einzigen Unterschiede, daß, wenn die Wellen von O kommen, die Bahn nach jener Richtung durchlaufen würde, welche der Pfeil Nr. 1 anzeigt, werden die Wellen aber von R aus fortgepflanzt, nach der Richtung des Pfeils Nr. 2.

Da, der Voraussetzung nach, beide Schwingungen sich verbinden sollen, so müßte ein, der Wasseroberfläche angehöriges Elementchen in der Vertikalen IJ, die Bahn IS nach der Richtung des Pfeils Nr. 3 durchlaufen, insoferne es der, von R aus, fortgepflanzten Wellenbewegung folgt, während zu gleicher Zeit der Mittelpunkt C dieser Bahn sich nach der Richtung des Pfeils Nr. 1, auf der Bahn CF bewegt, die den, von O herkommenden Wellen entspricht, oder was einerlei ist, dieses Wasserelementchen müßte nach der Richtung des Pfeils Nr. 4 die IS durchlaufen, insoferne es der, in O entstehenden Wellenschwingung folgt, während zu gleicher Zeit der Mittelpunkt F dieser Bahn, nach der Richtung des Pfeils Nr. 2, sich auf der Bahn CF, die der, von R kommenden Wellenschwingung entspricht, fortbewegt. In einer sowohl, als in der andern Kombination, beschreibt das Wasserelementchen und der Mittelpunkt seiner Bahn, in gleichen Zeiten auch gleiche Bogen, und sie befinden sich in denselben Augenblicken stets auf homologen Punkten, das heißt, der, von dem Wasserelementchen zwischen den äußersten Punkten seiner Bewegung beschriebene Weg, ist die gerade und vertikale Linie IJ. Hieraus folgt, daß die Wasserelementchen nur eine vertikale Oscillation haben, daß die Erhebung des Wellenberges gleich sei der Vertiefung des Wellenthales, und daß auch die Krümmungen des Wellenberges und des Wellenthales gleich sind. Wir haben gesehen (17), daß diese Bedingungen bei einer fort-

43

schreitenden Wellenschwingung (bei laufenden Wellen) nicht Statt finden können; auf diese Art kann die Vereinigung zweier gleicher und entgegengesetzter Schwingungen niemals zusammengesetzte, laufende Wellen hervorbringen. Das Begegnen gleicher Wellen gibt im Gegentheile Veranlassung, daß sie sich wechselseitig zurückwerfen.

65. Es seien, in der Fig. 18, A und C zwei gleiche, in entgegengesetzten Richtungen gegen den Punkt B sich bewegende, Wellenschwingungen. Die Wasserelementchen auf gleicher Höhe zu beiden Seiten der Vertikalen BF, bewegen sich auf gleichen Bahnen e f, g h, aber nach entgegengesetzten Richtungen. Es ist leicht einzusehen, daß, wenn die Wassertheilchen in c und g die höchsten Punkte ihrer Bahnen erreicht haben, sie die, auf der zwischen ihnen liegenden, gemeinschaftlichen Tangente c g befindlichen Wassertheilchen stoßen, und da das nämliche in allen Punkten der Tiefe, wo noch eine Bewegung vorkommt, sich ergibt, daß in der Vertikalen BF ein heftiges Zusammenschlagen Statt finden müsse. Die Kraft dieses Zusammenschlagens zerlegt sich; ein Theil davon wirkt vertikal aufwärts, erhebt die beiden zusammenschlagenden halben Wellenberge und veranlaßt ein Brechen derselben K L; der andere Theil des Schlages wirkt nach beiden Seiten hin, und bringt, unterstützt von der Wucht des gebrochenen und niederfallenden Wellenberges, zwei starke, unter sich gleiche, zurückgeworfene, daher rückwärts gehende Wellen hervor. Diese verursachen, indem sie sich von der Vertikalen BF entfernen und den direkten Wellen entgegenkommen, in den Vertikalen D G und E H mitten zwischen dem Laufe der direkten und zurückgeworfenen Wellen, beiderseits ein neues Zusammentreffen. Es entstehen hierdurch neue zurückgeworfene Wellen; die einen kehren wieder zu dem Punkte B zurück, während die andern den ursprünglichen Wellen entgegengehen; ihr Zusammenschlagen geschieht in den Vertikalen AM, CN und

so fort. Diese Art des Hin- und Herschwankens der Wellen stellt die Klappenbewegung derselben (die stehenden Wellen) dar. Man hat diesen Namen deßwegen gewählt, weil die Wellen sich nach einander blos vertikal heben und senken, ohne die geringste horizontale Fortbewegung ihrer Gestalt zu zeigen, so wie sich beiläufig die Pumpenklappen oder Pumpenventile bewegen.

66. Die einfache Klappenschwingung der Wellen gibt den Anschein, als wenn zwei gleiche Wellenschwingungen sich durchdrängen, und eine nach der andern sich zeigte, indem die Wellenberge der einen sich an der Stelle der Thäler der andern erheben. Man ist nicht im Stande, diese besondere Bewegung durch eine Theorie zu erklären, wenn für alle Wassertheilchen blos vertikale Oscillationen angenommen werden, weil es unter den Elementchen einige gibt, welche an der heftigen Bewegung nur wenig Antheil zu nehmen, selbst, sich horizontal zu bewegen scheinen. Man muß daher nothwendiger Weise zugeben, daß, während einige Elementchen wirklich auf geraden vertikalen Linien osciliren, die andern alle von Schwankungen hin- und herbewegt werden und Wege beschreiben, welche ganz sicher sehr verschieden sind von jenen Bahnen, die wir bei den laufenden Wellen angegeben haben.

67. Ich habe mit Aufmerksamkeit eine große, von einer Klappenschwingung bewegte Wassermasse beobachtet, und Folgendes bemerkt:

Es sei Fig. 19 das vertikale Profil eines Systems von Wellen im Zustande der Klappenschwingung. Zuerst bemerkt man die, durch die Kurve A'B'C'D'E' dargestellten größten Wellenberge und tiefsten Wellenthäler, und für den Augenblick darauf andere Wellenberge und andere Wellenthäler, ebenfalls in ihren größten Ausmaßen, dargestellt durch die Kurve AB'CD'E. Diese Wellenberge und Wellenthäler folgen sich abwechselnd, so, daß ein Wellenberg sich vertikal auf jener

45

Stelle erhebt, wo ein Wellenthal war, diesen Platz einem Thale einräumt, um wieder sich zu erheben u. s. f. Man sieht ferner, daß zwischen den zwei Kurven B C'D, B'C D', welche die abwechselnden und extremen Profile der Klappenschwingung darstellen, die Wellenberge und Wellenthäler durch eine unendliche Zahl von Uebergangsformen gehen müssen; zwei derselben sind durch die Kurven a b' m' n' c d', a' b b m c' d vorgestellt. Diese krummen Linien gehen nothwendig unterhalb der Wellengipfel A, B, C, D, und oberhalb der tiefsten Punkte der Wellenthäler A'B'C'D', und durchschneiden die Kurven B C'D, B'C D' in den Punkten n, m' oberhalb der Linie O R, vorausgesetzt nämlich, daß es einen Augenblick gibt, wo sich weder Wellenberge, noch Wellenthäler zeigen, und die Elementchen der Oberfläche gleichsam in der Ruhefläche liegen, die durch diese Linie vorgestellt ist. Die Uebergangsgestalten oder Zwischenformen der Wellenberge und Wellenthäler sind, so wie die Gestalt der höchsten Wellenberge und tiefsten Wellenthäler, der Bedingung unterworfen, daß das Volumen der, über den ruhigen Wasserspiegel sich erhebenden Wellen gleich sein müsse dem leeren Raume, wodurch die Wellenthäler unterhalb dieser Ruhefläche gebildet sind; eine Bedingung, wodurch die Wellenberge bei der Klappenschwingung, so wie bei den laufenden Wellen (27) eine mehr spitzige Gestalt erhalten, als umgekehrt das Wellenthal, und wodurch die Wellengipfel sich höher über den ruhigen Wasserspiegel O R erheben, als die tiefsten Punkte des Wellenthales sich unter denselben hinabsenken.

Man kann sich eine Fläche denken, welche eben so gut von den äußersten, als von allen, in einander übergehenden, Zwischenformen der stehenden oder Klappenwellen berührt wird. Diese Einhüllungsfläche, wie sie zwischen den beiden Wellenbergen B und C sich ergibt, kann im Profil durch die Kurve B m X m' C dargestellt werden. Sie wird berührt in B, C von den höchsten Punkten der, auf einander folgenden Wellengipfel, zwischen beiden in den Punkten m und m' durch die, in der Figur gezeichneten Uebergangsformen, und in X von der ruhigen Wasseroberfläche, welche auch nichts anderes, als eine Uebergangsform der stehenden Wellen ist.

Alle Theilchen der, in Unruhe befindlichen, und durch stehende Wellen in Bewegung gesetzten Wassermasse, müssen, je nachdem sie mehr oder weniger tief unter der Oberfläche OR liegen, ganz auf ähnliche Art, wie an der Oberfläche, Wellenberge und Thäler bilden. Die inneren Wellenberge und Thäler haben ebenfalls ihre Uebergangsgestalten, und diese ihre Einhüllungsflächen, so wie an der Oberfläche, nur daß die Höhenausmaße derselben nothwendiger Weise von der Oberfläche des Wassers, bis zu der Gränzfläche PQ in der Tiefe, wo beständige Ruhe herrscht, abnehmen. Die inneren Wellenschwingungen sind nicht gezeichnet, um die Figur nicht zu verwirren.

Indem man fortfährt, die stehenden oder Klappenwellen zu beobachten, so sieht man, daß die Elementchen der Wasseroberfläche, welche den Axen AA', BB', CC', DD', EE' der Wellenberge und Wellenthäler entsprechen, so wie alle, in denselben Vertikalen darunter liegenden, die einzigen sind, welchen die Eigenthümlichkeit, vertikal zu osciliren, zukommt, und daß alle übrigen Wassertheilchen, indem sie sich zu gleicher Zeit erheben und senken, sich nothwendig auch von einer Welle zur andern neigen müssen. Es folgt daraus, daß, wenn man, wie ich es schon gethan habe (24), die flüssige Masse, in sich frei bewegende Wasserstreifchen theilt, was immer für ein Wasserstreifchen (mit Ausnahme derjenigen AA', BB', CC', DD', EE', welche den Axen der Wellenberge und Wellenthäler angehören) im Zustande der Ruhe, oder in einer mittlern Stellung die Vertikale MS zur Axe habe, bei seinen äußersten Bewegungen aber, diese Axe nach S'f', S'r' gekrümmt sei. Das

47

Elementchen M' der Oberfläche hat zu seiner Bahn die Kurve f'M'm'r', auf welcher es seine zwei tiefsten Punkte in f' und r', das Maximum seiner Erhöhung aber nur einmal in m' erreicht. Dieses Theilchen muß nähmlich auf der Oberfläche des höchsten Wellenberges C in r', und auf der Oberfläche des tiefsten Thales C' im Punkte f' erscheinen, und endlich die Einhüllungsfläche B m X m' C in einem Punkte berühren, welcher durch die Bahn f M' m' r' und durch eine der Uebergangsformen der Klappenwellen a b' m' n' c d' tangirt wird.

Die Bahn eines Elementchens muß nothwendiger Weise durch den Punkt M gehen, wo die Oberfläche des ruhigen Wassers der Vertikalen begegnet, die das Wasserstreifchen im Zustande der Ruhe, oder in einer mittlern Lage vorstellt, denn es gibt einen Augenblick, wo die Uebergangsform in die ruhige Oberfläche O R übergeht. Die Kurve der Bahn kann nur dann zwei gleiche und symmetrische Arme haben, wenn sie einem Elementchen, z. B. X angehört, das im Zustande der Ruhe, oder in seiner mittlern Lage, gleich weit von den Axen der Wellenberge B und C entfernt ist. Die Gestalt der Bahn für das Elementchen X könnte ungefähr v X z sein.

*68. Es fehlt ohne Zweifel unendlich viel dazu, daß diese Beschreibung der stehenden oder Klappenwellen jenen Grad von Vollständigkeit besitze, welchen die Gelehrten wünschen möchten. Sie ist jedoch das Resultat aufmerksamer, aber wegen der Schnelligkeit der Bewegung sehr schwieriger Beobachtungen. Es wäre zu wünschen, daß durch den Kalkül die von mir begangenen Fehler verbessert würden. Wenigstens gibt diese Beschreibung der stehenden Welle eine richtige Idee von dem Mechanismus dieser, vielleicht schwieriger als jede andere, der Analyse zu unterwerfenden, Schwingungsart.

69. Die Klappenwellen, so wie ich sie jetzt beschrieben habe, sind nur einfach; die Streifchen des Wassers schwanken zwischen ebenen, mit dem, in der Figur gezeichneten Profile

parallelen Flächen; die Bahnen der Elementchen sind Kurven in einer Ebene, und die Wellenberge horizontale, senkrecht auf die Ebene des Profils gerichtete cylindrische Körper; dies ist zwar der einfachste, aber doch auch sehr selten vorkommende Fall. Gewöhnlich ist die stehende Wellenbewegung zusammengesetzt, und wird durch zwei oder mehrere sich durchkreuzende, einfache Klappenwellenschwingungen hervorgebracht; die Linien, nach welchen die Wasserstreifchen hin= und herschwanken, so wie die Bahn der Elementchen, sind dann von doppelter Krümmung, und die Wellenberge stehen einzeln, wie Warzen. Bei einer doppelten Klappenschwingung sind die Wellenberge in verschobene Vierecke eingetheilt, die durch Linien gebildet werden, in welchen die Elementchen der Oberfläche die geringste Bewegung haben.

70. Es ereignet sich oft, daß selbst zusammengesetzte, stehende Wellen sich mit einfachen oder zusammengesetzten, laufenden Wellen kombiniren, so daß die Klappenwellen auf den großen Wellen erscheinen, wie wir gesehen haben, daß sich kleine auf großen Wellen fortpflanzen (35). So zusammengesetzt auch ein solcher Zustand des Meeres scheinet, man kann ihn stets durch Zerlegung in die einzelnen Bewegungen auf den erklärten, sehr einfachen Mechanismus zurückführen, so wie ich es bei den zusammengesetzten Wellen angedeutet habe (47).

4. Vom Zurückstoßen der Wellen und von ihrer Verkürzung.

71. Wenn die Richtung einer starken und lebhaften Wellenbewegung senkrecht auf ein steiles Ufer ist, so bemerkt man, daß die ankommende Woge von diesem Ufer zurückgeworfen und zum Theil zum Schäumen gebracht werde; sie wird dann sogleich durch ein viel tieferes Wellenthal, als die andern Wogen haben, ersetzt, und läßt die steile Wand trocken, wenn

ihr Fuß nicht sehr tief reicht. Man würde sagen, das Meer zieht sich schnell zurück; aber das Wasser kommt sehr bald wieder, scheint einen Augenblick im Gleichgewichte zu stehen, und bildet dann Klappenwellen, welche die Wirkung der, sich begegnenden, Wellen sind. Sobald der Anfang einer Ruhe, welche stets gleich auf diesen Anbrang folgt, die Ankunft einer neuen Woge erlaubt, wird die Wassermasse neuerdings zurückgeworfen, und dieses Phänomen heißt man das Zurückstoßen der Wellen (le ressac). Es fällt den, in der Gegend steiler Ufer vor Anker liegenden, Schiffen oft zur Last, weil die, durch die direkten Wellen, und vorzüglich durch die Klappenwellen, ohnedieß hin und her geworfenen Fahrzeuge auch noch die vielfältigen und wiederkehrenden Stöße aushalten müssen, welche das Wasser durch das Zurückprellen der Wellen ausübt.

72. Weil man nach der Theorie streng vertikaler Oscillationen keine Erklärung des Zurückstoßens der Wellen ausfindig machen konnte, so schrieb man es dem Flutstrome und dem Auslaufen der Wellen zu; aber das Zurückstoßen hat Statt, sowohl bei der Flut, als bei der Ebbe, bei hoher und bei niedriger See, selbst in Meeren, die keine bemerkliche Flut und Ebbe haben, und wo es durchaus keine Strömungen gibt; es findet auch längs solcher Ufer Statt, deren steile Wände tief hinunter reichen, und wo das, was man das Auslaufen der Wellen nennt, gar nicht vorkommt.

73. Jetzt, wo die Bahnbewegung der, in Schwingung versetzten Wasserelementchen bewiesen ist, muß man wahrnehmen, daß das Zurückstoßen der Wellen nichts Anderes, als eine starke Zurückwerfung derselben (48), und daß die wahre Ursache die, von der Bahnbewegung herkommende Anprellung ist.

Der Einfluß steiler Küsten, oder das dabei vorkommende Zurückstoßen der Wellen, ist oft weithin im Meere beobachtet worden; man bemerkt es zuweilen auf mehr als 300 Klafter

vom Ufer, durch die stehenden oder Klappenwellen, und durch
eine besondere Veränderung der Gestalt der Wellen, wovon
ich sehr bald sprechen werde. Man hat beobachtet, daß die, mit
Heftigkeit gegen die steilen Ufer der Insel Mabeira anschla=
genden Wellen ein Zurückstoßen verursachen, wodurch das
Anlanden auf dieser Insel sehr erschwert wird *). Man hat auch
ein Zurückstoßen der Wellen in der Nachbarschaft jener ungeheu=
ren schwimmenden Eisberge, welchen man in hohen Breiten
begegnet, wahrgenommen. Die vertikalen Flächen der tief
tauchenden Schollen werfen, so wie steile Küsten, den Stoß
der, sich in elliptischen Bahnen bewegenden, Wassertheilchen
zurück. Dieß gibt einen neuen Beweis, daß der Erscheinung
des Zurückstoßens der Wellen nichts Anderes zum Grunde liegt,
als was ich dafür angegeben habe.

74. Die Seeleute haben bemerkt, daß in einigen Meeren
die Wellen viel kürzer sind, als jene des Oceans, d. h., daß
bei gleichen Höhen der einen und der andern die Wellen enger
Meere, eine geringere Länge haben: man hat sich begnügt zu
sagen, dieß komme daher, weil in diesen Meeren die Wellen
nicht genug Raum zu ihrer Entwicklung hätten. Diese, übrigens
schwankende, Erklärung ist auch nicht richtig; man findet kurze
Wellen in einigen Gegenden des Oceans, wo es gewiß nicht
an Raum fehlt. Das Verkürzen der Wellen hat also einen
andern Grund, den man aber so lange nicht entdecken konnte,
als man nur vertikale Oscillationen bei den Wellenschwingun=
gen anerkennen wollte. Das Anschlagen an die Ufer, wodurch
wir das Zurückstoßen der Wellen erklärten, wird uns auch
eine vollkommene Erklärung der Verkürzung der Wellen geben,
und wir werden sehen, daß die Wellen enger Wasserbehälter
nicht so sehr wirklich verkürzt sind, sondern vielmehr nur im Ver=

---

*) Malte-Brun, Précis de géographie. T. V. p. 169.

gleich mit den Wellen, wie sie sich in dem Ocean begegnen, höhere Berge besitzen.

75. Es sei Fig. 20, ABC ein Theil einer Wellenschwingung des Wasserspiegels OR, die von O nach R mit derjenigen Höhe und Länge der Wellen sich fortbewegt, welche durch die ursprünglich erregende Ursache der Schwingung allein hervorgebracht wird. Es sollen diese Wellen an ein steiles Ufer auf der Seite R anschlagen. Die, aus der Bahnbewegung hervorgehende Rückwirkung des Anschlages wirkt zuvörderst auf den, dem Ufer zunächst liegenden Theil der Wassermasse. Durch das Zurückstoßen der Wellen wird das, zwischen A' und C enthaltene Wasser in den viel engern Raum von A' und C' zusammengedrängt, der Wasserspiegel verhältnißmäßig von OR nach O'R' erhöht, die Bahn BF eines Elementchens B nach B'F' übertragen und gezwungen, durch die Wirkung des horizontalen Stoßes sich in vertikaler Richtung zu verlängern; die Geschwindigkeiten haben auf diese Art zugenommen. Die vertikale Verlängerung der Bahnen zieht nothwendiger Weise eine bedeutendere horizontale Schwankung, wodurch auch die Bahn=Breiten zunehmen, nach sich, während im Gegentheile die Länge der Wellen, durch die Wirkung des Zusammendrängens der Wassermasse AC, in den viel kleinern horizontalen Raum A'C' verkürzt worden ist. Durch diese Aenderung der Ausmaße der Bahnen, und des, von den Wellen eingenommenen Raumes sind die, von der Gestalt ABC in jene A'B'C' übergegangenen Wellen wirklich verkürzt, zu gleicher Zeit aber höher geworden, als früher. Diese Erklärung dürfte hinreichen, den Einfluß anschaulich zu machen, welchen ein steiles Ufer, auf die, sich demselben nähernden Wellen, und auf jene Wassermasse ausübt; die zwischen dem Ufer und der Gränze der Wirkung des Zurückstoßens der Wellen enthalten ist. Es bleibt nur noch zu erklären übrig, wie die Verkürzung der Wellen sich auf solche Distanzen erstrecken kann, welche

viel zu groß sind, als daß sie die horizontale Rückwirkung des Ufers erreichen könnte, und wie ein ganzes, großes Wasserbecken, so wie jenes des mittelländischen Meeres, etwas davon verspüren kann.

76. Der Einfluß einer steilen Küste auf die Wellen der offenen See stellt ein sehr merkwürdiges Phänomen dar, indem sich das Wachsen der Höhen der Wellenberge, wodurch sich die Wellen zu verkürzen scheinen, in einer, dem Gange der Wellen entgegengesetzten Richtung fortpflanzt.

Die Rückwirkung des Anschlages gegen das Ufer, wodurch die zunächst liegende Wassermasse zurückgeworfen wird, zwingt, wie wir bemerkt haben, die Elementchen dieser Masse, viel größere und, vorzüglich in vertikaler Richtung, viel längere Bahnen zu beschreiben. Diese Rückwirkung, so wie der Anschlag, welcher sie hervorbringt, erfolgt zwar nicht unausgesetzt, doch können in der Zwischenzeit zweier, auf einander folgenden Rückstöße, wo das Wasser sich auf sein ursprüngliches Niveau OR zu stellen strebt, die Bahnen der Elementchen nicht ihre erste Form wieder annehmen, weil der Zeitraum nicht lang genug ist, damit die, ihnen mitgetheilte stärkere Bewegung sich vermindere. Die Aufeinanderfolge der Rückstöße und die, daraus hervorgehenden horizontalen Zusammenpressungen erhalten vielmehr nicht allein die Verlängerung der Bahnen, bis zur Gränze der Wirkung des Zurückstoßens, sondern sie vermehren diese, und zwingen sie, sich weit darüber hinaus in die offene See durch folgende Mittel zu verbreiten.

77. Wir haben gesehen, daß die Wasserelementchen, indem sie ihre Bahnen beschrieben, sich bewegen, als wenn sie zusammen Streifchen bildeten, welche sich während der Wellenschwingung verlängern und verkürzen (24).

Es sei a b c d e, Fig. 21, das Profil einer, von der offenen See herkommenden Wellenschwingung, welche ich die natürliche heißen will, im sei die Bahn eines, der Oberfläche dieser Wellenschwingung zugehörigen Elementchens; es sei ferner ABCD das Profil einer erhöhten Wellenschwingung, wobei die Welle BCD betrachtet wird, als bewegte sie sich an der Gränze der, vom Rückstoße herrührenden, horizontalen Zusammenpressung, und IM sei die Bahn desselben Wasserelementchens bei dieser Schwingungsweise; PQ ist die Gränzfläche der Bewegung in der Tiefe.

Das Wasserstreifchen pM, welches, im Zustande der Ruhe, das Elementchen M der Oberfläche enthält, dehnt und verkürzt sich, um die erhöhte Schwingung ABCDE hervorzubringen, mehr als zur Hervorbringung der natürlichen abcde. Auf diese Art muß ein Wasserstreifchen, welches in einem gegebenen Augenblicke, bei der, durch abcde vorgestellten natürlichen Schwingung auf dem Wellenberge c die Lage pf einnähme, in demselben Augenblicke bei der erhöhten Schwingung sich auf dem Wellenberge C, in der Lage pF befinden. Dasselbe Wasserstreifchen, welches in einem gegebenen Zeitmomente, bei der natürlichen, durch die punktirte Kurve b'c'd' vorgestellten Wellenschwingung, sich im Wellenthale c', in der Lage pgbefände, muß in demselben Augenblicke in dem, zur erhöhten Schwingung gehörigen Wellenthale C' in der Lage pG sein, und weil durch die Wirkung der vergrößerten Bewegung aller Wasserstreifchen der Druck, welchen sie wechselseitig auf einander ausüben, vermehrt wird, und das Hin- und Herschwanken bei der veränderten Schwingung größer ist, als bei der natürlichen: so pflanzt sich die vermehrte Schwankung nothwendiger Weise, eben so wie der Druck in horizontaler Richtung, immer weiter und weiter fort, und bringt natürlicher Weise fernhin eine Vergrößerung der Ausmaße, vorzüglich in vertikaler Richtung bei den Bahnen der Wasserelementchen hervor; eben so pflanzt sich auch die Bewegung in eine größere Tiefe fort, und macht, daß die Gränzfläche PQ niedriger zu liegen kommt. Die Fortpflanzung des stärkeren

Hin = und Herschwankens, ist ganz unabhängig von der Richtung, nach welcher sich die Elementchen in ihren Bahnen bewegen; sie kann selbst in einer, dem Gange der Wellen gerade entgegengesetzten Richtung erfolgen. Ferner, weil die Kraft, welche die Fortpflanzung veranlaßt, so lange das Zurückstoßen dauert, ununterbrochen fortwirkt; so ist es natürlich, daß die Vermehrung des Schwankens der Elementchen, die Verlängerung ihrer Bahnen, und folglich auch die Erhöhung der Wellen, ins Weite fortgepflanzt werden kann, um sich weit hinaus über jene Gränzen zu verbreiten, bis wohin der eigentliche Rückstoß wirkt.

78. Wenn die Erhebung der Wellenschwingung bis über die Mitte der Breite eines Meeres fortgepflanzt werden kann, und dieselbe Wirkung an der entgegengesetzten steilen Küste Statt findet, so kombiniren sich die, durch beide Küsten hervorgebrachten Wellenerhöhungen, und die Erscheinung verbreitet sich so sehr und so schnell, daß sie ein allgemeiner und gewöhnlicher Zustand dieses Meeres wird, so oft es heftiger bewegt ist. Es scheint, daß dieß gerade im mittelländischen Meere der Fall ist, wo die Seeleute stets kürzere Wellen, als im Ocean bemerkten, und die Stürme deßwegen sehr gefährlich sind.

79. Im Ocean wird die Erscheinung der, durch den Zurückstoß erhöhten Wellen immer schwächer und schwächer, je entfernter die Küsten sind, durch welche sie veranlaßt wurden; denn ein gegenüberstehendes Ufer trägt hier nichts zu ihrem Fortbestehen bei, und auf eine gewisse Entfernung verschwindet sie ganz, wenigstens kann sie nicht mehr wahrgenommen werden. Diese Entfernung ist übrigens, im Vergleich mit der ungeheuren Breite des Wasserbeckens, immer sehr klein. Der Wallenstädter = See in der Schweiz zeigt dieses Phänomen in einem sehr merkwürdigen Grade der Stärke. Der See ist sehr tief; seine von Ost nach West sich hinstreckende Länge beträgt beiläufig 4 Lieues, seine Breite nur 1 Lieue.

Wenn der Wind aus Narden kommt, so bilden sich so entsetzlich große Wogen, wie die senkrechten Felsen sind, welche den See umgeben *). Diese Erscheinung, welche die Beschiffung des Sees zu gewissen Zeiten sehr gefährlich macht, wird durch das Zurückstoßen der Wellen von beiden, nahe an einander gelegenen und bis in große Tiefen sehr steilen, Ufern hervorgebracht. Die Verstärkung der Schwankungen und die Verlängerung der Bahnen haben so viel Kraft, um die Erhöhung der Wellen von einem Ufer zum andern fortzupflanzen; die, durch beide Ufer hervorgebrachten Wellen-Erhöhungen vereinigen sich, und die Wellenberge erhalten, im Verhältniß zu ihrer Länge, eine außerordentliche Höhe, sie nehmen eine spitze und steile Gestalt an und sind fürchterlich.

5. **Vom Kräuseln oder Schäumen der Wellen.**

80. Das Schäumen oder Kräuseln der Wellen ist nichts anderes als ein Brechen derselben durch den Wind; einige Wellengipfel werden, indem sie zusammenbrechen, in einen flockigen Schaum verwandelt. Von einiger Entfernung angesehen, scheint das Meer mit schiffbrüchigen und durch die Wellen hin und her getriebenen Schafen bedeckt zu sein.

Das Schäumen findet Statt, wenn der Wind plötzlich eine große Intensität erlangt; doch ist noch das Zusammentreffen seiner Richtung mit jener der Wellen, sei es nun nach derselben Seite hin oder nach der entgegengesetzten, wenn auch nicht mit Haarschärfe, aber höchstens mit einer kleinen Abweichung, unumgänglich nöthig. Ist dieß nicht der Fall, so mag der Wind stark sein, wie er wolle, er bringt nur eine neue Wellenschwingung hervor, welche die frühere durchkreuzt, und es entsteht eine zusammengesetzte Wellenschwingung.

---

*) Lettres sur la Suisse, par Mr. Raoul Rochette.

81. Für den ersten Fall, wo der Wind nach derselben Richtung weht, wohin die Wellen gehen, sei A B C, Fig. 22, ein Wellenberg, dessen Schwingung von O nach R sich fortpflanzt; der Wind, welcher sich, nachdem bereits die Wellenschwingung gebildet war, erhob, weht nach der Richtung D E, und kann nicht auf die, durch die Masse des Wellenberges geschützte Fläche B C wirken; aber indem er die Fläche A B drückt, verursacht er, daß die Elementchen der Oberfläche, so wie jene darunter, bis auf eine gewisse Tiefe aus ihren Bahnen gerückt werden, und neue beschreiben, welche nach der Seite R mehr geneigt sind, als sie es, in Folge der ursprünglichen Wellenschwingung, gewesen wären.

Die der Seite B C angehörigen Elementchen, welche in der, dem Winde entgegengesetzten Richtung von keiner Kraft gedrückt werden, können daher unter sich, und mit den entsprechenden Theilchen der Seite A B jenes Gleichgewicht nicht mehr halten, womit sich der Wellenberg B vertikal bis auf b erhebt; ferner kann der Druck des Windes auf die Masse des Wellenberges sich nicht augenblicklich und so schnell fortpflanzen, um die Elementchen der Seite B C noch während ihrer Bewegung zu erreichen. Auf diese Art setzen diese Elementchen ihre ursprüngliche Schwingung A B C fort, während jene der Seite A B, der Heftigkeit des Windes nachgebend, sich schnell in eine Form A B stellen, die einer Wellenschwingung A' B' C' von der Gattung der, in der Fig. 4 abgebildeten, angehört. Die Bewegungen der Elementchen beider halben Wellen sind daher nicht im Einklange. In einigen Punkten, wie in B, wo die Kurven beider Schwingungsarten, sowohl in der Oberfläche, als bei den innern Schwingungen, sich begegnen, findet ein Zusammenschlagen der, verschiedenen Schwingungen folgenden, Wassertheilchen Statt; diese Elementchen stoßen sich unter solchen Winkeln, wie sie die Tangenten ihrer Bahnen bilden. Auf solche Weise folgt das, dem Punkte B' nahe gelegene Elementchen der Oberfläche, indem es mit den Theilchen der Seite AB' schwingt, und auf seiner Bahn B' M herabfällt, der Richtung der Tangente B' G, so wie das, dem nämlichen Punkte B' nachbarliche und der ursprünglichen Wellenschwingung mit dem Theilchen der Seite B'C folgende, Elementchen der Oberfläche, indem es auf seiner Bahn M'B' empor steigt, sich in der Richtung der Tangente B'H fortbewegt. Diese zwei Theilchen stoßen, indem sie sich begegnen, aneinander, und erheben sich wirbelnd nach der Richtung der Resultanten B'I. Die fortgesetzte Wirkung des Windes, und das Nachfolgen von Wassertheilchen, welche sich in einem Zeittheilchen nahe an dem Punkte B' beinahe unter denselben Umständen befinden, bilden eine kleine, eben nach dieser Richtung B' I, über die Oberfläche B' C herausgedrückte Welle, die durch ihre Schwere kräuselnd herunter fällt, und von dem Widerstande der Luft gebrochen wird; sie bedeckt den Gipfel des zusammengesetzten Wellenberges mit schäumendem Brodel, wie in D, dessen Ablaufen einen Anblick gewährt, wie die Locken eines Vließes. Der Schaum vermischt sich bald mit dem Wasser, und verschwindet. Die, einen Augenblick später, schon niedriger gewordene Welle bietet ihre Oberfläche nicht mehr unter einem angemessenen Winkel dar, und hört auf, sich zu brechen, bis die allgemeine Schwingung sie wieder erhebt, und das Kräuseln und Schäumen sich wieder erneuert.

82. In dem zweiten Falle, wenn der Wind nach einer, dem Gange der Welle ABC, Fig. 23, gerade entgegengesetzten Richtung DF bläst, hält er sie zurück, und die Seite BC wird zusammengedrückt: die ihr zugehörigen Elementchen werden, bis auf eine geringe Tiefe, von ihren Bahnen abgelenkt und genöthigt, neuen, nach O hin geneigten Bahnen zu folgen. Die gedrückte Seite nimmt dann eine Gestalt an, welche der Schwingung AB'C angehört, als wenn die ganze Masse von der Wirkung des Windes getrieben würde; die Element-

chen der Seite **A B** jedoch, welche von der Kraft des Windes nicht erreicht werden, sind auch (nicht von ihren natürlichen Bahnen abgewichen, und setzen ihre ursprüngliche Schwingung fort, d. h. die Seite **A B** behält ihre Form. Die, dem Punkte **B'** nahen, Elementchen der Oberfläche auf der Seite **A B** haben, indem sie der Bahn.**M B'** folgen, in dem Punkte **B'** die Richtung **B' G**, während jene, welche der Richtung der Seite **B' C** folgen, und sich auf der geneigten Bahn **M' B** befinden, sich im Punkte **B'** nach der Direktion **B H** bewegen: es erfolgt hieraus, wie früher, ein Zusammenwirken, wodurch eine kleine Welle, nach der Richtung **B' I** hinausgedrückt und gebrochen wird. Sehr oft wird der Schaum wie ein leichter Nebel vom Winde über die Seite **A B'** hinweggeführt, wie man es in **D** sieht.

83. Wenn der Wind beiläufig horizontal bläst, und über die Wellengipfel hinweg streicht, so entsteht auch die Erscheinung des Schäumens; der Wind wirkt tangential auf die Scheitel der Bahnen, welche von den, nahe an der Oberfläche liegenden, Elementchen der flüssigen Masse beschrieben werden, und verändert die Geschwindigkeit dieser Elementchen: er vermehrt sie, wenn er von **E** gegen **F** bläst, Fig. 24, und wenn die Wellen in derselben Richtung von **O** nach **R** sich bewegen; er vermindert sie, wenn er in entgegengesetzter Richtung wirkt, die Welle **D** aber fortläuft, wie gesagt. Bei dieser Art von Wirkung des Windes ist jedoch das Schäumen gewöhnlich nur schwach. Sobald die Menge der, sich erhebenden Elementchen groß genug ist, um ihr zu widerstehen, so verliert sich der Schaum im Wasser, der Wellenberg ist niedriger und das Kräuseln hört auf, bis die, sich wieder erhebende, Welle von Neuem durch den Wind ergriffen wird.

6. Bemerkungen über die Ebbe und Flut.

84. Viele haben die Bewegung der Flut mit jener der Wellen verglichen und geglaubt, daß Flut und Ebbe nichts anderes, als die Wirkung einer stillen (unmerklichen) Welle seien (lame sourde) *), oder von sich schnell folgenden Wellen herrühren **); diese Meinungen verdienen geprüft zu werden.

Bei dem jetzigen Zustande unseres Erdballs ist der Ocean in drei große Becken getheilt. Die Ebbe und Flut bringen ein unaufhörliches Schwanken des Meeres zwischen den Kontinenten, die sie einschließen, hervor, und es erhebt sich, ganz abgesehen von den verschiedenen Einflüssen der veränderten Stellung des, durch seine Anziehungskraft auf die Wässer wirkenden Gestirnes, die Flut stets an dem östlichen Ufer eines jeden Beckens, ihre Wellen durchlaufen das ganze Becken, und verlieren sich am westlichen Ufer; eine andere Flut erhebt sich wieder am östlichen Ufer des nächsten Bassins, und verliert sich am entgegengesetzten.

Sei es, daß man voraussetzt, das Meer bedecke die ganze Oberfläche des Erdballs, wie es wohl anzunehmen erlaubt ist, daß es einst so gewesen; sei es, daß man es in seinem jetzigen Zustande betrachtet, die krummen Linien für jede Art der Bewegung, sind immer von derselben Beschaffenheit.

Es mag das Verhältniß zwischen dem Durchmesser der festen Kugel T, Fig. 25, der Tiefe des Meeres und der Kraft des, die Flut verursachenden Gestirnes sein, welches es wolle, das Sphäroide der, sich diametral entgegengesetzten, von der Anziehungskraft herrührenden Fluten, wenn es auch noch so

---

*) Brémontier.
**) Le chevalier Rollet, art. Courans. Dictionnaire d'histoire naturelle de Déterville, et le Pilote americain.

in die Länge gezogen gedacht wird, und wie auch in Folge der Rotation um den Mittelpunkt T seine Lage sein möge, es kann niemahls eine andere, als die Oberfläche eines Ellipsoides darstellen. Sein Durchschnitt A B C D durch die Ebene des Aequators und durch den Mittelpunkt des anziehenden Gestirnes gibt eine, in allen Theilen convexe Kurve; sie ist eine Ellipse. Im Gegentheil müßte, wenn die Oberfläche dieses Meeres ohne Ufer, einer wirklichen einfachen Wellenschwingung unterworfen wäre, der Durchschnitt der zwei, so wie die beiden Fluten, einander diametral entgegengesetzt, nach einer Richtung und um den Mittelpunkt C sich bewegenden, Wellen a und c eine Curve a b c d bilden, die in den Wellenthälern b und d auch concav sein könnte. Es fehlt daher viel, daß das Gesetz der Flutbewegung gleich sei jenem der Wellen = Oscillationen. Ferner hätten die großen Wellen a b c d zur Gränze ihrer Bewegung in der Tiefe eine sphärische Oberfläche P Q, innerhalb welcher das Wasser in Ruhe bliebe, während jedoch die ganze Wassermasse von der, die Flut erregenden Anziehungskraft in Bewegung gesetzt wird

85. Dieselben Bemerkungen können auch auf die, von der Anziehung zweier Gestirne herrührende Flut angewendet werden, wenn man sie mit zwei Wellenschwingungen vergleicht, die eine zusammengesetzte hervorbringen, und wenn man sich denkt, daß zwei einfache und ungleiche Schwingungen, jede nur aus zwei Wellenbergen und zwei Wellenthälern bestehend, verbunden werden sollen.

Fünftes Kapitel.

Vom Einflusse des Meeres-Grundes auf die Wellen.

86. Der Einfluß des Meeres-Grundes ist von dreierlei Art. Liegt der Grund nicht tief, so veranlaßt er eine Verkürzung der Wellen, die aber ganz verschieden ist von jener in der Nähe steiler Ufer (71); ist der Grund anfänglich sehr tief, und erhebt er sich mit einer sehr sanften Neigung, so vernichtet er die Bewegung der Wellen ganz; wenn endlich der Grund sich nur absatzweise erhebt, so bilden sich **Grundwellen**, welche noch nicht beschrieben worden sind, die man bis jetzt gar nicht kannte, und deren Wirkungen man ganz andern Ursachen zuschrieb.

1. Verkürzung der Wellen wegen zu geringer Meerestiefe.

87. Wenn die Wirkung des Windes auf die Oberfläche eines seichten Meeres so bedeutend ist, daß Wellen entstehen, deren Bewegungsgränze in der Tiefe niedriger zu liegen käme, als der Grund dieses Meeres, so fehlt es den Wasserelementchen nahe am Grunde an Raum in die Tiefe, um ihre Bahnen zu beschreiben und sich in Uebereinstimmung mit den, über ihnen liegenden zu bewegen. Indem diese Wasserelementchen herabfallen, üben sie auf den Grund einen Druck aus, welcher vertikal zurückwirkt, die Geschwindigkeit der wieder aufsteigenden Wassertheilchen vermehrt, und ihre Bahnen länger macht, als wenn die Wellenschwankung in einem hinlänglich tiefen Meere Statt finden könnte.

Diese Verlängerung der Bahnen pflanzt sich nothwendiger Weise vom Grunde bis zur Oberfläche fort, und verursacht eine Erhöhung der Wellenberge, so wie eine gleichzeitige Vertiefung der Thäler, und weil alle Ausmaße der Bahnen vergrößert werden, ohne daß sich die Länge der Wellen ändert, so werden die Wellenberge alle spitzer. Wenn die Rückwirkung nicht stark ist, so wird die Wellenschwankung nicht gestört, der Grund wird sehr bald zugleich die Gränze der Bewegung, und das Wellenspiel so regelmäßig, als wenn das Meer viel tiefer wäre, mit dem einzigen Unterschiede, daß die Wellenberge mehr erhoben, und die Wellen kurz sind. Bei heftigem Winde jedoch ist auch die Rückwirkung des Grundes stark, und gibt den Wellen eine ganz besondere Gestalt; sie werden spitz, vom Winde niedergelegt, wie es in der Fig. 26 vorgestellt ist, ja selbst auch stark gebrochen.

88. Diese Art der Wellenverkürzung fällt den Schiffen sehr zur Last. Weder die Seiten- noch die Längenschwankung des Fahrzeuges hat Zeit genug, sich mit der lebhaften Aufeinanderfolge der anschlagenden Wellen in Uebereinstimmung zu setzen. Die Schiffe sind einer unaufhörlichen Gefahr Preis gegeben; die großen, sehr erhöhten Wellen, wie sie in der Fig. 26 dargestellt sind, drohen, wenn sie sich brechen, das Schiff unterzutauchen und die spitzen Wellen einer starken Klappenschwingung, welche mit Heftigkeit vertikal empor steigen, können in jedem Augenblicke schwache Fahrzeuge umschlagen. Im Allgemeinen werden jene Seegegenden, wo diese Wirkung des Grundes mit besonderer Stärke sich zu entwickeln pflegt, als höchst unsicher angesehen. Die Gefahr wird oft durch das Zurückwerfen von den Ufern, wodurch sich die Wellenberge bedeutend erhöhen, noch vermehrt (74).

2. Schwächung der Wellen in Folge einer sanften Ansteigung des Grundes.

89. Wenn der Grund des Meeres in einer solchen Tiefe, bis wohin die Bewegung der Wellen nicht reicht, und daher

auch keine Gegenwirkung vorkommen kann, sich äußerst sanft nach jener Richtung, wohin die Wellen gehen, erhebt und höher wird, als die Bewegungsgränze, so ist sein Einfluß nicht mehr derselbe, wie im vorigen Fall. Er bringt eine Schwächung der Wellen hervor, weil sich seine Oberfläche mit der Gränzfläche unter einem sehr kleinen Winkel schneidet, und unmerklich diese ersetzt. In den Durchschnittspunkten ist die schwingende Bewegung Null, in den nahe daran gelegenen sehr schwach, und kann auf diese Art sehr leicht durch den Widerstand und die Reibung, welche die Elementchen, indem sie ihre sehr kleinen Bahnen beschreiben, auf dem Grunde des Meeres erfahren, gänzlich aufgehoben werden. Diese Schwächung pflanzt sich vertikal bis zur Oberfläche fort, und nimmt in horizontaler Richtung, nach Maßgabe, als sich der Grund erhebt, immer mehr und mehr zu; die Wellen werden daher, indem sie sich dem Ufer nähern, in ihren Dimensionen immer kleiner und kleiner.

90. Dieß ist die wahre Ursache jener Schwächung der Wellenbewegung, welche Brémontier an den Gestaden der Teiche von Biscarosse, de la Conau, von Hurtin und am Becken von Arcachon bemerkt hat. Dort, sagt er, sieht man, wie die Wellen allmählig kleiner werden, indem der Grund sich erhebt. Wie dieß jedoch geschieht, darüber gibt er keine Erklärung. Herr de la Coudraye hat auch wahrgenommen, daß das Meer auf der Bank von Terre-Neuve weniger stürmisch sei, als in der offenen See. Diese Thatsache kann nur daher kommen, daß jenseits der steilen Wände dieser Bank eine sehr sanfte Abdachung des Grundes, indem sie die Bewegung schwächt, allmählig die Stelle der Gränzfläche der Schwingungen in der Tiefe vertritt.

3. Von den Grundwellen.

91. Endlich sind wir zu dem vorzüglichsten Gegenstande meiner Untersuchungen, zur Erklärung der Grundwellen ge=

kommen. Diese sind es, welche die Zerstörung einer großen Zahl von Seebauwerken verursachen, welche dem Meere die Mittel darbieten, seine Ufer und daran gebaute Ortschaften zu verwüsten, welche auf der andern Seite aber auch das feste Land vergrößern, Häfen anfüllen und mit Sand und Schlamm umgeben und machen, daß Städte, deren Mauern einst von den Wellen bespült wurden, jetzt mitten auf dem Lande stehen. Alle diese Wirkungen hat man bisher dem Flutstrome und dem einfachen Wellenspiele zugeschrieben; aber von nun an mögen die Grundwellen als eine furchtbare Wirkung der Kraft des Meeres erkannt werden.

92. Es sei OR, Fig. 27, die Oberfläche des ruhigen Meeres, die Kurve ABCDEFG für einen gegebenen Zeitmoment ein Durchschnitt der Oberfläche einer Reihe, von O nach R sich bewegender, Wellen; die krummen Linien a b c d e f g und a'b'c'd'e'f'g' für denselben Zeitmoment die Durchschnitte zweier innerer Schwingungen in dem Niveau o r und o'r'; die Linie P Z bezeichne die Gränzfläche, unterhalb welcher keine Wellenschwankung mehr Statt findet; V U bezeichne den Grund des Meeres. Sobald der Grund eben ist, oder vielmehr tiefer liegt, als die Gränzlinie PQ, so stört nichts die Regelmäßigkeit der Wellenschwingungen, und die Bewegung pflanzt sich innerhalb der Wassermasse oberhalb der Linie PQ so fort, daß alle Elementchen ohne Hinderniß die, ihrem Niveau zugehörigen Bahnen beschrieben.

Es stelle TS eine horizontale Erhöhung des Grundes vor, welche gegen die offene See hin, eine steile Wand TU hat; die innere Schwankung a'b'c'd'e'f'g' tangirt diese Erhöhung. Die Elementchen oberhalb des Niveaus o'r' dieser Schwingung, haben zwischen der Oberfläche und dem Grunde TS genug Raum, um ihre Bahnen zu beschreiben, weil angenommen wurde, daß die krumme Linie a'b'c'd'e'f'g' durch die Schwingungen der Elementchen des Niveaus o'r' gebildet werde; die Wasserelementchen unterhalb $o'r'$ jedoch, welche im Zustande der Ruhe zwischen der Horizontalen $o'r'$ und dem Grunde TS enthalten sind, können während der Bewegung ihre Bahnen nicht beschreiben. Diese Elementchen bilden unter jedem Wellenberge, der von der Schwingungslinie $c'd'e'f'g'$ begränzten, undulirenden Wassermasse, kleine Hügelchen oder Wasserkörper, welche auf dem Grunde TS liegen, und eine Art von Segmenten $c'd'e'$, $e'f'g'$ zum Quer-Profil haben. Jedes dieser Hügelchen ist, ohne seine Form zu verändern, gezwungen, nach der Richtung TS zu entfliehen, indem es dem Drucke aller Wasserelementchen über seinen Seitenflächen $e'd'$, $e'f'$ folget. Die, während der Wellenschwingung, auf ihren Bahnen herabfallenden Elementchen wirken nämlich auf diese Seitenflächen, wie auf schiefe Ebenen, und stoßen die Wasserkörper nach der Seite S hin, wo die, sich auf ihren Bahnen erhebenden, und über den Seitenflächen $d'e'$, $f'e'$ liegenden Elementchen den Platz räumen. Diese Elementchen werden bei ihrer aufsteigenden Bewegung durch eben die Seitenflächen $d'e'$, $f'e'$ getragen und unterstützt, bis sie, nach vollbrachter Bahnumschwingung, wieder zurückkehren, um nun die Seitenflächen $c'd'$, $e'f'$ der, indessen vorgerückten und sich ihrer Einwirkung darbietenden Hügelchen neuerdings zu drücken.

Die Hügelchen $c'd'e'$, $e'f'g'$ bewegen sich demnach in derselben Richtung und mit derselben Geschwindigkeit, wie über ihnen die Wellen; ein neues Hügelchen bildet sich offenbar jedesmahl, so oft eine, von der offenen See herkommende Welle, die steile Wand TU überschreitet.

93. Diese Hügelchen, und alle jene derselben Form und desselben Ursprungs, welche ihnen vorhergehen oder folgen, und welche den Wellen an der Oberfläche entsprechen, indem sie mit ihnen zugleich auf dem Grunde des, heftig erregten Meeres, fortrollen, heißen **Grundwellen**.

94. Man hat bisher nur ihre Wirkung auf die unteren Theile der Schiffe, wenn sie nähmlich so tief gehen, um von ihnen erreicht werden zu können, gekannt, man hat aber immer die daher kommenden Stöße für die Rückwirkung eines seichten Grundes gehalten.

95. Die Seeleute haben mit Recht die Schlußfolge gezogen, daß diese vorgebliche Rückwirkung des Grundes, wie Herr de la Coudraye sagt, einen Wechsel der Meerestiefe anzeige, weßwegen man auch von Wellen sprach, die vom Grunde herkommen (lame de fond). Aber die Bildungsweise der wirklichen Grundwellen, wovon in diesen Paragraphen gehandelt wird, und ihr Verhältniß zu den oberen Wellen, sind nichts weniger, als die Folge einer Rückwirkung des Grundes, und die Definition, welche Brémontier gibt, paßt auch nicht darauf; sie gibt vielmehr den Beweis, daß er keine Vorstellung von den wirklichen Grundwellen hatte.

Er sagt, Grundwellen sind solche, die von der offenen See herkommen, und weil sie keine hinlängliche Tiefe vorfinden, von unten nach aufwärts geworfen werden. Die Wirkung eines seichten Grundes auf die, von der offenen See herkommenden Wellen, ist der Gegenstand des ersten Paragraphes in diesem Kapitel; sie macht die Wellen höher, verkürzt sie, bringt eine stehende oder Klappenschwingung hervor, kann auch Stöße auf die untern Theile der Schiffe verursachen; doch dieß Alles macht noch keine Grundwellen, noch etwas dergleichen. Man muß wohl merken, daß eine steile Wand oder eine plötzliche Erhöhung des Grundes nothwendig ist, wenn wirklich Grundwellen gebildet werden sollen.

96. Obgleich die Grundwellen sich auf dem Grunde des Meeres fortschieben, so übt dieser doch keine merkliche Rückwirkung gegen sie aus, sie schützen vielmehr die oberen Wellenschwingungen vor einer solchen; denn, so groß auch die Ausdehnung des erhöhten Grundes T sein möge, so werden

die Grundwellen $c'd'e'$, $e'f'g'$, wenn sich daselbst kein neues größeres Hinderniß vorfindet, nur horizontal fortbewegt; sie setzen ihren Lauf unter der schwingenden Wassermasse fort, und nicht allein, daß sie nicht von unten nach aufwärts gestoßen werden, und keine Störung der Wellen hervorbringen, so tragen sie noch dazu bei, daß die schwingende Wassermasse ihre Bewegung vollbringen könne, weil sie durch ihre Fortrückung jene schwingenden Wassermassen ersetzen, welche unterhalb des Niveau's $o'r'$ fehlen, und deren Stelle durch den erhöhten, festen Grund U T S eingenommen wird.

97. Die Grundwellen, welche sich wesentlich von der, durch einen seichten Grund hervorgebrachten Wirkung unterscheiden (87), sind auch wesentlich von den laufenden Wellen darin unterschieden, daß diese sich an der Oberfläche in wechselnden Formen zeigen, ohne daß dabei eine Fortrückung der Wassermasse Statt fände, während im Gegentheile die Grundwellen an der Oberfläche nicht sichtbar sind, und auf dem Grunde Wasserkörper bilden, die eine bleibende Gestalt und eine, wirklich fortrückende Bewegung haben.

98. Wenn die Erhöhung des Grundes nicht fortdauernd, sondern nach der Richtung, wohin die Wellen gehen, nur kurz ist, und das Meer dann wieder seine Tiefe gewinnt, so verlieren sich die Grundwellen, nachdem sie, ohne die obere Wellenschwingung zu stören, über die Bank weggelaufen sind, in der Wassermasse; die obern Wellen pflanzen sich fort, aber sie werden erhöhet, wie in einem Meere, dem es an Tiefe fehlt, weil sie über die Bank hinaus von den Grundwellen in ihrer Bewegung nicht mehr unterstützt werden, und weil die unbewegliche untere Wassermasse, bis auf eine gewisse Distanz hin nach der Richtung der Fortpflanzung so zurückwirkt, wie es ein seichter Grund thäte (87); es findet dann die, im ersten Paragraphen dieses Kapitels beschriebene Wellenschwingung Statt. Die Rückwirkung wird immer geringer, je weiter sich

die Wellenschwingung von der Bank entfernt, und allmählig wieder ihre gehörige Tiefe gewinnt.

99. Wenn der Meeresgrund sich in kleinen, aufeinander= folgenden Absätzen erhebt, so setzen die, beim niedrigsten Absatz gebildeten Grundwellen nichts desto weniger doch ihren Weg fort; jede derselben, sobald sie bei einem neuen Absatz anlangt, übersteigt ihn durch die Kraft des, von der schwingenden Masse herrührenden Druckes auf ihre hintere Fläche, und vereinigt sich mit derjenigen Grundwelle, welche bei diesem Absatze gebildet wird. Aber die, auf diese Art durch die Aufeinan= derfolge mehrerer Absätze sich bildenden, Grundwellen sind viel voluminöser, als wenn sie nur an einer steilen Wand entstanden wären, deren Höhe der Summe aller einzelnen Absätze gleich ist, und dieß zwar aus der Ursache, weil die Grundwellen bei jedem Absatze, durch ihr Hinaufsteigen, zugleich die obern Wellen erheben, und diese erhobenen Wellen wieder zur Bildung viel höherer Grundwellen Veranlassung geben.

100. Wenn nach einem oder mehreren Absätzen die Grund= wellen einem glatten abhängigen Strande begegnen, so ver= zögert die Neigung desselben ihre fortrückende Bewegung, aber die obern Wellen fahren fort, sie mit, stets gleicher Kraft zu drücken; sie sind dann genöthigt, eine größere Höhe anzunehmen, und haben Einfluß auf die Gestalt der Wellen der Oberfläche, welche kürzer werden, und beßwegen wieder zur Vergrößerung des Volumens der Grundwellen beitragen. Ein Strand ist auf diese Art, in Bezug auf die Grundwellen, nichts anderes, als eine Reihe sehr kleiner Absätze.

101. Es mag sich also der Grund in aufeinanderfolgenden Absätzen, oder mittelst einer flachen Böschung erheben, die Grundwellen, indem sie dem Ufer zulaufen, erheben sich, und schwellen immer mehr und mehr an, indeß die Dicke der dar= über befindlichen Wassermasse, in Folge der Böschung sich all= mählig vermindert.

102. Die, durch die Wellenschwingung bis an den Strand des Meeres geführten Grundwellen, schreiten auf demselben mit der ganzen Geschwindigkeit, welche sie durch den beständigen Druck der obern Schwingungen erlangt haben, vorwärts und bilden sehr ausgebreitete schäumende Flächen, welche gegen das Ufer ansteigen. Diese Erscheinung nennen die Seeleute: das Auslaufen der Wellen (déforlement). Diese Benennung ist indessen nicht ganz richtig, weil die, sich ausbreitenden, Wasserflächen nicht von dem Auslaufen der obern Wellen (déroulement), sondern von den Grundwellen herrühren, die unter der Wassermasse hervorbrechen, sobald die Wellen aufhören, ihre Bewegung zu ordnen und sie zusammen zu halten. Die Benennung der, vom Grunde herkommenden, Wellen (lames de Fond) würde sich viel besser auf diese Flächen schicken, als auf die Rückwirkung eines seichten Grundes, für welche man sie unpassend brauchte (95), denn diese Rückwirkung bildet keine Wellen in der Tiefe des Wassers.

103. Die Fig. 28 stellt für mehrere Momente die, gegen das Ufer laufenden Wellen eines stürmischen Meeres vor, insofern dieß nähmlich durch Profile möglich ist, die, von so beweglichen Formen, nach dem Augenmaße gezeichnet worden sind.

P Q ist der Durchschnitt eines sandigen, daher glatten Strandes; A B C eine Reihe, von der offenen See herkommender Wellen, die durch die sanfte Steigung und die, unter ihnen laufenden Grundwellen a b c, ihrer Gestalt nach, sich in etwas verändern; C D E F ist das Profil einer schäumenden, auf dem Strande ausgebreiteten, von der letzten Grundwelle herrührenden auslaufenden Welle.

Wenn die Wellen A B C nach A'B'C' vorrücken, so werben sie durch die, von a b c nach a'b'c' vorrückenden, und, während ihrer Bewegung sich schwellenden Grundwellen immer mehr und mehr gehoben. Die ausgelaufene Welle D E F kehrt, nachdem sie das Maximum ihrer Ausbreitung erreicht hat, auf dem abhängigen Strande mit einer großen Geschwindigkeit wieder zurück; begegnet sie der, ebenfalls mit großer Schnelligkeit bewegten und sehr erhöhten Grundwelle c', so wird sie angehalten und gezwungen, sich mit der Welle C' zu vereinigen. Diese wieder gelangt dadurch zum Maximum ihres Volumens und ihrer Höhe und schreitet mit einer steilen Vorderseite C'D' in gleichem Maße vorwärts, als die Wellen A'B' mit großer Geschwindigkeit den Positionen A''. B'' zueilen. Die, auf diese Art gestoßenen Elementchen des Wellenberges C', welche auf der Seite gegen das Ufer keine Unterstützung von anderen Elementchen finden, haben vermöge ihrer Bahnbewegung das Bestreben, horizontal zu fliehen, und wenn sie auf dem Gipfel ihrer Bahnen angelangt sind, so verbindet sich mit dieser Bewegung noch die Wirkung der Schwere, und zwingt sie, sich schäumend zu kräuseln C'', und alsobald auf den Strand herabzufallen; in demselben Augenblicke schießet die Grundwelle c'', welche zugleich sich zu ihrem Maximum erhob, und von keiner Wassermasse, über die steile Vorderwand C''D'' hinaus, zurückgehalten wird, deren Seitenfläche c''n überdieß durch das Gewicht des, darüberliegenden Wassers C''N, und vorzüglich durch die sehr beschleunigte, noch über ihr Statt findende Wellenbewegung stark gedrückt wird, mit großer Geschwindigkeit, auf den Abhang des Strandes hinauf, und reißt die, ungefähr im Punkte E herabgefallene Wassermasse der Welle C'' mit; sie bildet dann eine neue, sich ausbreitende Fläche EF, welche die vorhergehende ersetzt, und so wie diese weit über das Niveau des ruhigen Wassers sich erhebt, eines Theils in Folge des erhaltenen Impulses, andern Theils, weil die Oberfläche des Meeres nahe am Ufer, durch die, von den Grundwellen herbeigeführten Wassermassen erhöhet ist. Die, in diesem Augenblicke am meisten gegen das Ufer vorgerückte Welle C, bleibt mit dieser auslaufenden Wasserfläche EF, durch das Wellenthal D verbunden, und eilt mit ihrer

Grundwelle c in C' und C'', die steile Wand C'D', das Kräuseln C'', das darauffolgende Brechen der Welle, und endlich das Auslaufen E'F' zu erneuern.

Die auslaufende Welle schäumt, indem sie auf dem Ufer vorwärts schreitet, an ihrem Rande F, und man glaubt zu sehen, wie noch immer die Wasserelementchen, welche in kleinen Kreisen ungestüm über den Sand hinweg rollen, durch die Bahnbewegung getrieben werden.

Wenn das Meer heftig bewegt ist, so brechen sich die Wellen an ihren Gipfeln, in den Stellungen A'B', oder A''B'', welches sie aber nicht hindert, die Grundwelle bis nach c'' zuführen, und dort das, eben beschriebene, Phänomen hervorzubringen.

Oft erfolgt das Zusammenbrechen der Wellen in C'' mit einer solchen Schnelligkeit hintereinander, daß eine auslaufende Welle über die andere hinwegeilt, und sich mehrere, gegen das Ufer laufende Schaumstreifen bilden; dasselbe bemerkt man bei ruhigerer Zeit, wenn der Strand außerordentlich sanft anläuft.

104. Es scheint mir unmöglich, diese verschiedenen Wirkungen nur durch vertikale Oscillationen zu erklären, daher ist das Kräuseln und Zusammenbrechen der Wellen am Ufer, ein neuer Beweis der Bahnbewegung. — Diese Bewegung ist es, welche bei stürmischer See, vom Ufer aus, den Anblick des Meeres so fürchterlich macht.

105. Herr Bidone betrachtet in einem sehr interessanten Aufsatze über die Wirbel *), dieses Brechen der Wellen, als die Folge der Begegnung des, von jeder Welle herrührenden, gegen das Ufer laufenden Stromes, mit der vorhergehenden zurücklaufenden Welle, und will es mittelst seiner Wirbel-

---

*) Experiences sur la propagation des remous (in 4to 1825); et inséré au tome 30 des Mémoires de l'Académie de Turin.

theorie erklären; aber man darf dieses Phänomen nur einmal am Ufer des Meeres betrachtet haben, um zu erkennen, daß es nur von der Bahnbewegung der Wasserelementchen und von dem Vorrücken der Grundwellen herrühre, und daß die zurückkehrenden Wellen so wenig Antheil daran haben, daß das Phänomen auch Statt fände, wenn die auslaufende Welle schnell in den Sand versänke, und es daher keine zurücklaufende Strömung gäbe.

Das Begegnen der zurücklaufenden Welle mit der steilen Wasserwand C″D″ allein, zeigt ein kleines, aber merkwürdiges Phänomen, das man zu den Wirbeln, die der Gegenstand der Untersuchung des Herrn Bidone gewesen sind, zählen könnte. Nachdem diese Welle durch einige Augenblicke abgelaufen, und schon so dünn geworden ist, wie es E′F′ anzeigt, bildet sich am Fuße der Wasserwand C′D′ eine kleine wellenartige Erhebung H, die wohl dadurch entsteht, daß die Welle C′ das zurücklaufende Wasser zurückdrückt und anschwellt. Dieses lange Hügelchen steigt auf dem Strande immer nur bis zu einer gewissen Distanz von der Wand C′D′ hinauf, und das zurücklaufende Wasser fügt sich, weil wahrscheinlich darunter eine kleine Grundwelle ist, unausgesetzt seiner Form. Man bemerkt es in H′, bevor es durch den Fall der überrollenden Welle C″ bedeckt wird, und es erscheint alsogleich wieder, wenn eine auslaufende Welle zurückkehrt, und, schon ziemlich dünne, einer neuen Wasserwand C′D′ begegnet *).

---

*) Eine ähnliche Erscheinung kann man beim Ablaufen einer Flüssigkeit von den Wänden eines Gefäßes wahrnehmen. Es sei AA, B|B |Fig. 29, ein, bis zum Niveau CC, mit einer Flüssigkeit gefülltes Gefäß, dessen senkrechte Wände benetzbar sind. Erniedrigt man schnell das Niveau der Flüssigkeit bis nach cc, so bilden die Theilchen, welche die Wände benetzt haben, im Herablaufen ringsum ein Körperchen, das oben dünn, und unten

106. Das Aufsteigen der Grundwellen am Strande, hält die Masse des Meeres von dem Ufer einige Zeit weiter entfernt, als sie es bei gleichem Niveau, im Zustande der Ruhe wäre; doch wird dieß erst dann recht merkbar, wenn der Abhang des Strandes hinreichend ist, damit die steile Wasserwand C'D' eine bedeutende Höhe erlange. Das Niveau des steigenden Meeres kann vorläufig sich nur so weit verbreiten, als eben diese steile Wand über den weniger sanften Theil des Grundes aufsteigt. Von dem Punkte an jedoch, wo die Neigung sanft wird, verbreitet sich das Meer mit einer um so größeren Schnelligkeit, je höher durch die Wellenschwingung und die Erhebung der Grundwellen die steile Wand gewesen ist. Man hat in einem solchen Falle die Geschwindigkeit des steigenden Meeres mit der, eines galopirenden Pferdes verglichen, und sie ist wirklich für jene Menschen sehr gefährlich, welche aus Neugierde, oder wegen der Fischerei sich zu weit am Strande vorgewagt haben.

107. Ein Beweis, daß die Grundwellen und ihre Entstehungsart nicht bekannt waren, ist der, daß Herr de la

---

dicker ist; es zeigt sich ferner recht deutlich, unmittelbar über der concaven, an den Wänden sich erhebenden Oberfläche der Flüssigkeit, ein Hügelchen dd. Läßt man den Spiegel der Flüssigkeit während dieses Ablaufens wieder steigen, so steigt auch dieses Hügelchen, so daß, wenn die Flüssigkeits-Oberfläche bis nach c' e' gelangt ist, das Hügelchen bis nach d' d' steigt. Die horizontale Oberfläche der Flüssigkeit ist hier gerade in demselben Fall, wie die steile Wand der Welle C'D'. — Die Veränderung des Flüssigkeitsstandes in dem Gefäße A A B B, kann sehr bequem durch das Eintauchen eines prismatischen Körpers A' A' B' B' hervorgebracht werden; wendet man ein gläsernes Gefäß und eine stark gefärbte Flüssigkeit, z. B. Tinte an, so wird der Versuch recht anschaulich, weil man die Körperdicke einer Flüssigkeit durch die Intensität der Farbe besser beurtheilen kann.

Coudraye, indem er von dem Auslaufen der Wellen (déferlement) spricht, sich wie folgt, ausdrückt: „Das, was man gewöhnlich unter einer Woge oder Welle versteht, ist derjenige, über das Niveau erhobene Wasserkörper, welcher dem, am Ufer Beobachtenden am meisten in das Auge fällt, sich dann am Strande, weit über seine gewöhnlichen Gränzen ausbreitet, und welcher oft in seiner Heftigkeit, Grund und Eigenthum zerstören zu wollen scheint." Man sieht hieraus, daß man damals das Auslaufen der Wellen blos für eine weitere Entwicklung der Wellen der Oberfläche hielt, während es, wie ich gezeigt habe, nichts anderes als ein lebhaftes Hervorbrechen der Grundwellen ist, die sich am Ufer ausbreiten.

108. Wenn die, auf dem ebenen oder abhängigen Meeresgrunde dahin rollenden Grundwellen $c'd'e'$, $e'f'g'$, Fig. 27, neuerdings einer steilen Wand SX begegnen, so wird jede durch den starken Druck, welchen die, in Schwingung befindliche, Wassermasse auf ihre Seitenfläche $g'h'$ ausübt, zusammengepreßt, und an dem entgegenstehenden Hinderniß SX in der Gestalt $g'k'$ emporgetrieben. Es wird die entsprechende Welle GHI zugleich emporgehoben, und in eine kurze Welle verwandelt. Ebenso geht die Gestalt der inneren Welle ghi in die Form gkl über, und wenn das Volumen, die Geschwindigkeit und das Niveau, auf welchem sich die Grundwelle befindet, hinreichend angemessen sind, so wird die ganze Welle so hoch gehoben, daß sie schäumt und sich bricht, k. So oft eine Welle mit ihrer Grundwelle die steile Wand SX überschreitet, wiederholt sich diese Erscheinung.

109. Ein solches Phänomen findet in der Bai von St. Jean de Luz, an dem Felsen Harta Statt, und Brémontier führt es mit Unrecht als ein Beispiel der Rückwirkung eines seichten Grundes an. Dieser Meinung sind übrigens auch die dortigen Seeleute, welche sagen, daß der Harta vor dem Sturme mit den Achseln zucke. Die Sache

verhält sich ungefähr so: wenn die Wogen des Meeres vor einem Sturme so viele Kraft erlangt haben, um an den steilen Wänden, die von der Rhede von St. Jean de Luz liegen, bedeutende Grundwellen zu bilden, so bewegen sich diese unter den Wellen fort, gegen das Ufer, und bis, dem Felsen Harta begegnenden Theile stoßen sich daran, und erheben sich mit solcher Gewalt, daß jede, sie dahin führende Welle gebrochen wird. Dieses Brechen der Wellen rührt aber keineswegs von irgend einer Rückwirkung des obern Theiles vom Felsen her.

110. Dieselbe Erscheinung bemerkt man in verschiedenen Meeren an den steilen Wänden der Felsen = und Korallenbänke. Das Ueberschlagen der Wellen ist ein sicheres Zeichen von Klippen und von einer plötzlichen Erhebung des Grundes. Weil man bis jetzt das Brechen der Wellen allein der Rückwirkung des Grundes zuschrieb, so hat man auch die meisten Seichten, Wellenbrecher (brisans) genannt; aber das, dem Gange der Wellen entgegenstehende Hinderniß könnte auch eine Wand ohne Dicke, oder so dünn wie eine Mauer sein; vorausgesetzt, daß es gehörigen Widerstand zu leisten im Stande ist, so brächte es, wenn auch kein seichter Grund dahinter wäre, durch das Emporsteigen der Grundwellen nichts desto weniger ein Brechen der Wellen hervor. Es sind also sicher nur die steilen Wände eines seichten Grundes oder einer Bank, und nicht die seichten Gründe selbst, die wahren Wellenbrecher (brisans). Wirklich brechen sich die Wellen nur über der steilen Wand, und die Brandung verbreitet sich nicht weiter. Das starke Schäumen erstrecket sich nur dann über die Wand hinaus, wenn der Grund sehr bedeutend sich erhöht, und die gebrochenen Grundwellen nicht genug Wasser finden, um sich zu zerstreuen, oder wenn sie viele und starke Unebenheiten des Grundes antreffen. Dieß ist der Fall über Klippen.

111. Es kann der Druck, mit welchem die Grundwelle gegen eine sehr hohe Wand getrieben wird, zuweilen nicht genug Kraft haben, um diese Welle, besonders wenn die darüberliegende Wasserschichte durch ihre Dicke einen zu großen Widerstand entgegen stellt, bis an die Oberfläche aufsteigen zu machen; aber die Grundwelle erhebt sich stets so stark, um die, über die Wand hinwegeilende Welle, sei es auch noch so wenig, zu erheben, und ihr die Eigenschaft einer verkürzten Welle zu geben.

112. Die Erhebung einer Grundwelle verursacht zuweilen einen Stoß auf den untern Theil eines Schiffes, wenn dieses zugleich mit einer Welle über die steile Wand hinweggeht; aber man muß diesen, gleichsam zufälligen, Schlag nicht mit der, auf einer großen Ausdehnung eines seichten Grundes vorkommenden Rückwirkung verwechseln (87). Bei einem solchen Stoße glaubte man oft, daß das Schiff gestrandet habe, obgleich sich bei der Sondirung eine weit größere, als die nothwendige Tiefe vorfand.

113. Die, durch die Grundwellen erhobenen, Wogen können auch eine stehende oder Klappenschwingung hervorbringen. Es ist sehr wahrscheinlich, daß auf der Bank von Terre-Neuve das Aufsteigen der Grundwellen an der steilen Wand, in Verbindung mit der, von derselben Wand zurückgeworfenen Schwingung, die, dort beobachtete stehende Schwingung verursacht (55).

Wenn das Meer nicht sehr bewegt ist, und daher die Grundwellen nicht sehr groß sind, und sie begegnen beim Aufsteigen am Strande gerade in dem Punkte, wo sie sich ausbreiten würden, einer schroffen Böschung oder Wand, so werden sie auf die Oberfläche des Meeres zurückgeworfen, und breiten sich dort gerade so aus, wie am Strande, wenn sie das besagte Hinderniß nicht gefunden hätten, nur in entgegengesetzter Richtung.

114. Wenn die Grundwellen gegen ein steiles Ufer anlaufen, so bringen sie dort dieselbe Wirkung hervor, wie an den Wänden einer, unter Wasser liegenden Bank; sie erheben die, mit ihnen ankommenden Wellen, sie veranlassen sie, sich zu brechen, und vermehren oft die Heftigkeit des Rückstoßes (ressac) (71).

115. Wenn ihr Volumen und ihre Geschwindigkeit hinreichend sind, und die darüber liegende Wassermasse nicht zu dick ist, so steigen sie, gedrückt von der, sie herbeiführenden Wellenschwingung, an den Böschungen hinauf; sie erheben sich sehr lebhaft, und man sieht oft, daß sie, bis zu einer großen Höhe, die schwarzen Felsen, welche das Ufer umgeben, mit weißem Schaum bespritzen.

116. Dieses Brechen der Wellen an der Küste wird oft durch die besondere Lage der steilen Wände vermehrt. Wenn sich Wellen gegen einen eingehenden Winkel des Ufers oder einer Strandmauer bewegen, so werden sie von zwei Seiten durch die steilen Wände zurückgeworfen, die Grundwellen aber nicht, weil ihre Bewegung kein solches Zurückwerfen verträgt; diese werden unausgesetzt von der direkten Wellenschwingung längs den Wänden vorwärts getrieben, und schwellen sich in die Höhe, weil sie sich in einen Raum zusammen drücken müssen, der immer enger wird, je weiter sie vorschreiten. Sie erheben natürlicher Weise dadurch auch die, mit ihnen gehenden Wellen, und vermehren die Kraft der Wellenschwingung; ihre Geschwindigkeit und ihr Volumen werden immer größer, und endlich schlagen sie mit einer ungeheuren Kraft in der eingehenden Ecke an, und steigen zu einer sehr großen Höhe über die schroffe Wand empor. Die, in die Höhe springenden Strahlen und Wassergarben, welche man längs den Küsten sieht, kommen nur von den Grundwellen her, welche beiläufig unter ähnlichen Verhältnissen, wie ich sie gerade angezeigt habe, wirken. Die Figur 30 zeigt das Profil einer solchen, empor schießenden Wassermasse.

117. Ich habe oft dergleichen gesehen, die nur durch geringe Wände an der Küste veranlaßt wurden, und sich mehr als zwei Klafter über das, ohnehin 1 oder 1½ Klafter höher als die Meeressohle, gelegene Ufer erhoben. In dem eingehenden, fast 90 Grade messenden Winkel einer, ganz aus Quadern hergestellten Ufermauer, sah ich einen Wasserstrahl empor schießen, der in der Dicke 8 bis 10 Zoll maß, und sich mehr als 7 Klafter über die Oberfläche des Meeres erhob.

Wenn die Grundwellen, bei ziemlich hoher See, gegen eine Wand laufen, deren Höhe das Niveau des Meeres nicht viel übersteigt, so bildet sich durch das emporschießende Wasser ein Bogen von 20 bis 30 Fuß Höhe, unter welchem man, ohne benetzt zu werden, gehen kann. Diese, durch die Fig. 31 dargestellte Erscheinung zeigte sich oft an dem Meeresdamme von St. Malo, und kann nicht anders erklärt werden, als wenn man sich vorstellt, daß die Bahnbewegung der, den Wellen angehörigen, Wasserelementchen, sich mit den, an der Wand aufsteigenden, Grundwellen combinirt.

118. Brémontier hat sich gewiß getäuscht, indem er behauptet, daß diese emporspritzenden Wassergarben der Zusammendrückung der Luft, in den, sich gegen das Ufer brechenden Wellen zuzuschreiben wären.

Die, durch das Umrollen oder Kräuseln der Wellen, wovon ich (103) gesprochen habe, eingeschlossene Luft erleidet, selbst an einer steilen Küste, keine solche Zusammendrückung, um eine so außerordentliche Wirkung hervorzubringen, wie man sie hier und da bemerkt. Das Wasser wird von der, durch das Umrollen der Wellen eingeschlossenen Luft leicht durchbrochen, und in Schaum verwandelt, aber niemahls weit emporgeschleudert.

119. Man kann es nur der Heftigkeit der Grundwellen im indischen Meere, und ihrem Bestreben aufzusteigen, zuschreiben, daß das Wasser an den Felsenbänken, welche die

79

Attolons der maldivischen Inseln umgeben, haushoch emporspritzet, und wie eine weiße Mauer anzusehen, schäumend aufwallet. Die, mit ungeheuerer Wuth anbringenden Wellen werden auf diese Art gebrochen, und können den Inseln selbst nicht gefährlich sehn *).

120. Eben so ist es mit jener, majestätisch emporschießenden Wassermasse, welche während der Stürme den Leuchtthurm von Ebbistone ganz einhüllt, und noch um 12 bis 13 Klafter übersteigt. Dieses Phänomen ist in der Fig. 32 nach einer, vom Erbauer des Leuchtthurms, Herrn Smeaton, herausgegebenen Zeichnung dargestellt **). Die ungeheure Höhe, bis zu welcher sich das Wasser hier erhebt, kann unmöglich von der Zusammendrückung der Luft herrühren; sie ist nichts Anderes, als die Folge anstoßender Grundwellen, die sich an einer, vielleicht sehr weit von Ebbistone entfernten steilen Wand im Grunde des Meeres bilden. Diese, durch die Wellenschwingung mit einer großen Geschwindigkeit getriebenen Grundwellen, concentriren sich in einem eingehenden Winkel des steilen Felsens, gerade dort, wo der Leuchtthurm steht, und jede, gedrückt von der Bewegung der obern Wellen (108), erhebt sich in der Form eines riesigen Wasserstrahles, so wie ich oben davon gesprochen habe. Man kann die Kraft des Anstoßes, den Druck, welcher die Grundwellen treibt, und ihr Volumen schätzen, indem man betrachtet, daß sie durch 80 Faden (400 Schuh) Tiefe, wie man sie an der steilen Wand von Ebbistone an der Seeseite fin-

---

*) Pyrard, Voyage aux Maldives, chap. X. Bernardin de Saint-Pierre. Malte-Brun Précis de géographie universelle t. IV. p. 125.

**) Deuxième recueil des mémoires de l'Ecole des ponts et chaussées. 1808, par M. Lesage, Ingenieur en chef, Inspecteur de l'Ecole.

bet, wirken, und daß sie sich noch mehr als 25 Klafter über das Niveau des Meeres erheben, also Wassersäulen von 2 bis 3000 Kubik-Metres, und im Gewicht von 2 bis 3 Millionen Kilogrammen bilden.

121. Der Felsen, das **Weib des Lot** genannt, im Archipel der marianischen Inseln, erhebt sich perpendikulär, 350 Schuh hoch, und die Wogen brechen sich an seiner rauhen Stirne mit einer Wuth, welche nur dem ungeheueren Raume, den sie, bevor sie ihn erreichen, im großen Ocean zu durchlaufen haben, vergleichbar ist *). Es ist ersichtlich, daß es nur ungeheuere Grundwellen sein können, die, in Folge des großen Druckes gegen den steilen Felsen, sich zu einer so großen Höhe vertikal erheben.

122. **Warberg** in Norwegen liegt 400 Schuh über der Meeres-Oberfläche. Man berichtete, daß während des Sturmes vom 21. Jänner 1820 diese kleine Stadt von den Wellen überschwemmt worden sei, und führte dieses Ereigniß, als eine Ausnahme von der gewöhnlichen größten Höhe der Wellen an **); aber Wellen von mehr als 400 Schuh über der Meeres-Oberfläche, würden fast das Doppelte davon, zu ihrer Höhe über den tiefsten Punkt des Wellenthales, und eine Länge von 4 bis 5000 Schuh gehabt haben. Es ist schwer zu glauben, daß ein Sturm im **Kattegat**, und eben so wenig im großen Ocean, Wellen von so ungeheuern Ausmaßen zu erregen im Stande wäre; es ist daher viel natürlicher, die Ueberschwemmung von **Warberg**, den, 400 Schuh in die Höhe schießenden, Grundwellen zuzuschreiben, was doch in die Klasse der möglichen Ereignisse gehört, weil andere Grund-

---

*) Précis de Géographie universelle par Malte-Brunt. 4. p. 390.
**) Dictionnaire d'histoire naturelle, par plusieurs Professeurs du jardin du Roi, art. Océan t. XIV.

wellen sich auch auf 350 bis 450 Schuh, an den Felsen des
Lot und von Ebbistone erheben.

123. Das Phänomen der Teufelsblasbälge, an der Küste
von Cornwallis, ist auch nichts Anderes als eine Wirkung
der Grundwellen. Durch eine lange Spalte in den Felsen der
Grotten von Kynann steigt eine Säule, wie eine Wasserhose, zu großer Höhe empor, während zu gleicher Zeit ein don-
nerähnliches Getöse unter der Erde sich vernehmen läßt *).
Deluc nimmt an, daß die, im Innern der Höhlen sich brechenden Wellen eine große Menge Luft entwickeln, und diese,
von neuen Wogen zusammengedrückt, nicht anders entweichen
kann, als, indem sie sich durch die Spalte einen Weg bahnt
und die besagte Wassersäule mit sich empor reißt. Es läßt sich
nimmermehr zugeben, daß durch das Brechen der Wellen eine
solche Luftmenge gesammelt werden könnte, um eine ähnliche
Wasserhose empor zu heben, weil die, in Schaum übergehenden, Wellen sich wohl mit der Luft, in der sie sich brechen, mengen, aber keine Luft entwickeln. In einigen Fällen können
Wellen wohl, wie ich es zeigen werde (125), etwas Luft vor
sich her treiben, aber die geringe Menge derselben ist niemals
im Stande, eine Erscheinung, wie die, um welche es sich hier
handelt, hervor zu bringen, und das Wasser könnte sich hier
allenfalls schäumend, aber nicht in Gestalt einer Säule, wie
eine Wasserhose, zeigen.

Die Theorie der Grundwellen erklärt diese Erscheinung
viel besser. Die, durch die Wellenschwingung des Meeres herbei geführten, Grundwellen bringen in die Höhlen von Kynann
ein und verursachen, indem sie im Hintergrunde anlangen,
einen Anschlag, dessen Wiederhall im Innern der Felsenhöhle
dem Rollen des Donners ähnlich wird. Die Masse dieser, im

---

*) Guide du voyageur dans la province de Cornouaille, 1828.

Grunde der Höhle angehäuften, und durch neue, ohne Un=
terlaß heftig anstoßende Wellen zusammengedrückten Grundwellen, steigt bis zur Spalte und über den Erdboden empor. Auf diese Art ist die Wasserhose nichts Anderes, als ein
großer, vom Grunde auf emporschießender Wasserstrahl.
Wenn die Luft bei dieser Erscheinung eine Rolle spielt, so geschieht es nur, weil sie in einigen Vertiefungen der Decke
zusammengedrückt ist und vielleicht durch ihren elastischen
Widerstand die Kontinuität des Wasserstrahles hervorbringt,
und so die stoßweise Wirkung der Grundwellen unmerklich
macht.

124. Der große Wasserstrahl, welcher sich über eine
Grotte auf der Insel Teneriffa erhebt, ist durch eine
ähnliche Wirkung hervorgebracht. Obgleich sich Herr v. Mai-
zieres auch täuschte, indem er diesen Wasserstrahl der Wirkung der zusammengedrückten Luft zuschrieb, so ist doch nichts
desto weniger wahr, wie er es auch bemerkt hat, daß dieses
Phänomen uns ein Mittel anzeigt, wie man das Wasser
des Meeres auf der Küste empor heben könne *). Wirklich
wäre es hinreichend, an einer, von den Grundwellen gewöhnlich getroffenen, steilen Wand eine Aushöhlung von gehöriger
Tiefe herzustellen, und in der Decke dieser künstlichen Grotte
eine vertikale Röhre anzubringen, um das Wasser der Grundwellen zuverlässig auf eine große Höhe emporsteigen zu machen, so lange nämlich das Meer bewegt ist und höher
steht als der Scheitel des Grotteneinganges. Die Höhe des
Wasserstrahles würde von dem Volumen und von der Geschwindigkeit der Grundwellen abhängen; dieser und jene sind sehr
veränderlich, weil die Grundwellen selbst von der Beschaffenheit des Meeresgrundes, von der Höhe des Meeres, und von
der Kraft und Geschwindigkeit der Wellen abhängig sind. Die

---

*) Bulletin de la société philomatique, année 1817, page 97.

83

Figur 33 zeigt den Durchschnitt dieser Art eines hydraulischen Widders. ABC ist die Schwingung der Oberfläche, welche höher liegt, als der Scheitelpunkt c des Einganges zur Grotte; abc sind Grundwellen, welche sich durch, früher vorkommende, steile Wände unter den Wellen ABC, mit denen sie bis in die, durch die Figur dargestellte Lage fortgeschritten sind, gebildet haben. D ist der Körper einer steilen Wand oder eines Quais, E das Innere der Höhle, wohin sich die Grundwellen begeben, und wo sie durch die nachfolgenden zusammengedrückt werden. F ist ein kuppelförmiger Recipient, in welchem die zusammengedrückte Luft als Regulator dienen kann; HG ist die aufsteigende Röhre, HI der, über die Erde emporstrebende Wasserstrahl. Es sind dieß höchst wahrscheinlich dieselben Anordnungen, welche die Natur in den Grotten von Kynann und Teneriffa zufällig vereinigte.

125. Ich habe (123) gesagt, daß die sich brechenden Wellen weder Luft hervorbringen noch entwickeln, aber daß sie solche vor sich hertreiben können. Es ließe sich in der That die Wellenbewegung eines Meeres, ohne Flut und Ebbe, dazu benützen, um ein Gebläse herzustellen. Es sei ABCD, Fig. 34, die gewöhnliche Wellenschwingung des Meeres, BEQ eine, in der steilen Wand hergestellte, Grotte, BC ihre horizontale Decke, um ein klein wenig niedriger, als die Wellengipfel. Es ist einleuchtend, daß die Wellen BCD die, zwischen ihren Thälern b' c' und der Grottendecke BD, enthaltene Luft unter die Kuppel G treiben müssen, und daß diese zusammengedrückte Luft durch die Röhre GH über den Erdboden LM entweichen müsse. Damit die Grundwellen abcd, bei ihrem Anstoße an die Wand EQ, in der Kuppel G kein, dem Gebläse schädliches, Brechen der Wellen verursachen, muß in dieser Wand eine Oeffnung QNOR hergestellt werden, damit die Grundwellen sich in den Brunnen MRST begeben und dort an der Oberfläche des Wassers in U ohne Störung brechen

6 *

können. Um noch eine, durch die Anhäufung der Grundwellen in dem Brunnen M R S T mögliche, Erhöhung des Niveaus X Y und den, dadurch erfolgenden Druck auf die, in der Grotte enthaltene Wassermasse zu beseitigen, muß man eine Verbindung K Z mit dem Meere herstellen.

126. Es ist hier der Ort, eine Thatsache anzuführen, welche die Ausführbarkeit dieser beiden Konstructionen beweiset und das wirkliche Vorhandensein der Grundwellen und ihrer außerordentlichen Kraft, selbst wenn sie von mittelmäßiger Größe erscheinen, darthut; übrigens ist dieser Fall auch derjenige, welcher mich auf die Entdeckung der Grundwellen brachte.

Die Schleuse A, Figur 85, welche dazu dient, das Wasser der, zu dem Walle T, vom westlichen Theile der Festung la Rochelle gehörigen Gräben B zu erneuern, mündete in eine Art von Baffin C D E H I, welches gebildet wurde durch den nicht mehr bestehenden Batardeau C D, durch die alte Kehle D E eines kleinen Forts F, und durch den Steinsporn H I, den man erbaut hatte, um die Schleusenschütze vor der Anhäufung des, vom Meere nach U gebrachten Geschiebes zu bewahren. Durch die Enge E H wurde, obgleich ihre Weite der Schleusenweite A glich, doch nicht so viel Wasser abgelassen, als das Aufziehen der Schütze bei einer Spülung dem Baffin zubrachte, weil ein, in K sich befindender Wirbel den Ablauf des Wassers verhinderte. Auf diese Art wurden die Gräben viel zu langsam geleert. Die Geschwindigkeit des, zwischen den Werken auf eine Länge von 800 Klaftern fließenden, Wassers, war überdieß nicht groß genug, um den Schlamm und die, in den Gräben häufig anwachsenden Wasserpflanzen mitzureißen, und das, von einigem Zuflusse süßen Wassers ganz verdorbene Meerwasser konnte, selbst bei starker Flut, nicht völlig erneuert werden. — Da bedeutendere Reparaturen an der Kehle D E des Fortes, am

Batarbeau CD, und an dem Mauerwerke der Schleuse A vorzunehmen waren, so benützte ich die Gelegenheit, um den Unzukömmlichkeiten, von denen ich eben gesprochen habe, abzuhelfen. Statt des Bassins CDEHI, ließ ich einen Graben, von gleicher Weite mit der Schleusenöffnung, herstellen, der von einer Seite durch den Steinsporn HI, von der andern durch einen Batarbeau LM, und die, nach einem eingehenden Bogen neu gebaute Kehle ME des Forts, gebildet wurde. Um diesen Graben zu verlängern und dem, durch die Spülschleuse ausfließenden Wasser eine solche Richtung zu geben, daß es in größerer Menge und mit größerer Geschwindigkeit den Hafen=Kanal an einem solchen Orte und unter einem so kleinen Winkel treffe, daß sich keine ungelegenen Versandungen bildeten, baute ich auch noch niedrige Dämme NP, im Niveau des Sockels vom Sporne HI, daher sehr wenig über den Strand erhoben, um die Bewegung des steigenden Meeres nicht zu hindern, dabei aber beiderseits so viel Höhe zu gewinnen, damit das Wasser, auch bei den stärksten Spülungen zusammen gehalten werde. Diese Veränderungen entsprachen so gut meiner Erwartung, daß zur Zeit der Springflut die Gräben bei der Ebbe vollkommen geleert, und hernach bei der Flut wieder gefüllt werden konnten. Aber ich hatte, um die Schleusenschütze mittelst einer vertikalen Schraube zu handhaben, auf einem Gewölbe über dem Graben auch eine große gemauerte Plateform angeordnet. Das Meer ließ mich bald erkennen, wie fehlerhaft dieß war. Sobald der Fangedamm, welchen man in EH errichtet hatte, eingerissen war, erreichten die, in dem Graben sich fortpflanzenden Wellen die Schütze mit vielem Ungestüm, es ließ sich ein Getöse, wie vom Schuße einer Kanone hören, und es bedurfte nur einiger solcher Schläge, um das Gewölbe und die Plateform, ob sie gleich beide aus sehr großen Werkstücken und mit aller möglichen Sorgfalt erbaut waren, zu erschüttern. Der unge=

heuere Anbrang erhob die Masse der Gewölbsteine und des darüber liegenden, mehr als fünf Schuh hohen Mauerwerkes *), und Alles fiel krachend wieder auf seine Stelle zurück. Nach weniger als vier Fluten war die Zerstörung so gut, wie vollendet. Bei jedem Anschlage stieß ein heftiger Rückprall eine Menge Schaum unter dem Gewölbe hervor. — Sobald die Ruhe wieder eintrat, bemerkte man in der Enge EH, obgleich die Schütze geschlossen war, ein Zurückfließen des Wassers.

So lange die Thäler der Wellen a b c (erstes Profil nach der Linie x y z) **), nicht höher waren, als der Scheitel der Wölbung, so fand die, zwischen der vordern Seitenfläche c d einer Welle und der Leibung des Gewölbes, zusammengedrückte Luft, indem sie nicht schnell genug durch die für das Schützenspiel nöthige Oeffnung und die Spalten des auseinander gerissenen Mauerwerks entwelchen konnte, dadurch einen Ausweg, daß sie, mit Wasser vermischt, in verschiedenen Strahlen e r hervordrang; wenn aber das Meer hoch genug war, wie in ABC (zweites Profil nach der Linie x y z), um die Wölbung stets mit Wasser anzufüllen, so sah man in dem Punkte c keinen Wasserstrahl mehr, weil es auch unter der Wölbung keine eingeschlossene Luft mehr gab. Der Anstoß gab sich dann durch ein dumpfes Getöse, wie von einer in der Entfernung abgeschossenen Kanone zu erkennen, wie nicht minder durch die Erhebung des Mauerwerkes, wobei zugleich das Wasser durch die Falzen der Schütze und durch alle Spalten auf der Plateform emporspritzte.

---

*) Im Original ist zwar die Höhe des Mauerwerkes nur mit 0,6 Metre angegeben, die Figur zeigt jedoch 1,6 Metre.
**) In den Profilen ist die Höhe des Meeres verschieden angezeigt, im Grundrisse aber sehr niedrig angenommen, damit die Dämme N, P ersichtlich werden.

Die Ursache dieser Erscheinung ließ sich in der einfachen Wellenbewegung nicht auffinden. Indem ich |sie| mit Aufmerksamkeit studirte, bemerkte ich, daß, wenn das Meer die niedrigen Dämme N, P, Fig. 35, bedeckte, die, über die 45grabige Böschung ihrer Köpfe gehenden Wellen auf der ganzen Ausdehnung dieser Böschung sich erheben, während auf dem Radier des Grabens zwischen diesen Köpfen, so wie auf dem Meeresbette in Q keine solche Erhebung bemerkt werden konnte: nichts desto weniger pflanzte sich ein Theil der Wellenbewegung in der Richtung S R, gegen das Ufer fort, während ein anderer Theil dieser Bewegung sich in dem Graben mittheilte. Die Theilung geschah ungefähr in der Gegend des Punktes O, wo die, der Breite des Grabens entsprechende, Wellenparthie sich an der vertikalen Wand des Dammes N zu erheben schien. Diese Theilung war so in die Augen springend, daß man hätte sagen können, die in den Graben laufenden Wellen kämen unter jenen hervor, welche ihren Weg in der Richtung S R fortsetzten. Es war leicht zu erkennen, daß die in den Graben bringenden Wellen nur durch die auf dem Radier hinrollenden Wassermassen emporgehoben werden konnten, daß eben diese Massen von den Wellen gegen die Schleusenschütze gedrückt werden, und daß ihre Anhäufung den Wasserstand im Graben erhebe und ein Zurückfließen durch die Enge H, E verursache. Diese Wassermassen b', c' waren nichts Anderes als Grundwellen, welche an der Ausmündung des Grabens von jenen sich trennten, die nach der Richtung S, R gegen das Ufer gingen.

Ich ließ das Gewölbe abtragen, und die Seitenwände der Schleuse wurden bis zur Höhe der Plateform, so wie sie mit punktirten Linien im Profile nach der Linie t v angezeigt sind, perpendikulär hergestellt. Eine einfache Brücke aus hingestreckten Bohlen dient jetzt dazu, um die, von den Grundwellen noch immer mit großer Heftigkeit getroffene

Schütze zu handhaben. Das Wasser spritzt jetzt auch noch vertikal empor, aber dieß verursacht keine andere Unzukömmlichkeit, als zuweilen eine Benetzung der Bohlen und ein leichtes Ueberspritzen in den Hauptgraben.

127. Die gegen die Schütze der Schleuse anstoßenden Grundwellen sind im Vergleiche mit jenen, die sich am Felsen Harta, am Weibe des Lot, oder garbenförmig am Eddistone, und an andern Punkten erheben, nur von sehr kleinem Volumen, denn die größten von ihnen haben höchstens 2 bis 3 Kubik-Metres (60 bis 80 Kubikfuß), und doch hoben sie, als das Gewölbe noch bestand, einen Mauerkörper, dessen Gewicht auf mehr als 28000 Kilogramme geschätzt werden kann, auf eine Höhe von 6 Decimetres (vielleicht 0,06 Metre?) empor. Nach diesen Beispielen kann man sich eine Vorstellung machen, welche Kraft die Grundwellen großer Meere zur Zeit der Stürme auszuüben im Stande sind.

128. Die Grundwellen sind ferner auch die Ursache einer, von den Küstenbewohnern wohl gekannten, aber bisher nicht gehörig erklärten Erscheinung. Das Meer, sagt man, speit Alles, was es verschlungen hat, wieder aus. Die am Boden des Meeres dahin laufenden und ohne Unterlaß sich folgenden Grundwellen reißen alle beweglichen Körper, denen sie begegnen, mit und stoßen sie ans Ufer. Man hat diese Wirkung dem, gegen das Ufer sich bewegenden Strome der steigenden Flut zugeschrieben; aber man muß bemerken, daß der entgegengesetzte Strom der Ebbe Alles wieder zurück nähme, was die Flut gebracht hat, indessen die Grundwellen unabänderlich nach einer Richtung wirken, es mag das Meer steigen oder fallen. Von den Wellen geführt, gehen die Körper gegen das Ufer, wenn das Meer auch fällt, und ihre Geschwindigkeit ist bei steigender See größer, als jene des Flutstromes. Endlich muß noch bemerkt werden, daß auch Meere ohne Ebbe und Flut Alles an das Ufer werfen;

man kann daher nur den Grundwellen diese Wirkung zuschreiben.

129. Wenn man sich im Meere, nahe am Ufer, badet und den Körper vertikal aufrecht hält, so nimmt man die Grundwellen sehr gut wahr; indem man von der Wellenschwingung emporgehoben wird, fühlt man zugleich an den Füßen das Vorbeigehen einer jeden, gegen das Ufer eilenden Grundwelle.

130. Wenn man nahe am Ufer, auch bei fallendem Meere, sobald nur eine ordentliche Wellenschwingung und ein Brechen am Strande Statt findet, zwei Korkkügelchen in das Wasser wirft, wovon das eine durch einen Kern von Blei so schwer gemacht worden ist, daß es nur am Grunde fortlaufen kann, so sieht man das leichte, schwimmend der Wellenbewegung gehorchen, ohne daß es sich, außer durch die Einwirkung des Windes, merklich dem Lande näherte oder von demselben entfernte, während das andere am Grunde fortrollend an das Ufer getrieben wird.

131. In jenen Seegegenden, wo die stärksten Wogen keine steilen Wände treffen, an welchen Grundwellen sich bilden könnten, bleiben die zu Boden gegangenen Gegenstände ewig unter dem Wasser, sonst aber werden alle untergegangenen Körper von den Grundwellen sicher an das Ufer geworfen, sobald wenigstens ihre Gestalt und ihre Schwere die Grundwellen nicht hindert, sie über bedeutende Absätze, vor denen sie liegen bleiben, hinweg zu heben.

132. Man findet oft nach einem Sturme die Opfer desselben an dem nächsten Ufer derjenigen Meeresgegend, wo der Schiffbruch erfolgte. Durch die Grundwellen sind sie dahin gebracht worden. Diese sind es auch, welche Wallfische, Cachalots (Pottfische) und andere, von der stürmischen See in der Nähe des Ufers überraschte Meeresbewohner auswarfen. Sei es, daß diese großen Thiere sich zu nahe an den

Strand gewagt haben und dort nicht genug Wasser fanden, um sich gehörig zu bewegen; sei es, daß ihre Kräfte durch Verwundungen oder Krankheiten geschwächt sind; sobald sie von den an das Ufer laufenden Grundwellen während eines Sturmes ergriffen werden, so wehren sie sich vergebens, — sie unterliegen. Gleichsam eingehüllt in diese enormen Wassermassen, werden sie am Grunde fortgeschleift und endlich an den Strand geworfen, wo sie bald zu leben aufhören.

133. Die Grundwellen sind es, welche die Schiffe an die Klippen werfen, welche sie empor heben, und immer mehr und mehr ihrem Verderben entgegen treiben. Auf diese Art tragen die Winde, der Wellenschlag (60) und die Heftigkeit der Grundwellen gleichmäßig dazu bei, den unglücklichen Piloten schiffbrüchig zu machen, wenn er vom Sturme überrascht wird, bevor er sich von der Küste entfernt hat. Aber ein erfahrener und geschickter Seemann wußte auch neulich in einem wichtigen Falle sich die Wuth des Meeres zu Nutzen zu machen. Man darf sich nur erinnern, mit welchem guten Erfolge unsere Flotte während eines heftigen Sturmes, um nicht Menschen und Fahrzeuge auf das Spiel zu setzen, Ballen mit Lebensmitteln in's Meer warf, um sie der Armee in Afrika zukommen zu lassen. Die Ballen mögen geschwommen haben oder zu Boden gesunken sein, sie kamen an das Ufer. Im ersten Falle durch die Wirkung des Windes und des Wellenschlages, im zweiten durch die Grundwellen.

134. Es sind endlich auch die Grundwellen, welche die 150 bis 1200 Pfund schweren Steine mit sich fortrissen, als sie Brémontier auf die Berme im Kanal von St. Jean de Luz gelegt hatte, um zu erfahren, wie viel sie durch die Wogen darauf verrückt würden. Er fand, daß sie bei ruhigem Meere um etliche Fuß fortgestoßen wurden; während des vom 30. November bis 5. Dezember 1822 dauernden Stur=

mes aber zeigten sich erstaunliche Wirkungen durch dieselbe Ursache, und an derselben Stelle.

135. Um die Stadt St. Jean de Luz, welche seit 1726 durch das Meer zerstört zu werden bedroht war, weil die Wellen die Dämme überstiegen, Häuser umstürzten, oder sie mit Sand und Geschieben erfüllten, davor zu bewahren, baute man im Jahre 1747 eine 230 Klafter lange Mauer zwischen der Stadt und dem Strande; im Jahre 1782 wurde diese Mauer vom Meere zerstört. Es ist wahrscheinlich, daß die auf den Sand gelegten Fundamente derselben von den Grundwellen unterwaschen worden sind. Man erbaute an ihrer Stelle auf dem durch das Meer gebildeten Hügelchen AOF, Fig. 37, eine Verpfählung, und später einen Damm aus thoniger, mit Sand gemischter Erde, dessen Oberfläche, wie bei einigen andern Bauten dieser Art, mit einer Schale von Mauerwerk überdeckt wurde.*). Diese zu verschiedenen Zeiten gemachten Arbeiten gaben dem Damme endlich das Profil ABCDEF. Er wurde bei Wiederherstellung der vom Meere am 26. April 1822 angerichteten Beschädigungen verbessert, indem man 8 Strebepfeiler von 1,5 Metre (4½ Fuß) Dicke, 20 bis 25 Metres (10 bis 12 Klafter) von einander entfernt, auf Absätzen LM gegründet, in die Erde baute, und die, unter einem Winkel von beiläufig 28,5 Graden, sorgfältig hergestellte Böschung AB mit einer 3 Schuh dicken Mauerschale verkleidete. Die Außenfläche dieser Verkleidung war aus großen flachen Hausteinen gebildet und durch Quaderstücke gut eingebunden. Endlich

---

*) Das Wehr von Vadrineau zu Metz, welches zur Gewinnung eines Gefälles für die Stadtmühlen einen Arm der Mosel um 2 bis 3 Metres aufstaut, ist nichts Anderes, als ein, von einer 1,12 Metre dicken Mauerkruste bedeckter, Sandkörper.

hatte man am Fuße dieses Dammes, also dort, wo er am leichtesten angegriffen werden konnte, zwei, zwischen Pfahlreihen eingeschlossene, Steinwürfe aus großen Felsenblöcken angebracht. Dieses, mit seltener Vollkommenheit zu Stande gebrachte Bauwerk schien den heftigsten Stürmen trotzen zu können; doch wurde es in der Zeit vom 30. November bis zum 5. Dezember 1822 gänzlich zerstört. Die Wirkungen dieses außerordentlichen Sturmes sind durch die Figur angedeutet *).

Ungeheuere Grundwellen, so wie sie in N angezeigt sind, zogen sich in die Bai von St. Jean de Luz und stießen an den Steinwurf; durch die heftige Erschütterung der Blöcke brach endlich die Verpfählung, und die großen Steinmassen wurden fortgerissen. Obgleich sie, jeder einzeln, ein Volumen von ungefähr 1 bis 1,5 Cub. Metre, und ein Gewicht von circa 4000 Kilogrammen hatten, so wurden sie längs der Böschung doch größtentheils auf 6 Metres (3 Klafter) Höhe, ja selbst bis auf die Berme B emporgeschleudert und rollten springend wieder herunter. Neue Grundwellen warfen sie abermals in die Höhe, und es schienen die wüthenden Wogen mit diesen großen Körpern wie mit leichten Ballen zu spielen. Die Verkleidung von Mauerwerk wurde sehr bald an vielen Stellen auseinander gerissen, die Trümmer davon halfen die Beschädigungen vermehren, und hierauf erfolgte die gänzliche Zerstörung des Dammes. Die Erzählung dieses erschrecklichen und bewunderungswürdigen

---

*) Es ist vielleicht mit Unrecht, daß ich diesen überaus heftigen Wellenschlag einen Sturm nenne; denn obgleich das Meer auf's Aeußerste aufgeregt war, so ist doch kein heftiger Wind bemerkbar gewesen. Es war dieß höchst wahrscheinlich ein Zustand des Meeres, den die Franzosen ras de marée nennen, und von dem im nächsten Kapitel gehandelt werden wird.

Schauspieles könnte übertrieben scheinen; sie ist es aber nicht.

Bevor noch die Böschung zerstört war, schlugen einige Grundwellen, sich brechend, ungefähr auf ihre Mitte K und wurden in schönen Garben, welche den Damm übersprangen und große Steine weit gegen die Stadt hin warfen, empor getrieben. Die, bis zum 5. Dezember fortgesetzte, Anwirkung der Wellen zerstreute alle Trümmer und vergrub auch die größten Blöcke in den Sand. Nach dem Sturme war nicht allein der Damm auf eine Länge von 70 Klaftern gänzlich verschwunden, sondern man fand nicht einmal die geringsten Reste davon.

Ich werde noch einmal Gelegenheit haben, von diesem Unfalle zu sprechen (228), und will hier nur noch bemerken, daß, wenn die Kraft der Grundwellen bekannt gewesen wäre, man ihr auch ohne Zweifel jene ähnlichen Beschädigungen zugeschrieben haben würde, welche an dem, zum Behufe der für die großen Bauten von **Cherbourg** eröffneten Steinbrüche, vom Jahre 1783 bis 1792*) hergestellten und erhaltenen Damme des Hafens **Becquet** sich ereigneten. Diese Beschädigungen hätten als Lehre gedient, und man hätte sich wohl gehütet, einen Steinvorwurf an dem Damme von **St. Jean de Luz**, der früher schon viel, aber stets weit weniger, als im Dezember 1822 gelitten hatte, anzubringen. Von diesem Augenblicke an verlor man fast die Hoffnung, das Zerstörte je wieder herstellen zu können. Das Profil der Auswaschung ist in der Figur durch die punktirte Linie a b c d angezeigt.

136. Der Hafendamm von **Becquet**, dessen ich eben erwähnte, hatte 180 Klafter Länge und 15 Klafter Dicke mit einer bedeutenden Böschung auf der Seeseite. Er war aus

---

*) Cessart sagt von 1783 bis 1791.

Zimmerwerk sorgfältig zusammengesetzt und an seinem äußern Fuße durch eine Steinschüttung aus Granitblöcken, in der Größe von 16 bis 18 Cub.-Fuß, und 2000 bis 3000 Pfund Schwere geschützt. Herr Cessart*) sagt: „Wir hatten das Mißvergnügen, diesen, mehr als 54,000,000 Pfund schweren Dammkörper vom Wellenschlage durchbrochen und zerstört zu sehen." Es unterliegt keinem Zweifel, daß es die oben beschriebenen Grundwellen waren, welche die Granitblöcke in Bewegung setzten, sich ihrer zuerst zur Zerstörung des Holzwerkes und dann des ganzen Dammes bedienten. Auf diese Art wurden die, zur Beschützung der Dämme bestimmten, Steinblöcke zu St. Jean de Luz, so wie zu Becquet gerade die Werkzeuge ihrer Zerstörung.

137. Die Perleninsel, im Archipel der Gefahr, bietet uns ein Beispiel, wie Steinblöcke von Grundwellen auf große Distanzen empor geschleudert werden. Diese Insel ist an einer Seite von mehren natürlichen Dämmen aus Korallenfelsen umgeben. Diese Dämme steigen hie und da 8 bis 10 Klafter über die Meeresfläche empor, und die, zwischen zwei solchen Dämmen befindlichen, Wasserstreifen haben gewöhnlich eine Breite von 10 Klaftern. Heftige Stürme haben Korallenblöcke über die ersten Dämme hinweg bis auf die Böschungen der inneren geworfen**). Diese Wirkung kann nur den Grundwellen zugeschrieben werden.

138. Das Brechen der Wellen wird von den Schiffern als ein sicheres Anzeichen einer Gefahr betrachtet***); doch kann es an irgend einer Stelle der Meeresoberfläche Statt

---

*) Tome I, p. 36.
**) Malte-Brun. Précis de Géographie, Tome 4, p. 420. Voyage des Missionnaires p. 285.
***) Gefahr nennen die Seeleute einen Felsen, eine Klippe, einen seichten Grund, gegen welche das Schiff anlaufen könnte.

finden, ohne daß sich deßwegen am Grunde eine Gefahr befände. Viele berlei Beispiele werden in den nautischen Instruktionen angeführt *). Zwei Ursachen können dieses trügerische Brechen hervorbringen; erstlich das Begegnen zweier Strömungen, welche, mit großen Geschwindigkeiten sich bewegend, an einander stoßen und das Meer schäumend empor treiben, zweitens die Grundwellen.

189. Ich habe erklärt (65), daß gleiche, sich begegnende Wellen an einander stoßen und sich brechen, und es ist einleuchtend, daß wenn diese Wellen Grundwellen mit sich führen, der Zusammenstoß dieser letzteren ein doppeltes Emporspritzen des Wassers hervorbringt. Man kann leicht begreifen, bis zu welcher Höhe das Wasser auf diese Art in den großen Meeren, wo riesenmäßige Wogen auch sehr voluminöse Grundwellen bedecken, sich erheben kann. Malte-Brun schreibt diese Erscheinung dem zu, daß die Wellen zuweilen durch einen Windstoß oder durch einen Strom plötzlich angehalten werden; aber obgleich der Wind die Wellen zurücktreiben und sie, so wie die Strömungen, brechen kann, so ist doch leicht einzusehen, daß nur die Grundwellen im Stande sind, solche Wassermauern aufzuthürmen, denen sich kein Schiffer ungestraft nähern dürfte **).

140. Jetzt, wo die Grundwellen und ihre Wesenheit durch das bis jetzt Gesagte hinlänglich bekannt sind, können

---

*) Instructions nautiques sur les côtes de la Guiane française par M. Lartique, Lieutenant de vaisseau. 1823. Instructions nautiques sur la navigation de la mer de la Chine, par James Horsburgh, traduites par M. Predour, Lieutenant de vaisseau. 1824. Instruction nautique sur le canal de Mozambique, par le même, traduite par M. Nonay, Lieutenant de vaisseau. 1824.

**) Malte-Brun. Précis de Géographie universelle, Tome II, p. 338.

sich die Seeleute in dieser Beziehung nicht mehr irren; denn das, durch den Stoß der Grundwellen an steilen Wänden hervorgebrachte, Brechen der Wellen ist sehr verschieden von jeder andern Art der Brechung. Das Wasser erhebt sich vertikal und bildet eine schäumende Masse, ungefähr in der Gestalt eines Blumenkohls, fällt in sich selbst zurück, oder verbreitet sich hell schäumend über die Klippen, welche nach der Richtung der Wellenbewegung hinter der steilen Wand liegen; es gibt nur eine Wellenbewegung nach einer einzigen Richtung; die stärksten Wellen erblickt man vor der steilen Wand. Das Brechen der, gegen einander zusammenstoßenden, Grundwellen aber, wenn nämlich keine Untiefe vorhanden ist, befindet sich, obgleich sich eine ähnliche schäumende Masse zeigt, zwischen zwei Wellenbewegungen, die in entgegengesetzten Richtungen vorrücken. — Was das Brechen der Wellen durch die Bewegung zweier Strömungen anlangt, so geschieht dieß nur bei geringer Erhebung des Wassers, und es erzeugen sich Wirbel, welche den Strömungen, die sie hervorgebracht haben, folgen.

141. Wir haben gesehen (92), daß unter den gegen das Ufer laufenden Wellen der Meeresoberfläche sich fast immer Grundwellen befinden, weil es fast immer im Grunde des Meeres steile Absätze gibt, welche sie hervorbringen. Diese Grundwellen häufen, indem sie unaufhörlich gegen den Strand steigen, dort, bei stürmischer See, eine bedeutende Wassermasse an, wodurch das Meer längs der Küste nothwendiger Weise höher steigt und gezwungen wird, sich um Vieles weiter auszubreiten, als zur Zeit der Windstille. Bei den großen Fluten der Syzigien sind die Grundwellen häufiger, voluminöser, und von einer viel größeren Geschwindigkeit getrieben, als sonst, weil die bedeutende Wassermasse und die Kraft des Windes gleichmäßig dazu beitragen, große Wellen hervorzubringen. Die, durch die Grundwellen an das Ufer

geführte Wassermenge ist sehr bedeutend, und das Meer steigt dort weit höher, als es durch die bloße Wirkung der Winde stiege, wenn diese nämlich allein, und ohne Beihülfe der durch sie erregten Grundwellen, die Bewegung der Wassermasse veranlassen könnten. Auf diese Art muß das Meer unter denselben Umständen sich an einem sanften Strande höher erheben, als an einem steilen Ufer, wo Tiefe genug vorhanden ist, um keine Grundwellen zuzulassen.

142. Diese Anhäufung des Wassers der Grundwellen am Strande, und vorzüglich in den Buchten, giebt nothwendig zu Strömungen Veranlassung, welche, in Folge des Gefälls-Unterschiedes, durch das der See wieder zulaufende Wasser gebildet werden.

Dieser Ursache konnte man bisher, weil man sie nicht kannte, auch nicht die von ihr herrührenden zufälligen Strömungen zuschreiben.

Sechstes Kapitel.

Von dem Toben des Meeres bei ruhiger Luft und von der Springflut in Flüssen:

1. Von dem Toben des Meeres bei ruhiger Luft.

143. Diese höchst merkwürdige Erscheinung in dem Meere der Antillen ist, in Beziehung auf den Anblick, den sie gewährt, sehr gut beschrieben worden; aber man hat nicht erklärt, wodurch sie hervorgebracht wird.

144. Das Toben des Meeres bei ruhiger Luft, von den Franzosen ras de marée genannt, ist eine sehr heftige Wellenbewegung des Meeres, ohne daß der Wind, dort, wo sie Statt findet, die Ursache davon zu sein scheint.

145. Wenn dieses Toben auf der Rhede von St. Pierre de la Martinique sehr heftig ist, so scheint das Meer, von der Stadt aus gesehen, ruhig und stille zu sein, man kann die großen Wellenbewegungen der Oberfläche nur nach dem Schwanken der Schiffe beurtheilen, welche gezwungen sind, sich jener Bewegung zu überlassen; aber obgleich kein Wind bläst, so sieht es nahe am Ufer nicht eben so aus. Wellen von ungeheuerer Größe schreiten, stets wachsend, gegen den Strand, und brechen sich daselbst mit einem außerordentlichen Getöse*).

146. Bis jetzt kannte man die Ursache dieser Erscheinung nicht, und Alles, was man davon wußte, ist: daß die Orkane und bedeutenden Windstöße von Guadeloupe ein solches Toben des Meeres auf Martinique, und umgekehrt wieder, die Orkane und Windstöße von Martinique ein Toben des Meeres auf Guadeloupe veranlassen.

147. Meine Theorie der Grundwellen erkläret dieß vollständig. Die, von einem Orkane bei Guadeloupe erregten gigantischen Wogen pflanzen sich in die offene See fort, und schreiten bei hinlänglicher Meerestiefe ungestört vorwärts, indem sie nur allmählig schwächer werden, je nachdem sie sich von dem Orte entfernen, wo sie hervorgebracht worden sind. Wenn sie vor der Insel Martinique anlangen, also eine so große Distanz durchlaufen haben, sind sie bereits viel kleiner und vorzüglich viel niedriger geworden; ihre geringe Wölbung macht die Unebenheiten der Meeresoberfläche fast unmerklich, und die See scheint ruhig zu sein. So schwach auch diese Wellen geworden sein mögen, sie haben doch noch sehr große Ausmaße, und bilden, nachdem sie bei ihrem Anlangen auf der Rhede den steilen Absätzen des sich erhebenden Meeresgrundes begegneten,

---

*) Description nautique des côtes de la Martinique, par M. P. Monnier, Ingénieur hydrographe 1828.

an diesen Wänden verhältnißmäßig auch Grundwellen von außerordentlicher Größe (92). Durch die gähe Wirkung des abhängigen Grundes und die steilen Wände nehmen diese Wellen beim Anlaufen gegen das Ufer eine immer mehr verkürzte Gestalt an, ihre Höhe vergrößert sich schnell, und sie tragen wieder dazu bei, daß die Wogen, durch welche sie gebildet und herangebracht wurden, an Größe zunehmen. Auf diese Art geschieht es, daß die Wellen, welche in der offenen See sich so wenig erhoben, bei ihrer Ankunft am Strande durch ihre Höhe um so mehr Erstaunen erregen, als man die Ursache nicht wahrnimmt, wodurch der Uebergang von der anscheinenden Ruhe der offenen See zum wüthenden Toben am Ufer vermittelt wird, ein Toben, welches aber nur dann sich zeigt, wenn Grundwellen vorhanden sind. Es ist natürlich, daß die ungeheuren Grundwellen am Ufer selbst sich kräuselnd aufrollen und schäumende Wasserberge bilden, die mit großem Getöse sich brechen.

148. Der Unfall, welcher den Schutzdamm von St. Jean de Luz traf (135), ist wahrscheinlich auch die Folge eines solchen Tobens am Ufer gewesen. Irgend ein heftiger Windstoß, welcher das Meer zwischen dem gasconischen Meerbusen und der Spitze von Grönland in einer großen Entfernung von den Küsten Frankreichs traf, verursachte eine große Erregung desselben, deren Wirkungen aber nirgends bedeutender waren, als zu St. Jean de Luz, weil dieser Punkt sich im Hintergrunde eines Busens befindet, wo sich die Grundwellen concentriren konnten (116).

149. Die Erscheinung des Tobens am Ufer bei ruhiger Luft ist an verschiedenen Orten bekannt; man hat sie an den Küsten von Caracas und von Guyana, dann auch unter den hohen Breiten der Nordmeere bemerkt. Sie ist so gefährlich, daß man den Schiffern vorschreibt, zu der Zeit, wo sie sich zu zeigen pflegt, die Rhede zu verlassen und die offene See zu gewinnen.

150. Man sagt, daß sie auch an den Küsten des Kanals la Manche vorkomme, und nennt jene von Honfleur, Herpin und Portland, aber dieß ist nicht dieselbe Erscheinung, wie in dem antillischen Meere; denn sie wird durch die Schnelligkeit des Flutstromes im beengten Raume und durch seichten Meeresgrund hervor gebracht.

151. Die Stöße eines Erdbebens unter dem Meere, wodurch ungeheure Wogen erregt werden, können auch Veranlassung dazu geben, daß sich an den Küsten, wohin die Wellen auslaufen, ein Toben bei ruhiger Luft erzeuge; aber man darf deßwegen nicht jede, durch ein Erdbeben an der Küste veranlaßte Meeresbewegung, wo das Wasser plötzlich vom Ufer zurücktritt und stürmend sich wieder gegen das Land wirft, dafür halten. Denn dieß ist oft nichts Anderes, als die Folge davon, das eine bedeutende, von ihrer Stelle gerückte Wassermasse, hin und her schwankt, um sich wieder in das Gleichgewicht zu setzen. Ein ähnliches Anströmen des Wassers gegen das Ufer, aber doch auch eine, von dem in diesem Kapitel abgehandelten Phänomen ganz verschiedene Erscheinung, könnte durch die heftige Explosion eines mit Pulver beladenen Schiffes, oder eines Meteors hervorgebracht werden.

2. Von der Springflut in Flüssen.

152. Sie ist eine ganz besondere Wellenbewegung, welche in vielen Flüssen der Ankunft der Flut vorausgeht. Dieses eigenthümliche Phänomen heißt in der Dordogne, Mascaret, in dem Amazonen-Strome the rollers (die Walzen, die Cylinder), die Indier nennen sie Pororoca*);

---

*) Voyage de la Condamine. Instructions nautiques sur la côte de la Guyane française, par M. Lartique 1837. Malte-Brun, Précis de géographie; t. 5. p. 669.

in dem Flusse Hoogly, einem Arme des Ganges, wird sie Bore genannt *), sie ist unter dem Namen Barre (Wasserwand) beim Zusammenflusse des Tigris und Euphrats, in der Seine und in mehreren anderen Flüssen, wo sie, wenn auch nur schwach bemerkt wird, bekannt.

153. Die Springflut besteht aus zwei, drei, manchmal auch aus vier sehr hohen, sehr kurzen und sehr schnellen Wellenreihen, welche die ganze Breite des Flusses einnehmen, eine bedeutende Strecke in seinem Bette sich aufwärts bewegen, zuweilen an ihren Gipfeln schäumen, Alles, was ihnen begegnet, niederwerfen, und ein erschreckliches Getöse hören lassen.

154. Der Pororoca im Amazonen-Strome und der Bore im Hoogly sind die zwei fürchterlichsten Erscheinungen dieser Art; sie erheben sich 12 bis 15 Fuß hoch, und kündigen sich schon auf mehr als zwei Lieues Entfernung durch ihr Gebrüll an. Der Mascaret in der Dordogne erhebt sich nur 5 bis 6 Fuß hoch. In Europa kennt man keine größere Springflut.

155. Die Geschwindigkeit des Pororoca ist so groß, daß das Meer, anstatt durch sechs Stunden zu steigen, nur eine oder zwei Minuten braucht, um zu seiner größten Höhe zu gelangen. Der Mascaret der Dordogne durchläuft im Flußbette eine Strecke von ungefähr 2 Lieues von St. Pardon bis Libourne, in 33 oder 84 Minuten, was einer mittlern Geschwindigkeit von 4,5 Metre (13—14 Fuß) in der Sekunde entspricht. Diese Geschwindigkeit ist aber noch viel kleiner, als jene der Wellen von Royan nach Bordeaux,

---

*) Instructions nautiques sur le port de Bombay et ses environs, les îles Laquidives et Maldives, la rivière de Calcutta et la baie du Bengale, traduites de l'anglais d'Horsburgh, par M. Nonay, Lieutenant de vaisseau 1827.

welche nach **Brémontier's** Beobachtung im Mittel 7,65 Metre per Sekunde beträgt (23 Fuß).

156. Man hat sich bemüht, die Ursache dieser Springflut zu ergründen. **Brémontier** glaubte, daß die Flut sich in lauter dünnen, über einander wegfließenden Lagen erhebe, und daß, in Folge der größeren Geschwindigkeit der oberen Schichten, alle zusammen zugleich, in einem Punkte anlangten, und durch ihr Zusammentreffen die Springflut gebildet würde. Andere haben sich begnügt zu sagen, daß diese Erscheinung daher rühre, daß der an der Ausmündung des Flusses längere Zeit zurückgehaltene Flußstrom endlich eine größere Gewalt erlange, und mit bedeutender Geschwindigkeit das Wasser im Flußbette aufwärts führe. Wenn aber die Flut nur unter solchen Umständen in den Fluß eindränge, so würde sie, so reißend auch ihr Strom sein mag, sich doch nur wie eine große Spühlung in einem Kanale ausbreiten können.

Diese Meinung gehört dem Herrn **Bibone**, welcher das Phänomen durch seine Theorie der Widerströme zu erklären versuchte*). Aber seine Erklärung scheint mir nicht richtig und erschöpfend, denn, indem er die Springflut als ein Zurückdrücken des Flußwassers durch das Meer betrachtet, gibt er keineswegs die Ursache jener hohen Wellen oder Wasserhügel an, welche zu gewissen Zeiten der steigenden Flut vorangehen. Diese Hügelchen sind nach ihrer Gestalt sehr verschieden von jenen abgetreppten Wirbeln, welche Herr **Bibone** durch allmählige Anschwellungen, deren Oberflächen zwar stufenartig, aber an ihren Rändern stets ganz glatt sich bildeten, erhalten hat. Es ist übrigens noch zu bemerken, daß die Wirbel oder Anschwellungen, welche Herr **Bibone** bei seinen Versuchen hervorbrachte, von der plötzlichen Unterbre-

---

*) Expériences sur la propagation des remous, déjà citées.

chung einer Strömung, indem er eine Schütze schnell herabließ, herrühren, während das Hinderniß, welches das steigende Meer dem Laufe des Flusses entgegengesetzt, nicht plötzlich, und eben so wenig absatzweise und stoßweise wirkt. Ferner ist es nicht ausgemacht, daß der Fluß unterhalb der Wässer des steigenden Meeres, welche sich in entgegengesetzter Richtung ausbreiten, zu strömen aufhört. Die Theorie der Wirbel reicht demnach nicht aus, es muß noch eine andere Ursache geben, wodurch jene Vorläufer des hohen Meeres gebildet werden, welche die Springflut charakterisiren, und das Phänomen so erstaunenswürdig machen. Diese Ursache ist die Bewegung der Grundwellen, deren Theorie die Frage vollkommen beantwortet.

157. Das, anfänglich durch die Strömung des Flusses zurückgehaltene, steigende Meer versammelt an der Mündung eine große Wassermenge, deren bedeutende Wellen bis zu einer ansehnlichen Tiefe ihre Bewegung fortpflanzen, und große Grundwellen veranlassen. Sobald das Meer hinlängliche Höhe erlangt hat, fängt die Flut an, in den Fluß einzulaufen, die Oberfläche des Wassers bildet eine lange abhängige Fläche, welche das Niveau der hohen See mit der Oberfläche des Flusses vereinigt, und weil die Wellen gewöhnlich eine größere Geschwindigkeit haben, als die Strömung, auf welcher sie sich befinden (7), so laufen die großen Wellen der Flut voran, und ihre Grundwellen bringen zu gleicher Zeit, wenn das Bett kein Hinderniß entgegensetzet, in den Fluß ein. Das Wasser des Flusses fügt sich den Formen der von der See herkommenden Wellen, und gestattet auf diese Art den Grundwellen, in seinem eigenen Bette, unter sich einen Durchgang. So lange die Grundwellen eine zulängliche Wassermasse über sich haben, stören sie die Wellen der Oberfläche nicht im Geringsten; wenn sie aber mit den Wellen, unter welchen sie sich befinden, im Strome endlich auf jenen

Punkt gelangen, wo die Oberfläche der Flut in jene des Flusses übergeht, so finden sie nicht mehr eine solche Wassermasse, die im Stande wäre, sie zusammen zu halten; sie verursachen eine Erhöhung der oberen Wellen, indem sie selbst durch den Druck der in Schwingung befindlichen Flutmasse, und durch den Widerstand des Flußwassers sich in die Höhe zu strecken gezwungen sind. Daburch erlangen die ersten Wellen auf der, von der Fluthöhe zum Wasserspiegel des Flusses abhängigen Fläche eine Höhe, welche sie um so fürchterlicher macht, je größer die Geschwindigkeit der Wellen, und jene des Flusses ist. Das hohe Meer gestattet aber nur den ersten Grundwellen, die Springflut hervorzubringen, denn die Menge des Wassers lastet auf den folgenden, und erhält sie in ihrer gewöhnlichen Gestalt, wodurch sie dem Anblick entzogen werden.

158. Der Pororoca und der Bore unterscheiden sich von dem Mascaret der Dordogne nur dadurch, daß die Masse der in den Amazonen-Strom und in den Hoogly gelangenden Grundwellen viel bedeutender ist, und daß die, von den gigantischen Wogen der Flut in jenen Seegegenden herangetriebenen Grundwellen, nebst einer ungeheuren Geschwindigkeit, eine ohne Vergleich größere Wuth zeigen. Die Wirkung der Grundwellen, bei der Bildung des Mascaret, des Pororoca und des Bore ist übrigens ganz dieselbe, als wenn sie mit ihren Wellen gegen den Strand liefen, oder wie bei dem Toben des Meeres am Ufer, bei ruhiger Luft (ras de marée). Ich habe oft in dem kleinen Hafenkanale von St. Jean de Luz die Wirkung der ersten, durch das steigende Meer herbeigeführten Grundwellen beobachtet. Sie bringen so lange, bis das Meer hoch genug wird, damit die in dem Kanale anlangenden Wellen Wasser genug finden, um nicht durch die Grundwellen in ihrer Gestalt verändert zu werden, eine Aufeinanderfolge von Hügelchen hervor, welche jenen des Mascarets vollkommen gleichen.

105

159. Die Figur 39 gibt das nach dem Augenmaß gezeichnete Profil des Mascarets der Dordogne nach der Achse des Flusses. PQ ist das Flußbett, AB das Niveau der Oberfläche, H eine Welle im Flusse; O'C'D' ist das Niveau des steigenden Meeres für den, durch die Figur dargestellten Zeitmoment; OCD sind Wellen an der Meeresoberfläche, welche diesem Niveau entsprechen; ocd sind die dazu gehörigen Grundwellen; die Kurve D'E'F'G'B' zeigt, wie das Niveau des steigenden Meeres sich mit dem Wasserspiegel des Flusses vereinigt, doch nur für den Fall, daß keine Wellenbewegung Statt findet; EFG sind drei auf dieser Vereinigungsfläche gebildete Wellen, sie sind durch die Grundwellen efg empor gehoben, und bilden den Mascaret. Die erste G ist am meisten über den Wasserspiegel des Flusses AB erhoben, denn ihre Grundwelle g wirkt verhältnißmäßig mit der größten Kraft, weil sie die geringste Wassermasse über sich hat, den Widerstand der Strömung unmittelbar empfindet, und beim Vorwärtsschreiten auch die Grundwellen des Flusses, wie jene h aufnimmt. Die Höhe der andern Wellen des Mascarets FE nehmen in Beziehung auf die Oberfläche der ihnen vorhergehenden Wellenthäler, in dem Maße ab, als die Wasserhöhe zunimmt, weil die Grundwellen f und e um so weniger Höhe erlangen können, als über ihnen eine größere Wassermasse liegt. Endlich bemerkt man an der Stelle D, welche durch ein viertes Hügelchen des Mascarets, wie es öfter geschieht, eingenommen werden könnte, nur eine gewöhnliche Welle, weil die dazu gehörige Grundwelle nicht Kraft genug hat, sie zu erheben.

160. Die oben gegebene Erklärung der Springflut in Flüssen scheint um so richtiger zu sein, als sie gleichmäßig über alle Einzelnheiten der Erscheinung hinlänglichen Aufschluß gibt. So hat man bemerkt, daß der Mascaret der Dordogne auf dem größten Theile der Länge seines Laufes

nur glatte Wellen zeigt, wenn er aber über Sandbänke hinweg gehet, so brechen sich seine Wellen, und scheinen an ihrer vordern Seite überzuhängen. Es ist klar, daß diese Wirkung von den Grundwellen herrührt, die, indem sie gegen den seichten Boden ansteigen, sich schnell erheben, und die Wellen brechen machen.

Wenn der Mascaret zum Beispiele über die Sand- oder Felsenbank prq gehet, so erheben sich die Grundwellen fg zur Höhe $f''g''$, und die Wellen FG der Springflut zur Form $F''G''$. Die letzte bricht sich an ihrem Gipfel mit Ungestüm.

161. Man hat wahrgenommen, daß die Springflut auch Steine empor wirft. Diese werden vom Grunde des Flusses durch die Grundwellen an den steilen Bänken empor gerissen, die ihnen mitgetheilte Geschwindigkeit erhebt sie bis in die Wellen der Springflut, und von diesen werden sie durch die Bahnbewegung der Wassertheilchen, so wie von einer Schleuder, in die Höhe getrieben, eine Erscheinung, welche am Ufer des Meeres oft Statt hat, wenn sich während eines Sturmes die Wellen mit Heftigkeit brechen. Ich habe zuweilen gesehen, daß ein ganzer Flug von Kieseln, in der Größe eines Balles, so wie aus einem Steinmörser, durch emporspritzende Wassergarben geschleudert wurde.

162. Man hat ferner bemerkt, daß die Springflut bald in der Mitte des Flusses höher sei, als an den Ufern, bald gänzlich die Ufer verlasse, um sich im Stromstriche zu zeigen, bald endlich in einigen Theilen des Flusses, im Gegentheile, wieder am Ufer bedeutender sei, als in der Mitte. Die Ursache davon liegt darin, daß die Wellen über einem sanften und seichten Abhange weniger groß werden, als dort, wo eine große Wassertiefe Statt findet (89), und daß die über die ganze Breite des Flusses sich ausdehnenden Grundwellen nothwendiger Weise in der Mitte des Stromes, dort wo die größten

Wellen sind, ein viel größeres Volumen haben, und die Wellen der Springflut mehr empor heben, als an den Ufern, wo die Wellenbewegungen schon sehr geschwächt, und ihre Grundwellen so unbedeutend geworden sind, daß ihre Wirkung beinahe völlig verschwindet. Wenn aber der Fluß steile Ufer und ungefähr eine gleiche Tiefe in seiner ganzen Breite hat, und es finden sich nahe am Ufer gäh sich erhebende Bänke, deren Ausdehnung den Stromstrich nicht erreicht, so wird die Springflut am Ufer, so wie bei Begegnung von was immer für einer Erhöhung des Grundes, empor gehoben, ja selbst gebrochen, während in der Mitte des Flusses gar keine Veränderung merkbar ist. Wenn endlich die Richtung des Flusses sich plötzlich verändert, und die Springflut, statt perpendikulär auf die Axe desselben, in einer schiefen Linie vorwärts schreitet, so kann sie an dem getroffenen Ufer sehr heftig werden, denn sie hat das Bestreben, an demselben hinauf zu steigen und sich zu brechen, wie die gegen den Strand laufenden Wellen (103).

163. Das Phänomen der Springflut ist nicht das ganze Jahr hindurch wahrzunehmen, auch selbst nicht alle Tage in jener Zeit, wo sie sich gewöhnlich zu zeigen pflegt, denn es gehört dazu, daß das Meer durch hinlänglich starke Wellen erregt sei. Ungefähr zur Zeit der Frühlingsnachtgleiche sammelt sich durch das Schmelzen des Schnees in der **Dordogne** eine so große Wassermasse, daß die von der Undulation des steigenden Meeres herbei geführten Grundwellen im Flußbette unter der Niveauvereinigungsfläche $D'E'F'G'B'$ fortrücken können, ohne die Gestalt der über ihnen befindlichen Wellen merkbar zu ändern; es findet dann kein **Mascaret** Statt. Zu andern Zeiten, wenn der Fluß wenig Wasser führet, und die Vereinigungsfläche mehr Gefälle hat, wirken die Grundwellen, so wie ich es beschrieben habe (159). Auch ist es nothwendig, daß das Meer eine hinlängliche Höhe erreiche, damit seine Wellen und Grundwellen stark genug werden

können. Dieß trifft nur in den Tagen der Meeresspringflut zu, an welchen sich auch der Mascaret am lebhaftesten zeigt; zur Zeit des kleinen Meeres ist er selten bemerklich. Vorzüglich bei den Fluten, während der Syzygien ist er am besten wahrzunehmen, weil zu diesen Zeiten der Fluß sehr klein ist, das Meer aber zu seiner größten Höhe steigt, die Grundwellen daher verhältnißmäßig mit mehr Kraft wirken können. Der Mascaret wird dann sehr fürchterlich und unglückbringend für Jeden, der ihm begegnet. Die vordere Seite seiner ersten Welle ist sehr hoch und sehr steil, und es wird Alles, was ihm entgegenkommt, umgestürzt und untergetaucht. Die Schiffer auf der Dordogne sind sehr besorgt, sich ihm nicht auszusetzen, und wenn sie zufälliger Weise von ihm überrascht werden, so eilen sie, eines der Ufer zu gewinnen, wo zu diesen Zeiten der Mascaret weniger heftig ist, und wenden ihm das Vordertheil des Fahrzeuges zu, welches unfehlbar verloren wäre, wenn der Mascaret es von der Seite ergreift.

164. Man sieht daher, daß der Mascaret sich nur dann zeigt, wenn die Höhe des Meeres und die Kraft der Wellen zur Hervorbringung der Grundwellen günstig sind, und wenn zugleich die niedrigen Flußwässer es gestatten, daß die Grundwellen auf jene der Oberfläche einwirken, was wohl einen Beweis gibt, daß die Grundwellen die wahre Ursache des Mascarets seien.

165. Man könnte wohl fragen, warum der Mascaret in der Dordogne, aber weder in der Gironde, noch in der Garonne, welche doch, auf den ersten Anblick, eine gleiche Lage haben, Statt finde. Mir scheint, daß die, in die Gironde einbringenden, Grundwellen in derselben genug Wasser finden, um unter der Wellenschwingung des Flusses unbemerkt fortzurücken. In der Dordogne finden sie weniger Wasser, und sind bei ihrer großen Kraft im Stande, den Mascaret hervorzubringen; in der Garonne werden sie entweder durch die

Wassermenge zusammengetrückt und durch die Lage der Inseln an der Landspitze von Ambös geschwächt, oder sie zerstreuen sich hinter diesem Punkte in irgend einer großen Wassertiefe. Es scheint, daß sich der Mascaret einst auch in der Garonne gezeigt habe; einige, in seinem Flußbette vorgegangene Veränderungen haben ihn verschwinden gemacht. Es fehlt uns zwar an hinlänglichen Beobachtungen über diesen Gegenstand, aber dieses Verschwinden bestätiget unter andern auch die Richtigkeit der von mir gegebenen Erklärung; denn wenn das Phänomen von der Wirkung der Flut an der Oberfläche abhinge, so hätte es, weil in dieser Beziehung keine Veränderung vorgegangen ist, die nicht eben so gut auf die Dordogne als auf die Garonne Einfluß gehabt hätte, auch in der Dordogne verschwinden müssen.

166. Man berichtet, daß in dem Hoogly-Strome der Bore nur an seichten Stellen gefährlich sei, und daß ein, auch noch so schwaches, Fahrzeug an einer Stelle, wo sich eine große Tiefe befindet, von ihm nichts zu befürchten habe, während es an einer seichten Stelle ganz sicher zu Grunde gehe *). Diese Thatsache beweiset auch, daß der Bore, so wie der Mascaret nur von der Wirkung der Grundwellen herrühre. Horsburgh schreibt diese Erscheinung dem zu, daß bei großen Tiefen, die Wellen nicht auslaufen können, aber es wirket dabei durchaus keine Art von Auslaufen der Wellen (deferlement), und das, was Horsburgh dafür ansieht, ist nur Wirkung der Grundwellen. In dem Hoogly-Strome, so wie in allen andern Wässern, dehnen sich die Grundwellen, wenn sie mit großer Geschwindigkeit an steilen Wänden oder an Abhängen eines seichten Grundes empor steigen, in die Höhe, erheben die über ihnen liegenden Wellen und werden selbst außerordentlich ungestüm; sobald sie aber, darüber hinaus, wieder in

---

*) Instructions nautiques sur le port de Bombay, déjà cit.

eine große oder wenigstens der Wellenschwingung angemessene Tiefe kommen, so verlieren sie sich in der Wassermasse (98) und wirken nicht mehr auf die oberen Wellen. Daher kommt es, daß sie an seichten Stellen sich heftig brechen, dort aber, wo eine große Tiefe Statt findet, keine besondere Störung der Ruhe hervorbringen. Es ist hier noch die Bemerkung hinzuzufügen, daß, wenn die Heftigkeit des Bore oder des Mascarets von irgend einer Rückwirkung des Grundes herrührte, die kleinen Fahrzeuge an seichten Stellen und über großen Tiefen in gleicher Gefahr wären, denn, im Falle durch die Rückwirkung des seichtliegenden Grundes die Wellen erhoben und gefährlich geworden sind, so ist auch die Beschaffenheit und die Kraft der Wellenschwingung völlig verändert (87); die dadurch erregten Wellen pflanzen sich, über die Seichte hinweg, auch dahin fort, wo eine bedeutende Tiefe Statt findet, und die gefährliche Wellenschwingung verbreitet sich auf eine große Ausdehnung; doch durch die Grundwellen wird die Oberfläche des Wassers zwar bewegt, aber keineswegs die Stärke und Beschaffenheit der obern Schwingungen verändert. Indem die Grundwellen über eine Seichte fortrücken, wölbt sich die Oberfläche nach ihnen; gelangen sie hingegen wieder in eine größere Tiefe, so zerstreuen sie sich in der Wassermasse, und diese setzt ihre natürliche Undulation ungestört fort.

167. Schließlich scheinet mir eine Thatsache keinen Zweifel zuzulassen, daß der Mascaret, der Pororoca und der Bore von den Grundwellen herrühren, und diese ist: daß nämlich diese Erscheinung sich nicht in solchen Flüssen zeigt, die an ihrer Mündung eine hinlänglich hohe Anhäufung von Sand oder solche Felsenbänke haben, wodurch die Grundwellen gänzlich zurückgehalten werden, endlich auch nicht in solchen, die bis weit ins Meer hinein sehr tief sind. Deßwegen gibt es in dem Abour, der an der Mündung durch eine Sandanhäufung, wo die Grundwellen sich unaufhörlich brechen, verlegt

ist, keinen Mascaret, eben so wenig in der Charente, die viel zu tief ist, als daß die Grundwellen eine merkliche Wirkung auf die Oberfläche haben könnten. Dem zu Folge gelangen die Wellen zwar in diese Flüsse, aber ohne Grundwellen unter sich mitzuführen.

Siebentes Kapitel.
Von den Anhägerungen.

168. Man begreift leicht, wie Schlamm, Sand und selbst Steine, von den Flüssen fortgeschleppt, in die See gelangen, und dort entweder von den Ufer-Strömungen hin und her getrieben, oder von den Abgründen des Meeresbodens verschlungen werden. Was aber mit jenen Trümmern geschieht, die das Meer ohne Unterlaß von seinen steilen Ufern ablöset, und wie es geschieht, daß Sand, welcher nicht von den anliegenden Küsten herkommt, sich oft in ungeheuren Mengen an denselben sammelt, und Dünen, das ist: weite Sand-Gestade, bildet, und die Häfen anfüllt, dieß ist nicht so leicht erklärlich.

169. Bis jetzt hat man diese Ansandungen dem Flutstrome und den Uferströmungen zugeschrieben. Der Zweck dieses Kapitels ist, ersichtlich zu machen, daß die Strömungen an den Anhägerungen weniger Antheil haben, als man glaubte, und daß die Hauptursache derselben die Grundwellen seien.

1. Anhägerungen an den Gestaden, Dünen.

170. Die an den Fuß eines steilen Strandes anschlagenden Grundwellen unterwaschen und zerstören ihn von unten,

bis er endlich einstürzt. Durch die wechselweise Bewegung der Grundwellen und des vom Strande zurücklaufenden Wassers (108) werden die Trümmer hin und her geworfen, sie stoßen an einander, und ihre Härte mag sein, welche sie immer wolle, so reiben und runden sie sich ab. Nach Beschaffenheit des Felsens entstehen hierdurch Geschiebe, Sand oder Schlamm. Wenn der Flutstrom mit der Linie des angegriffenen Ufers parallel vorwärts schreitet, so kann er wohl die Trümmer in den Hintergrund der Buchten treiben. Läuft er jedoch senkrecht gegen das Ufer, so bleibt das Material an der Stelle, wo es entstand. Die Ebbe allein kann die sein zermalmten Massen mit sich nehmen und den Uferströmungen zuführen, während sie jedoch zu gleicher Zeit, den von den Wellen gegen das Ufer gebrachten Sand und anderes Material auch zurückrollen macht, so daß also die Wirkung des Flutstromes zum größten Theile durch jene des Ebbestromes aufgehoben wird, und mit Ausnahme dessen, was die trüben Hochwässer am Ufer absetzen, die durch den Flutstrom herbeigeführten Elemente der Anhäuferung nur sehr unbedeutend sein können. Nichts desto weniger sieht man ausgedehnte Ansandungen auch an jenen Meeren, welche, wie das mittelländische Meer, keine merkbare Flut haben. Was das Verschwinden der von den Gestaden herrührenden Trümmer anlangt, so kommt dieß vorzüglich daher, daß die, bei den unaufhörlichen Zermalmungen abfallenden, sehr feinen Theilchen sich im Wasser schwebend erhalten, und indem sie es trüben, von diesem mit der Ebbe in flutende Meere geführt werden.

171. In Betreff der Strömungen und Gegenströmungen am Ufer, deren Hauptrichtung stets beiläufig parallel mit dem Lande ist, kann man nicht zweifeln, daß sie die zerkleinerten Körper, welche sie an den vorspringenden Punkten der Küste antreffen, oder welche ihnen durch die Flüsse oder auch durch die Ebbe zugeführt werden, mit sich reißen, und daß diese

Strömungen auf ihrem Wege, je nachdem sich die Körper längere oder kürzere Zeit schwebend erhalten, verschiedene Ablagerungen bilden. Alle Autoren, welche über die Ansandungen geschrieben haben *), glauben unter Anderem, daß die Uferströmungen auch den Schlamm und Sand vom Grunde des Meeres gegen das Ufer brächten, und dieß eben kann nicht zugegeben werden; denn, obgleich die Geschwindigkeit des Wassers an beiden Seiten der Strömung sehr gering ist, und der in schiefer Richtung gegen das Ufer getriebene Sand dort liegen bleiben kann, so gibt es doch in den Strömungen, sie mögen sich wenden, wie sie wollen, keine auf ihre Richtung perpendikuläre Kraft, wodurch der Sand immer nach einer und derselben Seite, und selbst auf große Entfernungen, dahin geführt werden könnte, wo ihre Wirkung gänzlich aufgehört hat.

172. Dieselben Schriftsteller geben zu, daß das an den Ufern abgesetzte Material nur dann empor gehoben werde, wenn die Wogen Kraft genug haben, um ihre Wirkung bis zum Grunde des Meeres fortzupflanzen. Aber die bloße Wellenschwingung bringt keine wirklich fortrückende Bewegung hervor (6), sie kann daher die Elemente der Anhägerung, von welchen das Wasser getrübt ist, nicht an das Ufer bringen, und die Ablagerungen würden, nachdem die Wellen beruhigt sind, nur auf dem Zuge der Uferströmungen Statt finden. Die Anhägerungen, deren schnelles Anwachsen man sich sonst nicht erklären könnte, müssen daher durch andere Kräfte an das Ufer gebracht werden. Diese Kräfte sind die Grundwellen, welche während des Sturmes auf der hohen See in bedeutenden Tiefen gebildet werden, den Meeresgrund, über welchen

---

*) Der Pater Castelli, der Astronom Gemini Montanari und nach ihnen die Ingenieurs Groignard, Mercadier, Frémond de la Merveillère, der General Andreossy ɪc.

sie hinweggehen, aufwühlen, und sich mit dem davon losgerissenen, oder auch mit jenem Materiale beladen, das durch die Wellenbewegung empor gehoben wurde, und im Wasser schwebend nunmehr mitgerissen wird.

173. Wir wissen bereits, daß die Strömungen keineswegs durch die Bewegung der Grundwellen gestört werden (157), sie geben bloß der Gestalt dieser letztern, so wie überhaupt der Wellenform nach, und weil die Grundwellen, so wie die anderen, nothwendig erst am Ufer auslaufen, so durchbricht der Sand mit den Grundwellen, welche ihn enthalten und an das Ufer führen, ohne Anstand den Zug der Strömungen; eine sehr merkwürdige Thatsache, welche vollkommenen Aufschluß über die Anhägerungen gibt, und eine richtige Theorie hiervon darbietet.

174. Der auf diese Art von den Grundwellen mitgeführte Sand bleibt am Strande liegen, weil das Wasser ihn fallen läßt, sobald die auslaufenden Grundwellen ihre Dicke und Geschwindigkeit verlieren, und vom Strande wieder zurückkehren. Die Versickerung des letzten Theiles einer zurückkehrenden Welle läßt den Sand gleichsam trocken liegen, neue anlaufende Grundwellen stoßen ihn höher hinauf, und auf diese Art werden die feinsten und leichtesten Theilchen am weitesten fortgetrieben, und an den am meisten erhöhten Punkten des Strandes angehäuft. Sobald sie durch die Sonne ganz trocken geworden sind, nimmt sie der Wind mit und läßt sie anderswo wieder fallen, wodurch sich die Dünen bilden. Die Grundwellen geben also das Material zu den Dünen, welche gewöhnlich längs dem Strande sich vorfinden, her, und sie sind es auch, welche aus dem Meere den Sand zu den ungeheuren afrikanischen Wüsten und zu anderen Ebenen an verschiedenen Punkten der Erdoberfläche brachten.

175. Herr E. Jomard hat über die Bildung der Ansandungen des Nil-Delta's Beobachtungen angestellt, welche

mit dem übereinstimmen, was hier aus der Theorie der Grundwellen, in Beziehung auf die Anhägerungen, abgeleitet wurde *). Die Bewohner der Sandküsten der Gascogne, welche
weder die Entstehungsweise noch die Natur der Grundwellen
kennen, sagen: das vom Grunde des Meeres aufsteigende Wasser bringe ihnen den Sand ihrer Dünen**); sie sehen wirklich
unter den schäumend anrollenden und sich am Strande brechenden Wellen jene Wassermasse hervorbrechen, welche den Sand
enthält (103).

176. Man bemerkt zur Zeit der Ebbe an einem, aus fei-
nem, selbst etwas schlammigen Sande bestehenden Strande
ganz kleine, an ihren Begrenzungen etwas empor gehobene
Absätze, welche die verschiedenen Wellenschwingungen bezeichnen. Sie werden gebildet, indem die kleinen Grundwellen
von den schwachen und letzten Wellen herbeigeführt, nach
Maßgabe, wie das Meer sich zurückzieht, auch immer weniger weit auslaufen.

---

*) „Oft," sagt Herr Jomard, „brachte ich eine ganze Stunde hin,
um die Bildung der Sandufer in ihrer Entstehung und in ihrem Fortgange zu beobachten. Ich sah, wie sich die Wellen bra-
chen, und bei ihrem Vorwärtsschreiten am Strande eine dünne,
kaum merkbare Linie eines feinen Sandes absetzten; die nachfolgenden Wellen, den Sand eben so ablagernd, wie die vorhergehenden, stießen die früher niedergelegte Sandlinie stets
etwas vorwärts, bis sie aus dem Bereich des Wassers gelangte
und, von der brennenden Sonnenhitze bald abgetrocknet, dem
Angriff des Windes Preis gegeben war. Die weniger leichten
Theile des in die Luft empor gehobenen Sandes flogen nicht
weit, aber einer beständigen Bewegung ausgesetzt, rieben sie
sich an einander ab und wurden nach und nach eben so fein, wie
die andern Theilchen." (Description de l'Egypte, Antiquités
d'Antaeopolis; t. 2. p. 22. note 4.)

**) Voyage des Landes par M. de Saint-Amans.

177. Wenn das Material aus so großen Theilchen besteht, daß sie sich nicht im Wasser schwebend erhalten können, so wird es von den Grundwellen am Boden des Meeres fortgerollt (128), und es bildet sich am Ufer eine Ablagerung, welche vom Winde nicht fortgetrieben werden kann. Diese Ablagerungen sind gewöhnlich ohne Unterbrechungen mit dem Ufer parallel, wie Dämme erhöht und abgerundet, oft auch mit Absätzen oder Stufen versehen, wovon die untersten stets zuletzt, und in Folge einer geringeren Erregung des Meeres, oder durch weniger hohe Fluten, oder von weniger heftigen Grundwellen gebildet worden sind.

178. Wenn die Grundwellen gegen steile Küsten anlaufen, so bilden sie, nachdem sie sich an der Wand erhoben haben und wieder herabgefallen sind (115), im Grunde des Meeres Strömungen gegen die offene See hin, wodurch die Geschiebe und der Sand zurückgestoßen und zuweilen, nach Beschaffenheit der gewöhnlichen Grundwellen, in großen Entfernungen niedergelegt werden. Auf diese Art sind manche, mit den Ufern parallele Bänke und seichte Gründe gebildet worden, deren Entstehung man, wenigstens was die aus Sand anlangt, der Wirkung einer Ruhe zuschrieb, die durch die Begegnung der Wellen von der offenen See her, und der vom Ufer zurückgeworfenen hervorgebracht worden sein mochte. Diese Ruhe sollte das Niedersinken des im Wasser schwebenden Sandes begünstiget haben *). Doch ist diese Bildungsweise eben so wenig bei den Sandbänken möglich, als bei jenen, welche aus Geschieben zusammengesetzt sind, die doch niemals schwebend in den Wellen sich erhalten.

179. Herr v. Buffon sagt in seiner Naturgeschichte **), daß, je steiler die Küsten sind, desto tiefer das Meer an ihrem

---

*) Frémond de la Merveillère, Memoire sur les ensablemens.
**) Tom. 1.

Fuße ist; und Herr v. Cessart *) fügt diesem noch hinzu, daß die Wirkung des Meeres auf den Grund proportional sei der Kraft der Wellen und der Höhe, bis zu welcher sie sich an der Oberfläche des Felsens erheben. Um diese Erklärung zu vervollständigen, muß man für den Fall, daß die Tiefe an dem steilen Ufer durch eine Auswaschung entstanden ist, als Ursache derselben nicht die Wellen der Oberfläche, sondern die Grundwellen angeben, denn sie sind es, welche sich an der Wand emporheben und im Herabfallen auf den Grund wirken.

180. Es läßt sich nicht zweifeln, daß es auch die Grundwellen sind, welche jene Geschiebe-Anhäufungen in den Häfen, namentlich am Canal la Manche verursachen, zu deren Hinwegschaffung man, um die Benützbarkeit des Hafens nicht einzuschränken, mit großen Unkosten Spülschleusen erbaut. Herr v. Cessart **) meldet, daß jährlich bei viertausend Kubikklafter (29 bis 30,000 Metres) Geschiebe in den Hafen von Dieppa und eben so viel in jenen von Tréport geworfen werden. Diese Geschiebe können eben so wenig im Wasser schwebend von den Wellen, als durch den Flutstrom in solcher Menge herbeigeführt werden, um sich so schnell anzuhäufen, als man es sieht; man muß hier die starke und ununterbrochene Wirkung der Grundwellen erkennen, wodurch die runden und deßwegen leicht beweglichen Geschiebe zusammen geführt werden. Man begreift jetzt, wie während der Stürme ungeheure Anhäufungen an solchen Punkten der Küste, oder in jenen Häfen sich bilden, welche in der Richtung der Wellen, oder im Durchschnittspunkte ihrer Bewegung liegen. Man begreift ferner auch, wie solche außerhalb den Häfen liegende Anhäufungen (von den Franzosen pouilliers genannt) durch spätere Stürme weggenommen und auf andere Punkte

---

*) Tome 2. pag. 15.
**) Tome 1. pages 22 et 282.

versetzt werden können; denn es ist hinreichend, daß die zuletzt wirkenden Grundwellen in einer Richtung vorwärts schreiten, die von der verschieden ist, bei welcher die Geschiebe angehäuft wurden, um diese allmählig mitzureißen, und an einer anderen Stelle wieder niederzulegen. Dieß ereignet sich oft, weil die Richtung der Wellen, folglich auch jene der Grundwellen, sehr veränderlich ist, indem sie von der Lage des Punktes abhängt, wo die Wellen erregt werden. Die von mir gegebenen Erklärungen über die Bildung der Geschiebe (170) und über ihre Fortbewegung durch die Grundwellen, berichtigen einige Punkte der von Lamblaṛdie aufgestellten Theorie, und verbreiten ein neues Licht über die Bewegung der Geschiebe, welche den Gegenstand einer Abhandlung dieses gelehrten Ingenieurs ausmacht *).

181. Durch, einander entgegengehende, Grundwellen können Bänke, ja selbst Inseln gebildet werden, indem sich die Wellen wechselseitig aufhalten (189) und einen Moment der Ruhe herbeiführen, während dessen die von ihrem Wasser mitgeführten Sandtheile und anderes Material sich ablagern. Meerengen werden auf diese Weise durch das Niederfinken des Materials ausgefüllt, und Inseln mit dem festen Lande verbunden. Malte-Brun**) erwähnt solcher an den Küsten von Dänemark vorgegangenen Veränderungen, und sicherlich haben diese keine andere Grundursache.

182. Es kommt mir sehr wahrscheinlich vor, daß die Langer, eine Art von Dämmen in Liefland***), welche

---

*) Mémoire sur les côtes de la Haute Normandie; in 4to. Le Havre 1789.
**) Précis de géographie universelle. T. II, p. 454.
***) Börger, Versuch über die Alterthümer Liefland's p. 78; De Bray, Essai historique, Tom. I, p. 77. Malte-Brun, Précis de Géographie universelle, T. VI, p. 560.

man für Monumente der alten Bewohner dieses Landes hält, und deren Entstehungsart nicht enträthselt werden konnte, in einer sehr fernen Zeit, wo die Wässer der nordischen Meere sich zwischen den Hügeln ausbreiteten, und die jetzt morastigen Ländereien bedeckten, durch Grundwellen gebildet worden seien. Man kann in der That bemerken, daß da, wo sich ein Ranger befindet, einst eine Enge gewesen sei, in welcher sich die von entgegengesetzten Punkten herkommenden Wellen begegneten, und gerade dort, wo der Ranger ist, sich wechselseitig aufhielten. Die Grundwellen mochten hier den mitgeführten Sand und die vor sich hergestoßenen Felsentrümmer liegen lassen, und bei ihrem Auslaufen (deferlement) die seichte, einer Furt ähnliche Stelle allmälig über den Wasserspiegel erhöhen. Durch die Bildung des Rangers wurde die Meeresenge in zwei Buchten getheilt, denen die Grundwellen fort und fort Schlamm und Sand zuführten, und sie endlich in Moräste verwandelten. Die Beschreibungen, welche Reisende von den Rangers gegeben haben, sind in keinem Punkte mit dieser Erklärung im Widerspruche, die topographischen Details aber machen sie sogar sehr annehmbar. Weil übrigens uns nichts den Zweck, zu welchem diese Anschüttungen gemacht worden sein konnten, andeutet, so muß man mit Malte-Brun daran zweifeln, daß sie ein Menschenwerk seien; meine Theorie der Grundwellen berechtigt mich sogar dazu, sie für ein natürliches Denkmal der Wirkung der Grundwellen, und für einen Beweis des Vorhandenseins der Nordmeere in sehr alter Zeit zu halten.

2. Von der Versandung der Häfen.

183. Ungeachtet der Geschicklichkeit und des Scharfsinnes des berühmten Marine-Ingenieur-Generals Groig-

narb*), ungeachtet der gelehrten Untersuchungen von Mercabier, Ingenieur in der Provinz Languedoc**), und jener des Genie-Hauptmanns Frémond de la Merveillère***), ist die Theorie der Sandanhägerungen ungefähr auf demselben Punkte der Unvollkommenheit stehen geblieben, wo sie der Astronom G. Montanari ließ; in der Art, daß man heute zu Tage noch über die Mittel, den Ansandungen abzuhelfen, ungewiß ist.

184. Die Theorie des G. Montanari beruht auf der Beobachtung, daß immer an der Ausmündung eines Flusses und unterhalb der Ufer- oder Gegenströmungen eine Art von Stillstand oder todtes Wasser sich befinde†), und daß der Sand sich dort anhäufe; man hat hiernach geschlossen, daß es die Ruhe des Wassers ist, welche die Ablagerung hervorbringt, und daß der, von den Strömungen mitgeführte, und nahe genug an dem stehenden Wasser vorbeigehende, Sand niederfällt, um sich dort anzusammeln. Man hat endlich in der Art und Weise der Anhägerungen an den Mündungen der Flüsse, auch das Prinzip der Hafen-Versandungen zu finden geglaubt. Mercabier und Frémond halten dafür, daß die Ursache einer jeden Anhägerung im Allgemeinen in dem Mangel der Beweguug des Wassers zu finden sei,

---

*) Mémoire sur les ensablemens, consigné au procés-verbal des États de Languedoc; pour l'année 1778.
**) Recherches sur les ensablemens. Mémoire qui a remporté le prix proposé en 1786 et 1787 par la Société royale des sciences de Montpellier.
***) Mémoire sur les ensablemens des ports de mer, qui a partagé le prix de 1787 décerné par la même Academie.
†) Diese Wasser werden als stille stehend betrachtet, weil sie sich nur im Kreise herum drehen, welche Bewegung durch die Wirkung der Grundwellen auf die Strömung des Flusses veranlaßt wird.

121

und Mercabier hat insbesondere auf gelehrtem Wege untersucht, wie man das Stillstehen des Wassers an der Ausmündung eines Hafens oder eines Flusses verhindern könne, und er betrachtet die Lösung dieses Problems als das Mittel für immerwährende Zeiten, den Anfandungen und Anhägerungen zu begegnen*).

185. Das Vorhandensein einer Sandablagerung an der Mündung eines Flusses, einer Lagune oder eines Hafens ist eine konstante Erscheinung; aber die Ursache, wodurch sie hervorgebracht wird, ist ganz und gar nicht jene, welche Montanari, Mercabier und andere Schriftsteller dafür angeben.

Wenn auch eine Uferströmung die Convexität ihrer bogenförmigen Bewegung gegen jene Bucht, wo die Mündung sich befindet, zukehrt, so ist doch ihre Geschwindigkeit nicht groß genug, um, in Folge der Centrifugalkraft, den Sand von der Bahn der Strömung abzulenken (171), diese Kraft ist vielmehr dem Laufe des Flusses, welcher seine Convexität gegen die See wendet, gerade entgegengesetzt; ferner hat das stehende Wasser sicher keine Art von Anziehungskraft für den entfernter davon sich herumbewegenden Sand. Man muß daher, um zu erklären, wie der Sand in das stehende Wasser der Mündungen eines Flusses oder einer Lagune gelange, zu anderen Ursachen, wie sie gleich dargelegt werden sollen, seine Zuflucht nehmen.

186. Die Grundwellen gehen mit dem in ihnen enthaltenen und vom Meeresgrunde emporgetriebenen Sande, wie wir es bereits bemerkt haben (173), unter den Strömungen hinweg. Diejenigen davon, welche bereits die Ufer und die Flußströmungen durchschnitten haben und zum ruhi=

---

*) P. 52 des bereits angeführten Memoires.

gen Waffer angelangt sind, werden am Strande durch die kreisförmige Bewegung dieses stillen Waffers und durch seine Undulation von ihrer Richtung abgelenkt, und beschreiben eine Spirale, die zum Mittelpunkte führt, wo sie den Sand ablagern*). Dieser Sand aber bildet jene Anhäufungen, welche die Einbuchtung einer Flußströmung verlegen, während die Grundwellen dort, wo keine Flußmündung ist, parallel zur Uferlinie anlaufen, und daselbst gleichförmig ihren Sand niederlegen.

187. Die von Mercadier gegebene Lösung der Aufgabe, Versandungen zu verhindern, besteht in einer besonderen Kombination der, durch Werke der Kunst geleiteten Ufer- und Flußströmungen, um das Stillestehen des Waffers an den Mündungen zu beseitigen. Frémond de la Merveillère gibt einen für die Lokalität des Hafens von Cette berechneten Vorschlag, um durch Spülungen und hinlängliche Strömungen den Sand zurück zu stoßen; er wollte auch, daß man zu demselben Zwecke schwimmende, aus einer Art

---

*) Im Allgemeinen führt das im Kreise sich drehende Waffer jeden Körper, den es ergreift, zum Mittelpunkte. Man kann sich hievon die Ueberzeugung verschaffen, wenn man in was immer für ein Gefäß etwas Sand oder anderes Materiale bringt, und dem Waffer, nahe an den Wänden, eine schnelle Kreisbewegung gibt, damit die Wirkung der, die natürlichen Wirbel verursachenden Strömungen nachgeahmt werde. Diese Erscheinung kommt daher, weil die Geschwindigkeit des Waffers vom Umfange zum Mittelpunkte viel schneller abnimmt, als die Länge der Halbmesser. Hieraus folgt, daß ein, vom Wirbel a b d bewegter Körper P, Fig. 86, auf der im Centrum endigenden Spiralbahn P Q fortgetrieben wird. — Je größer die Geschwindigkeit des Waffers im Umfange des Wirbels ist, desto nachtheiligere Seichten werden in der Regel gebildet.

von Pontons zusammengesetzte Dämme anwenden möchte. Die Theorie der Grundwellen zeigt die Unwirksamkeit dieses Mittels. Endlich glaubt Mercabier, daß man, um einen Hafen von Versandungen zu befreien, nach Verhältniß zu der Uferströmung auf eine Weite von 3 bis 4 Lieues, einen beträchtlicheren Fluß in den Hafen leiten müsse, und fügt hinzu, daß in Ermangelung eines Flusses, lange, vor dem Hafen liegende Dämme zur Abhaltung einer Anhägerung sehr nützlich sein würden.

188. Mercabier gründete diese Ansicht auf den Bericht Montanari's, daß die Häfen von Venedig, als die Piave nur 9 Miglien entfernt war, weniger Sand erhielten, als später, wo dieser Fluß um 28 Miglien weiter verlegt wurde. Aber die Piave verminderte nur die Zuführung des Sandes, sie konnte die Häfen nicht gänzlich davor bewahren. Was die vorgelegten Dämme betrifft, so wie der Lido maggiore, so gibt Mercabier selbst zu, daß sie erst dann recht zweckmäßig sein würden, wenn sie ganz mit Sand überlegt sind.

189. Im Allgemeinen läßt sich von allen bis jetzt vorgeschlagenen Mitteln kein Erfolg erwarten, weil sie nicht auf die Erkenntniß der wahren Ursache der Hafenversandungen gegründet sind.

Diese, den Ingenieurs bis jetzt unbekannte Ursache ist immer die Wirkung der Grundwellen. Sie durchschneiden, beladen mit dem am Meeresgrunde, nicht aber, oder höchstens im Vorbeigehen, mit dem im ruhigen Wasser der Mündungen emporgehobenen Sande, jede Strömung, gehen selbst unter der eines Flusses hinweg (157) und bringen in die Häfen ein, so wie sie zu jedem Punkte am Strande gelangen. Das schnelle Anwachsen der Versandungen kommt daher, weil die Grundwellen, die Flutströmung sei, welche sie wolle, fort und fort in einer Richtung wirken, und sich unaufhörlich wie die Wellen folgen. Das Meer mag steigen oder fallen, auch wenn es weder Flut, noch Ebbe gibt, man sieht immer die Grundwellen sich am Ufer brechen.

190. Das Mittel also, die Ansandung eines Hafens zu verhindern, besteht darin, den mit Sand beladenen Grundwellen das Eindringen dahin zu verwehren, und es handelt sich nicht darum, durch eine Kombination von Strömungen, oder durch Zuleitung von Flüssen das stillstehende Wasser an den Mündungen der Flüsse und Häfen wegzuschaffen. Die Aufgabe ist durch die Anlage eines zwischen zwei Dämmen*) enthaltenen Kanals, den man nicht blos bis zur Linie, welche die beiden vorspringenden Punkte einer Bucht verbindet, wie Groignard glaubt, auch nicht nach Mercadier bis zur Uferströmung, sondern bis über die erste steile Wand, wo sich zur Zeit der stärkeren Stürme die Grundwellen bilden (92), verlängern müßte. Die erst in dem Kanale entstehenden Grundwellen fänden keinen Sand darin, und könnten daher auch keinen in den Hafen bringen; das Wenige, was eine trübe Flut darin niederlegen könnte, stieße eine Spülung leicht wieder zurück, und die Wirkung wäre unfehlbar, weil die Grundursache der Versandung völlig aufgehoben wäre.

191. Diese Dämme müßten gleich lang sein, d. h. ihre Köpfe gleichweit in die See vortreten. Es wäre ganz und gar nicht zu befürchten, daß der außen, durch dieselbe Ursache, wie an den Mündungen der Flüsse sich anhäufende Sand (184) zwischen den Dammköpfen einbringen könnte, denn er müßte in jene Tiefe hinabstürzen, welche sich vor der, die Grundwellen veranlassenden Wand befindet, und würde jedenfalls durch die Uferströmung fortgetrieben.

192. Die außerordentliche Länge, welche möglicher

---

*) Diese Dämme müßten von mit Mörtel ausgeführtem Mauerwerk sein, damit der Sand nicht durchdringen kann.

Weise solche Dämme erhalten müßten, ist in Beziehung auf die Auslagen das einzige Hinderniß, welches sich der allgemeinen Anwendung dieses sicheren Mittels, die Häfen vor der Anfüllung mit Sand und Geschieben zu bewahren, entgegenstellen könnte. Wenn man sich dadurch gezwungen sieht, die vollständige Lösung der Aufgabe aufzugeben, und nur solche Mittel anzuwenden, welche das schnelle Anwachsen der Versandungen blos verzögern, so gibt die von mir dargelegte Theorie in Zukunft doch wenigstens den Grad des Zutrauens an, welches man einem solchen Verfahren schenken kann, und wird uns sicherer leiten, als die bis jetzt angenommenen Grundsätze.

193. Diese Theorie der Ansandungen findet bei einer, die Rhede von Cherbourg betreffenden, Frage eine nicht uninteressante Anwendung. Viele Personen äußerten seit langer Zeit die Besorgniß, daß die Rhede schnell versandet werden würde, sobald jener Damm, der in ihrem Inneren Ruhe herzustellen bestimmt ist, über das höchste Wasser erhoben sein würde. Der Grund dieser Besorgniß soll darin liegen, daß jetzt der, durch das westliche Fahrwasser und über den zum bestehenden Damme gehörigen, noch unvollendeten Theil desselben, Fig. 62, eindringende Flutstrom, bevor er wieder durch die östlichen Oeffnungen austritt, sich in die Bucht von Sainte Anne, in den Hafen und auf den Strand von Mielles wirft, und so den dahin gebrachten Sand gleichsam wegkehrt, während nach Vollendung des Dammes, der, auf die Breite der Einfahrt beschränkte, Flutstrom von Westen her, nicht mehr in derselben Richtung eindringen, eben so wenig bis ins Innere der Buchten gelangen, und höchstens von einer Oeffnung zur andern ein Fahrwasser bilden dürfte, so, daß der übrige Theil der Rhede und die Eingänge zu den Häfen der Gefahr ausgesetzt wären, zu versanden.

Die Theorie der Grundwellen macht jede Besorgniß in dieser Beziehung verschwinden. In der That würde der Flutstrom nach Herstellung des Dammes nicht mehr Sand, als jetzt mitführen, seine Geschwindigkeit aber in den Passagen sich vergrößern. Weil der Damm die von der See herkommenden Grundwellen aufhalten wird, und im Innern, wo völlige Ruhe herrschen soll, sich keine solchen bilden können, so wird dem Flutstrome während seiner Bewegung durch die Rhede der mitgeführte Sand, um ans Ufer getragen zu werden, nicht entrissen, und er verläßt den Hafen mit ihm. Die, ebenfalls während eines Sturmes, durch die Westöffnung einbringenden und gegen die Bucht von Sainte Anne laufenden Grundwellen ziehen allemal in der Richtung a b weit genug an dem Eingange des Militärhafens vorüber, sind dort schon sehr geschwächt und setzen die geringe Menge des mitgeführten Sandes entweder an der Küste von Mielles oder an dem kleinen Strande zwischen le Galet und dem Handelskanale ab, so, daß der Militärhafen gar nicht beeinträchtigt würde.

Man hat, um die diesfälligen Besorgnisse zu rechtfertigen, das Entstehen der Küste von Mielles, welche eine wirkliche Sanddüne ist, angeführt. Aber es fehlen uns über den Zuwachs dieser Ansandungen die gehörigen Beobachtungen, und es ist wahrscheinlich, daß er seit der im Jahre 1784 hergestellten Steinschüttung sehr gering war und sicher nur von den auf der Rhede, selbst während der Stürme, gebildeten Grundwellen herrührte. Sobald in Folge der, an dem Damme noch auszuführenden Arbeiten die Ruhe auf der Rhede hergestellt sein wird, so gibt es daselbst dann auch keine Grundwellen, und daher auch keine Besorgniß wegen Vergrößerung der Ansandungen; wenigstens dürften nur die, durch die Passagen einbringenden, Grundwellen einigen Sand zuführen, der aber von den Strömungen wieder fortgenommen wird, wodurch also weder für die Häfen noch für die Rhede etwas zu befürchten bleibt.

Was die Bucht von Sainte Anne anlangt, so ist diese vom Meere angegriffen, und die von Cherbourg nach Querqueville führende Straße bereits unterbrochen. Die Grundwellen, welche durch die weite Oeffnung im Westen eindringen, und ihre Wirkung gegen das Innere der Bucht concentriren, sind die Ursachen dieser Zerstörung. Sie wird nicht eher aufhören, bis an der Stelle des steilen Ufers sich zum Auslaufen der Wellen (103) ein hinlänglich ausgedehnter Strand gebildet haben wird. Das neue Ufer dürfte durch den abzulagernden Sand nur sehr langsam wieder erhöht werden. — Der Damm von Querqueville, obgleich zu andern Zwecken bestimmt, wäre in Bezug auf die Anhägerungen dadurch nützlich, daß er die westliche Oeffnung verenget, auf seine ganze Länge die Grundwellen zurückhält, und hierdurch die Menge des Sandes, welche bei stürmischem Meere in die Bucht von Sainte Anne getragen werden könnte, verringert.

3. Von den Ablagerungen an den Mündungen der Flüsse.

194. Sie sind nichts Anderes als Sandbänke, welche den Ausfluß eines Gewässers verlegen. Die Ursache ihrer Bildung schrieb man dem zu, daß nahe am Meere, ein in einem horizontalen Rinnsale fließendes Gewässer sich an der Mündung zu einer breiten Fläche ausdehnet und an Tiefe verliert, wodurch bei der Begegnung mit dem Flutstrome, oder selbst blos mit der Masse des Meerwassers Veranlassung zu einer Ruhe gegeben wird, in welcher sich sowohl der durch

den Fluß als auch der vom Meere herbeigeführte Sand ablagert*).

195. Es ist leicht wahrzunehmen, daß diese Erklärung nicht genüge; denn die durch die Begegnung zweier Strömungen vorausgesetzte Ruhe kann nicht wohl bestehen. Im mittelländischen Meere setzt sich der Flutstrom niemals jenem des Flusses entgegen, am Ocean ist abwechselnd bald die eine, bald die andere Strömung stärker, jene des Flusses ist es durch den größten Theil der Zeit. Wenn die angegebene Ruhe wirklich von der gleichen Stärke zweier Strömungen, oder auch nur von dem Widerstande des Meeres gegen die Strömung des Flusses herrührte, so müßten alle Flüsse solche Anhäufungen zeigen, und diese wären gewiß weiter im Meere, als wir sie zu sehen pflegen, weil die Strömung eines Flusses sich stets sehr weit in das Meer hinein erstreckt.

196. Die Wirkung der Grundwellen ist die wahre Ursache auch dieses Phänomens. Jene Grundwellen, welche die Uferströmung durchschnitten haben, und in gerader Richtung gegen die Mündung eines Flusses schreiten, werden dort, je nachdem sich der Meeresgrund mit dem Flußbette vereinigt, entweder eindringen oder angehalten. Ist das Flußbett gleichsam nur eine Fortsetzung des Meeresgrundes, oder geht dieser in jenes mittelst einer glatten, sanft geneigten oder einer außerordentlich wenig gebogenen Fläche über, so bringen die Grundwellen in den Fluß ein. Bei stürmischem Meere bringen sie Sand dahin, und bilden sehr flache Bänke, weil genug Breite vorhanden ist, und Alles, was höher läge, als

---

*) Mercadier, Recherches sur les ensablemens; Bossut, traité élémentaire d'Hydrodynamique, Tome II, p. 280 et Hydrodynamique Tome II, chap. XIII. Belidor, architecture hydraulique. Deuxième partie. Tome 2, livre 3, chap. 8, pag. 2.

ein gewisses Niveau bei stiller See, von der Strömung des Flusses wieder zurück gestoßen wird. Während der hohen Fluten, wo die Grundwellen dann selbst auf den sanft abgeböschten Sandbänken nichts finden, was sich ihrem Laufe entgegensetzt, bringen sie in dem Flusse, mehr oder weniger weit hinauf, den Mascaret (152) hervor. Auf diese Art sind Sandbänke an den Mündungen der Gironde entstanden, und weiter aufwärts in der Dordogne zeigt sich der Mascaret. — Sobald sich aber in der Mündung am Grunde eine gähe Wand oder eine etwas steile Böschung vorfindet, so erheben sich die Grundwellen darüber so, daß man es deutlich an der Oberfläche bemerkt, und können ihren Weg unter dem Wasser des Flusses nicht mehr fortsetzen, denn ihre Bewegung hört auf mit der Wellenschwingung in Uebereinstimmung zu sein. Die entgegen kommende Flußströmung zerstreut sie, sie lassen während des Momentes der Ruhe, wo ihr Wasser mit jenem des Flusses sich mischt, den mitgebrachten Sand fallen, die folgenden Grundwellen werfen ihn wieder über die steile Wand, und es wird die, einem langen Hügel ähnliche, Anhäufung gebildet, welche bei stürmischer See bald zunimmt, weil die Grundwellen dann Material im Ueberflusse bringen, und sich wie an einem Strande brechen. Eine solche Anhäufung wächst schnell in die Höhe, sie kann selbst höher werden, als das Niveau des hohen Meeres, wenn nämlich die Flußströmung und die Ebbeströmung nicht Kraft genug haben, einen Theil davon wieder in das Meer zurückzuführen.

Die durch die Wirkung der Grundwellen erhaltene, nicht unbedeutend steile, Böschung dieser Anhäufung auf der Seeseite bringt dieselbe Wirkung hervor, wie eine jede andere Steile einer Sandbank oder eines seichten Grundes, man sieht nämlich an der Oberfläche des Wassers die Wellen sich brechen.

197. Viele Flüsse haben solche Anhäufungen, welche den Eingang in dieselben schwierig und gefährlich machen; eine der merkwürdigsten, welche zugleich die Ingenieurs viel beschäftigte, ist jene im Abour. Sie scheint vorzüglich durch die Sandtrümmer der spanischen und portugiesischen Küsten gebildet worden zu sein, welche, wie Brémontier beobachtete, von den Uferströmungen *) herbei geführt und von den Grundwellen an die Küsten der Landes geworfen wurden, wo sie, noch mehr zerkleinert, das Material zu den Dünen bilden (174). Ein Theil dieses Sandes setzt sich an der Mündung des Abour fest, wo die Höhe der Anhäufung zwischen dem Niveau des hohen und des niederen Meeres wechselt; das Uebrige wird von der Strömung des Flusses und der Ebbe bei stillem Meere wieder zurückgestoßen, indem die schwachen Grundwellen nicht so viel Sand bringen können, als die Strömungen in die See zurückführen. Man bemerkt wirklich, daß das Volumen der Anhäufung, wenn die See lange ruhig war, abnimmt, und daß es während der Stürme schnell wieder wächst.

198. Die Sandanhäufung an der Mündung des Abour, oder die von Bayonne, wird von den Seeleuten gefürchtet. Ein Fahrzeug, mit welchem man kühner Weise bei unruhiger See, oder ohne ganz sicher zu sein, es durch das Fahrwasser zu führen, einläuft, ist in großer Gefahr, entweder zu stran-

---

*) Es ist wohl möglich, daß der Sand aus jenen Gegenden des Oceans, welche den Westküsten der Halbinsel entsprechen, durch die Wirkung der Uferströmungen an Frankreichs Küsten gelange, aber auch sehr wahrscheinlich, daß sich dieser Wirkung jene der Grundwellen beigesellet. Während des Sturmes mögen die Grundwellen unter den großen Wogen an Portugals Küsten parallel vorbei schreiten, den Grund des Meeres gleichsam auskehren, und so den Sand in den gasconischen Meerbusen bringen, wo er sich mit den Wellen ausbreitet.

ben, ober von ben furchtbaren Grundwellen, die mit einer außerordentlichen Wuth emporſteigen und ſich brechen, umge=
ſchlagen zu werden. Man iſt oft im Fluſſe, wie auf der Rhede, gezwungen, ſehr lange Zeit das Zuſammentreffen günſtiger Umſtände abzuwarten, um ohne Gefahr die Mündung paſſiren zu können.

Wenn es bei hoher See Wellen gibt, ſo kann man die Lage und Geſtalt der Anhäufung, durch die von den Grundwellen erhobenen Wellen an der Oberfläche, die beim Darübergehen kurz werden, zuweilen ſelbſt eine ſtehende Schwingung (Klappenſchwingung) zeigen, recht gut erkennen. Während eines Sturmes brechen ſich die Wellen ſchäumend und ungeſtüm und bezeichnen auf dieſe Art die Anhäufung; zur Zeit der Wind=
ſtille jedoch, wo es keine Wellen, daher auch keine merklichen Grundwellen gibt, iſt bei hoher See der Ort der Gefahr gar nicht wahrnehmbar.

Die Einfahrt iſt ſchmal und hat niemals Tiefe genug für den Durchgang einer Fregatte. Sie wird durch die Kraft der Strömung des Adour, der bei kleinem Meere keinen anderen Ausfluß hat, offen gehalten, aber ſie iſt nicht ſtets an derſel=
ben Stelle, weil die Grundwellen, ſo wie jene an der Ober=
fläche, mit den Winden ihre Richtung wechſeln, den Sand von einer Seite zur andern hin bewegen, und auf dieſe Art auch die Lage der Anhäufung ſich verändert. Aus dieſer Urſache iſt es unerläßlich, daß die Schiffe beim Aus= und Einfahren durch Lootſen und Signale geführt werden.

199. Schon in ſehr alter Zeit mündete der Adour, ſo wie heut zu Tage, ganz gerade in den Ocean; aber das Anwach=
ſen einer, wahrſcheinlich über das höchſte Niveau des Meeres emporſteigenden, Sandanhäufung zwang den Fluß, ſeine Mün=
dung immer mehr und mehr nordwärts zu verlegen, ſo daß der Adour durch mehrere Jahrhunderte zwiſchen den alten Dünen und einer, mit dem Ufer parallelen, 15,000 Klafter

(30,000 Metres) langen Zunge, in eine Art von Thal floß, welches jetzt zum Theil sumpfig und auf den Landkarten mit dem Namen: „das alte Flußbett des Adour" bezeichnet ist.

200. Im Jahre 1579 hatte der Fluß seine Mündung noch an jenem Punkte, den man jetzt die alte Mündung (vieux boucaut) nennt, wo sie durch einige, von der Flußströmung nicht zu überwindende, Hindernisse fest gehalten worden zu sein scheint. Der Architekt und Ingenieur Louis de Foir eröffnete damals den Ausfluß in der ursprünglichen Richtung, schloß das alte Flußbett und stellte auf diese Art die ehemalige Verbindung des Adour mit dem Ocean her, die man aber nichts destoweniger neue Mündung (nouveau boucaut) nannte. Der Lauf des Flusses wurde hierdurch verkürzt; es ist übrigens auch wahrscheinlich, daß sich zu jener Zeit an der alten Mündung eine Sandanhäufung gebildet hatte, deren Spuren durch die Uferströmung und in Folge des, seit 250 Jahren an das Ufer getriebenen, Sandes gänzlich verschwunden sind.

201. Louis de Foir hoffte, zum Vortheile der Schifffahrt, das Hinderniß der Sandanhäufung wegzuschaffen; es ist anzunehmen, daß dieser Erfolg mehr der Zweck seiner Arbeit war als, wie man meinte, die Verkürzung des Laufes von einem Flusse, der damals einen bedeutenden Landstrich fruchtbar und gesund machte. Er glaubte ohne Zweifel, daß ein gerader und schnellerer Lauf den Sand zurücktreiben werde. — Diese Unternehmung gewann ihm großes Lob, aber der Zweck wurde verfehlt; es bildete sich bald eine neue Anhäufung, und ohne die schönen Dämme, zwischen welchen geschickte Ingenieurs *) im Jahre 1729 den Fluß einschlossen, und ihm dadurch mehr Kraft gaben, hätte die Menge des Sandes den Ausfluß ganz verlegt und den Adour gezwungen, sich wieder

---

*) Herr von Touros war zu dieser Zeit Fortifikations-Director.

ein mit dem Ufer paralleles und von neuen Dünen begrenztes Bette zu bilden.

202. Um den Adour von der Anhäufung an der Mündung zu befreien, hat man vorgeschlagen, das Wasser des Teiches von Tarnos in sein Bette zu leiten, Spülschleusen anzulegen und die Dämme zu verlängern.

203. Die Menge des Wassers, welche man sich hätte von Tarnos verschaffen können, wäre wahrscheinlich unzureichend und ohne die erforderliche Geschwindigkeit gewesen, um die enorme Masse der Sandanhäufung gänzlich wegzuschaffen, oder auch nur eine gute Ausfahrt zu erhalten; sie möchte selbst während der Ebbe nicht ausgiebig genug sein, um die Wirkung der Grundwellen beim Anstoße an die Steile in der Mündung zu vernichten (196).

204. Die außerordentlich kostspielig herzustellenden Spülschleusen wären entweder zu weit entfernt von dem Punkt, auf welchen sie wirken sollen, oder mit zu wenig Wasser versehen gewesen, um mit Erfolg wirken zu können.

205. Die Zuleitung der Wässer des Canals der Landes*) in den Adour brächte auch keine bessere Wirkung hervor, weil die Lage der Ufer, wo sich die Grundwellen in einem ungeheuren Meerbusen concentriren, eine so außerordentliche Kraft dieser letzteren veranlaßt, daß man durch ein so schwaches Mittel, wie das ablaufende Wasser eines Schifffahrt-Canales Etwas auszurichten nicht hoffen darf.

206. In Beziehung auf die Dämme, hat man ihre Verlängerung als vortheilhaft erkannt, aber deren zweckmäßige Länge nicht festgesetzt, denn man wußte das Princip nicht,

---

*) Dieser Kanal soll sich unmittelbar unterhalb Bordeaux in die Garonne, und oberhalb Bayonne in den Adour ausmünden. Seine Länge würde ungefähr gleich sein der 2½ fachen gradlinigen Entfernung seiner beiden Endpunkte.

nach welchem dieß bestimmt werden sollte. Obgleich durch die Verlängerung blos eines Dammes schon Sandanhäufungen weggeschafft werden *), sind, so scheint mir doch dießfalls beim Adour der Erfolg sehr zweifelhaft, wenn man nicht beide Dämme, so daß sie gleichsam einen Kanal herstellen, gleichmäßig, und nach dem, was ich eben auseinander gesetzt habe (190), mit ihren Köpfen bis über jene steile Wand im Meeresbette vorrücken läßt, wo die Grundwellen bei starken Stürmen sich bilden. Uebrigens ist bei dem geringen Abfalle des Meeresbettes der Entstehungsort der Grundwellen so weit vom Ufer entfernt, daß die zu verwendenden großen Kosten, die Ausführung dieser Arbeit, wie nützlich und des Erfolges sicher sie übrigens auch sein mag, höchst wahrscheinlich nicht gestatten würden.

207. Ein viel einfacheres, weniger kostspieliges, und des Erfolges eben so sicheres Mittel, in Beziehung auf den speciellen Fall beim Adour, wäre die Zurückführung des Flusses in das von Louis de Foix geschlossene Bett, aber nur bis zum Cap Breton auf eine Länge von beiläufig 14 Tausend Metres, d. i. weniger als die Hälfte des alten Laufes. Nahe an diesem Cap müßte eine Mündung eröffnet werden, welche man durch zwei parallele sehr kurze Dämme auslaufen ließe bis an jene von den Seeleuten dieser Gegend wohlgekannte

---

*) Die Sandanhäufung an der Mündung der Dee in Schottland ist, nach dem Berichte des Herrn Charles Dupin (Voyage dans la Grande-Brétagne; force commerciale), dadurch hinweggeschafft worden, daß man den linkseitigen Molo um beiläufig 300 Metres verlängerte. Es wäre aber auch noch zu wissen nöthig, ob nicht in einiger Zeit eine neue Verlängerung des Dammes erforderlich sein wird, was um so sicherer vorauszusetzen wäre, wenn die Anlage der Verlängerung vielleicht nicht mit den Grundsätzen der von mir aufgestellten Theorie über die Versandung übereinstimmt.

und von ihnen Souffre genannte Meeresstelle, wo die Wellen, selbst während der heftigsten Stürme, auch am Ufer sich nicht brechen, weil es bei der hier 20 bis 30 Faden betragenden Wassertiefe niemals Grundwellen gibt. Es wäre dem gemäß auch keine Sandanhäufung an der Mündung zu befürchten.

Der Meeresgrund des Souffre ist schlammig und sandig, daher ein ausgezeichneter Ankergrund; seine Richtung, beinahe senkrecht auf das Ufer, ist Ostnordost und er scheint durch ein zufälliges Eindringen des Meeres, ohne mit der Hauptrichtung der Küste übereinzustimmen, gebildet worden zu sein. Der Abfall des Grundes gegen die See hin, ist außerordentlich sanft, wodurch bei heftigen Stürmen die großen Wellen, deren Bewegung den Boden erreicht, bei ihrem Fortrücken allmählig geschwächt werden (89). Aus derselben Ursache kann der Souffre als Rhede niemals eine gefährliche Aufregung zeigen, und es können daselbst weder kurze, noch stehende Wellen (Klappenwellen) Statt finden.

208. Wenn man die Ausmündung des Adour zum Souffre hin verlegte, so könnten die Schiffe jeder Zeit und bei jeder Meereshöhe einfahren. Diese Mündung würde nicht allein ein vorzüglicher und bedeutender Handelshafen, sondern auch ein Zufluchtsort werden, an dem es im Innern des gasconischen Meerbusens fehlt, wo man nur in der Bucht von St. Jean de Luz, den nur für kleine Schiffe geeigneten Hafen von Socoa findet.

Die Verlegung der Adourmündung zum Souffre, wäre in Beziehung auf den Canal der Landes, der sich im Hafen selbst mit dem Fluß vereinigen würde, nur Vortheil bringend, weil man einen großen Theil seiner Länge ersparen dürfte.

Man sieht hieraus, daß, wenn Louis de Foix, anstatt den Adour in sein altes Bett zu führen, wo er sich jetzt befindet, die Mündung zum Souffre eröffnet hätte, sein Unternehmen vollkommen gelungen wäre; er hätte die ungeheure Auslage für die Dämme, mit welchen er einen Theil des Flusses, ohne den vorgesetzten Zweck zu erreichen, einschloß, und alle auf jede andere Art verursachten Kosten erspart.

Man sieht aber auch zugleich, daß dieses Mittel, dem Abour einen freien Ausfluß in den Ocean zu geben, das einzig wirksame sei, und daß die Auslagen, um die jetzige Mündung von ihrer Sandanhäufung zu befreien, entweder unerschwinglich oder erfolglos sein würden.

209. Der Aufwand, um die Mündung des Abour zum Souffre zu verlegen, wäre nicht bedeutend, weil das alte Bett nicht angefüllt ist, und es sich nur darum handeln würde, einigen Sand, welchen der Wind von den nahen Dünen hinein geworfen hat, auszuräumen, was in Zukunft nach Bepflanzung der Ufer mit Strandfichten nicht mehr nothwendig sein dürfte.

210. Es wäre leicht zu beweisen, daß die Umgegend durch die Zurückführung des Abour in einen Theil seines alten Flußbettes viel gewinnen würde; ebenso die Stadt Bayonne, denn ihr Handel nähme von dem Augenblicke an, wo der Hafen, dem man sich sonst nur mit Furcht nähern konnte, von der gefährlichen Sandanhäufung befreit sein würde, einen besonderen Aufschwung an. Doch hier ist nicht der Ort, dieses zu erörtern, und es mag genügen, angedeutet zu haben, wie die Theorie der Grundwellen zur Lösung des gewiß nicht uninteressanten Problemes in Beziehung auf die Sandanhäufung des Abour benutzt werden kann.

211. Die Mehrzahl der Flüsse in Portugal und an der Westküste von Afrika haben an der Mündung Sandanhäufungen (barres); der Orinoco, die Flüsse von Tong-King, der Cambodja in China*), der Fluß in der

---

*) Eigentlich in Hinter-Indien oder Cochinchina.

Bai von St. Augustin im Canal von Mozambique, und eine Menge anderer haben die ihrigen. Alle diese Anhäufungen sind durch die Grundwellen herbeigeführt, oder von ihnen festgehalten worden, denn ohne sie würden die Ablagerungen so weit ins Meer hinausgestoßen worden sein, als die Strömungen der Flüsse sich erstrecken. Das Nil=Delta, jene des Mississippi, des Ganges, der Schelde, der Maas, des Rheines, und die Camargue des Rhone sind ursprünglich nichts, als solche von den Grundwellen gebildete Sandanhäufungen gewesen.

212. Die aus Sand bestehenden Landzungen, welche den Etang von Thau vom Meeresbusen von Lyon trennen, die kurische und frische Nehrung *), welche das kurische und frische Haff vom baltischen Meere sondern, der Sandrücken Hela in demselben Meere, die Landzunge in Nieder=Egypten, auf welcher die Stadt Alexandrien stehet, endlich jene, welche die Seen Bourlos und Menzaléh vom mittelländischen Meere scheiden, sind auf gleiche Weise durch die Grundwellen gebildet. Die Sandbank, welche das weite Becken der Bitter=Seen, gegenüber von Hadjeroth, vom rothen Meere trennet, scheinet einst auch eine seichte, von zur Zeit der Stürme mit Sand beladen ans Ufer laufenden Grundwellen gebildete Stelle gewesen zu sein. Die Seichte bei

---

*) Man glaubt allgemein dort zu Lande, daß die frische Nehrung im 12. Jahrhunderte während eines sehr heftigen Sturmes durch den vom Meere ausgeworfenen Sand gebildet worden sei, und daß sie seither gleichfalls durch Stürme sich vergrößere. Herr Catteau=Calleville bestreitet diese Meinung (Tableau de la mer baltique 1812, tom. 1, p. 59), aber da sie mit der Theorie der Grundwellen in Uebereinstimmung stehet, und der Name dieser Erdzunge ihr Entstehen später als jenes der kurischen Nehrung andeutet, so muß man die Ueberlieferung wohl als richtig ansehen.

Suez *) ist sicher auf gleiche Art gebildet; die zurücklaufenden Wellen halten sie jedoch noch entfernt von dem innersten Theile des Meerbusens. Vielleicht entsteht hier einst auch noch ein Strandsee.

213. Auch andere Flüsse veränderten den Ort ihrer Ausmündung, wie der Abour, und sind wegen Anhäufungen (barros) des durch die Grundwellen herbeigeführten oder von ihnen festgehaltenen Sandes gezwungen, eine Strecke parallel mit den Ufern zu fließen. Der Senegal hat jetzt seine Mündung um 25 Lieues südlicher als früher, und läuft auf dieser ganzen Länge zwischen dem alten Strande, und einer, ganz sichtbar durch die Grundwellen gebildeten, Zunge aus Sand parallel mit der Küste.

An der Küste von Portugal ist die Ausmündung des schönen Flusses Vouga durch den sich seit 1550 anhäufenden Sand um 7 Lieues südlich vom Hafen von Aveiro verlegt worden. Dem Beispiele Louis de Foix folgend, haben im Jahre 1802 der Brigadier Dubinot und der Obristlieutenant Carvalho, mit Begünstigung des königlichen Ministers Grafen von Linares, die Sandanhäufung gegenüber von Aveiro durchstochen, und eine Art Molo hergestellt, welcher das alte Bett abschließt und den Fluß zugleich zwingt, sich der neuen Mündung zuzuwenden. Diese im Jahre 1808 beendigten Arbeiten sind dermalen noch von großem Nutzen für den Hafen **); aber da die

---

*) Description de l'Égypte tome I. Antiquités. Note sur le séjour des Hébreux par M. Dubois Aymé.

**) Routier des côtes de Portugal, par M. M. Francini, Major au corps royal du génie; traduit du portugais, par G. Durban. Annales maritimes et coloniales, 1822.

In diesem Wegweiser wird eines Memoires vom Desembargador J. B. Andrade über die Anpflanzung der Dünen mit Seeföhren (Strandfichten, pinus maritima) erwähnt, aber Brémontier ist der eigentliche Erfinder dieses Mittels, die

ganze Anordnung nicht auf die Theorie der in ähnlichen Fällen wirkenden Grundwellen basirt ist, und dabei nichts ihren unaufhörlichen und kräftigen Einfluß aufhebt, so steht zu befürchten, daß die Mündung wieder versandet und der Fluß südwärts, zwischen dem alten und einem neuen natürlichen Sanddamme, parallel mit dem Ufer zu fließen gezwungen werden wird.

214. Die Theorie der Grundwellen und jene der Ansandungen werfen auch ein neues Licht auf manche wichtige geologische Thatsache. So scheinen mir jene, von Alters her bekannten aus Sand und abgerundeten Kieseln bestehenden, Hochebenen, deren Formation man Erdumwälzungen und großen Eisströmungen zuschrieb, oder sie als Ablagerungen ehemaliger Flüsse ansah, nichts Anderes als Ansandungen aus dem Meere zu sein. Man möchte allenfalls begreifen, wie Flüsse die Trümmer der verwitternden oder sonst zerkleinerten Felsen von den Gebirgen herab mit sich reißen, aber wie könnten sie so gleichförmig, und auf so ausgebreiteten Räumen, als die in Rede stehenden Ebenen sind, ihr Geschiebe niederlegen? Sollte man übrigens nicht glauben, daß der Weg von den Gebirgen bis auf die Ebenen im Allgemeinen viel zu kurz wäre, als daß die oft sehr harten Steinstücke Zeit genug gehabt hätten, sich völlig abrunden zu können? Es mag sein, daß Flüsse über jene Kieselanhäufungen flossen, und indem sie über ihre Ufer traten, Schlamm, Sand und Erde darauf niederlegten; aber zur eigentlichen Bildung jener Anhäufungen glaube ich,

---

Dünen festzuhalten. Sein Name ist an den Sandküsten der Gascogne, wegen der dort von ihm vor mehr als 40 Jahren gemachten Anpflanzungen billiger Weise ein Gegenstand der Verehrung. Die Auseinandersetzung seines Memoires kann man im 2ten Bande Nr. 5 des Journal de l'École polytechnique, an VI. (1798) nachsehen.

haben sie nur dadurch beigetragen, daß sie das rohe Material dem Meere zubrachten. Nur die Grundwellen konnten die Trümmer der Gebirge so gleichmäßig niederlegen, und durch eine lang während Bewegung auf dem Strande, wohin sie dieselben brachten, in Geschiebe und Sand verwandeln; nur sie vermochten es, Stellen, wo sonst das Meer war, ganz auszufüllen, ja selbst zu erhöhen.

215. Der größte Theil des Sandes, des Schotters und der Kiesel, welchen die Flüsse jetzt mit sich führen, ist sicher nicht durch sie abgerundet worden; die Gewässer reißen sie, so wie sie sind, von alten Anhägerungen hinweg, und bringen sie dem Meere zu. Die alten Anhäufungen von Geschieben, Kieseln und Sand sind also, so wie jene, die sich jetzt auf dieselbe Weise bilden, nichts Anderes als Anhägerungen des Meeres, und unbestreitbare Beweise, daß die See einst viel höher war, und lange Zeit weit über ihrem jetzigen Niveau stand.

216. Sollte die Theorie der Grundwellen auch nicht im Stande sein, die Frage in Beziehung auf die einzeln stehenden großen Geschiebe *) (blocs erratiques) genügender, als es bisher möglich war, zu beantworten? Könnten diese Blöcke in manchen Fällen nicht Geschiebe aus jener Epoche der Erde sein, wo Alles gigantisch war, und wo das Meer fast die ganze Erdoberfläche bedeckte? — Nachdem sie vom Gebirge fallend herabgekommen waren, mochten sie, von den Grundwellen hin und her getrieben, abgerundet, und endlich, so wie die Blöcke der Steinschüttungen im Hafen von Becquet, oder am Damme von St. Jean de Luz (135), oder auch so wie jene Steine, welche man täglich bei Cherbourg **) und Cette ***) an den Fuß der Dämme hinwirft, wieder auf ein

---

*) Dictionnaire des sciences naturelles, par les professeurs du jardin du Roi. I. 54. p. 58.

**) Siehe das Kapitel IX.

***) Blöcke eines harten Marmorsteines von solcher Größe, daß

hohe Stelle gestoßen worden sein. Die Breite der Thäler oder der Meere, die großen Entfernungen konnten in Beziehung auf diese Bewegung den Steinen kein Hinderniß sein; ihre kürbisartige Gestalt, ihre Lagerung und die beobachtete besondere Gruppirung scheinen sogar als günstige Umstände für die angegebene Meinung zu sprechen. Eben so wenig ließe sich das bedeutende Volumen (bei einigen auf 1500 Cubik-Metres angegeben) als ein Widerspruch ansehen, denn man muß bemerken, daß Grundwellen von 10 bis 12fach größerer Höhe als jene, welche die oberwähnten Steinschüttungen aus einander geworfen haben, gewiß im Stande sind, die größten erratischen Blöcke zu bewegen, und sie auf große Entfernungen von dem Orte ihrer Entstehung fortzustoßen. Ferner waren die Grundwellen zur Zeit, als die Blöcke bewegt worden sein mochten, sicherlich auch, dem Körper nach, viel bedeutender, und wer möchte überhaupt ihre Größe und ihre Kraft ermessen, wenn sie solchen Wogen entsprechen, die auf einem damals fast grenzenlosen Ozean durch ungeheure Stürme erreget werden mußten?

4. Schlammige Anhäherungen.

217. Die Anschlammungen sind auch das Resultat der Wirkung der Grundwellen. Wenn zur Zeit des heftig bewegten Meeres die Wellenschwingung den Grund erreicht, so werden Schlammtheile von demselben emporgehoben, mischen sich in Folge der Bahnbewegung mit dem Wasser (25), werden selbst bis an die Oberfläche gebracht, und die Flut trägt das trübe Wasser an den Strand und in die Häfen. Während die

---

mehrere Ochsen kaum im Stande sind, sie vom Steinbruche zu den Dämmen zu ziehen, werden sehr bald in Folge der Bewegung der Wellen in faustgroße Geschiebe verwandelt. T. 18. p. 92. des eben angeführten Dictionnaires.

Flut steigt oder fällt, und vorzüglich in dem Momente, wo die See ruhig zu stehen scheint, sinken die Schlammtheile nieder und erhöhen allmählig den Grund. Wenn diese Ursache allein wirksam wäre, so müßten die Ablagerungen dieser Art, gleichmäßig verbreitet sein und nur sehr langsam anwachsen; denn die Ebbeströmung nimmt immer einen Theil von dem wieder weg, was die Flutströmung gebracht hat; die Dicke dieser schlammigen Ablagerung müßte am Ufer der hohen See geringer sein, als an jenem der niedrigen, weil die Tiefe des Wassers gegen das Ufer hin abnimmt, und das Meer den höheren Theil des Strandes durch kürzere Zeit bedeckt, als den niedrigeren: indessen findet doch das Gegentheil Statt, und man sieht die aus Schlamm bestehenden Anhägerungen an den höhern Theilen des Strandes schneller sich erhöhen, als anderswo, und findet, daß sie daselbst viel fester und steiler abgebößcht sind; es muß daher außer der einfachen Präzipitation bei der Bildung der Anschlammungen noch etwas Anderes mitwirken, und dieß sind die Grundwellen. Nicht genug, daß sie ihr Wasser reichlich mit Schlammtheilen beschweren, und diese an das Ufer bringen, sie stoßen auch die bereits niedergesunkenen Theile wie eine, mittelst eines Rechens oder einer Walze, fortgeschobene Teigmasse vor sich hin, und drücken sie an die Böschungen und selbst an die geringsten Hindernisse, denen sie begegnen, an. Auf flachen Abdachungen zwingen sie den Schlamm, immer höher hinaufzurücken, so daß derlei Anhägerungen, so wie manche Sand- und Schotterbänke, über das Niveau des höchsten Meeres emporragen, und mit der Zeit horizontale, bedeutend hohe Strecken an einem Strande bilden, den das Meer vor wenigen Jahrhunderten bedeckte.

218. Ein Theil von Nieder-Poitou ist auf diese Art das Werk der Grundwellen; einige in diese ungeheueren Verlandungen eingeschlossene, höher als sie gelegene und ihrer natür=

lichen Beschaffenheit nach ganz verschiedene, Stellen, haben ihren ehemaligen Namen beibehalten, wornach kein Zweifel übrig bleibt, daß sie einst vom Kontinente getrennt und mit Wasser umgeben waren. So gibt es an der Küste des Departements der Vendée, mitten auf dem festen Lande, die Inseln Elle, Vic, Taugon, Chaillé, St. Michel en l'Herne, Champagnié u. s. w.

219. Die Menschen warten jedoch nicht immer ab, bis derlei Anhägerungen sich so erhöhet haben, daß man sie in Besitz nehmen könnte; sobald sie sich über das niedrigste Meer erheben, werden sie mit Dämmen umgeben, damit das hohe Meer sie nicht bedecke, und werden ausgetrocknet und bebauet.

Die Kunst, sich solcher Anhägerungen zu bemächtigen, hat das Anwachsen der Oberfläche manches Festlandes sehr beschleunigt und es mag in Europa der Flächeninhalt der so gewonnenen Ländereien jenen übertreffen, welcher in gleicher Zeit durch das Meer an den Küsten weggespült worden ist. Der dem Meere abgewonnene Besitz von Holland ist das bedeutendste und merkwürdigste Resultat dieser Art von Industrie und der Wirksamkeit der Grundwellen.

220. Die Dämme, deren eigentliche Bestimmung es ist, die vom Meere gebildeten Anhägerungen demselben zu entziehen, veranlassen an ihren Vorderseiten zugleich eine viel schnellere Erhöhung der Anschlammungen, und beschleunigen die Gewinnung einer neuen Strecke. Sie stellen nämlich dem von den Grundwellen herbeigeführten Schlamme ein Hinderniß entgegen, an welchem er angehalten wird, so daß die Schlammtheilchen, welche, wenn die Eindeichung nicht vorhanden wäre, fast gleichförmig die ganze Anhägerung allmählig erhöhet hätten, sich jetzt nur am Fuße des Dammes sammeln, und den Strand immer mehr und mehr vorrücken machen, so daß eine neue Eindämmung und eine frühere Bebauung der neuer-

dings gebildeten Anhägerung möglich wird *). Nichts desto weniger müssen sich aber in dem Maße, als man gegen die See vorrückt, die Anhägerungen immer langsamer bilden, und endlich dort ganz aufhören, wo die Grundwellen keinen Schlamm mehr führen.

221. Die Dämme, mit welchen man die dem Meere abgewonnenen und ausgetrockneten Strecken umgibt, dürfen nicht unmittelbar in die Linie des Ufers gesetzt werden, weil die Verlandung dort noch nicht Konsistenz genug hat, um sie zu tragen, und weil es nöthig ist, den zur Austrocknung erforderlichen Kanälen und Rigoles einen schnellen Abfluß zum kleinsten Meeresstande zu geben. Eine fernere Beobachtung, deren Wichtigkeit aber nicht stets einzuleuchten scheint, ist die, daß es nicht räthlich sei, die Dämme der Wirkung der Wellen zu sehr auszusetzen. Diese Vorsicht, welche uns die Erfahrung auf Unkosten der Unternehmer von Austrocknungen gelehrt hat, wird durch die Theorie der Grundwellen bestätigt. Das, was man für die Wirkung der Wellen hält, ist die Folge der um so heftiger und andauernder wirkenden Grundwellen, je näher der Fuß der Dämme oder einer andern Böschung am Ufer liegt; denn die Grundwellen, so wie jene über ihnen, mit welchen sie gehen, nehmen an der Geschwindigkeit des steigenden Meeres Theil, und sind daher in einem Momente der Flutzeit viel bedeutender, als wenn das Meer gleichsam still zu stehen scheint. Man entzieht demnach die Dämme, indem man sie weiter zurück legt, dem Maximum der Geschwindigkeit

---

*) Man darf diese Erhöhung der Anhägerungen nicht mit jenen verwechseln, welche dadurch erzielt werden, daß man trübes Wasser in die eingedeichten Räume läßt, um dort den Schlamm niedersinken zu machen. Das klare Wasser läuft dann zur Zeit des niedrigen Meeres wieder ab, und bei hoher See wird eine neue, mit Elementchen zur Anhägerung versehene Wassermenge in die Eindeichung zugelassen.

der Grundwellen, weil die Flutftrömung des steigenden Meeres sie erst dann erreicht, wenn sie sich bereits geschwächt hat. Die zum Damme gelangenden Grundwellen sind dann weniger heftig, ja selbst durch den Widerstand auf einer langen Strecke des schlammigen Strandes oft gänzlich unwirksam.

222. Dieselben Grundsätze müssen als Richtschnur dienen, wenn es sich darum handelt, Anhägerungen fortan zu erhalten, welche entweder zu wachsen aufgehört haben, oder die das Meer wieder zu zerstören trachtet, sei es, weil die Grundwellen kein Material mehr bringen, oder weil die Strömungen sie angreifen, und ihnen mehr entreißen, als die Wellen wieder zu ersetzen vermögen. In diesen beiden Fällen setzt man dem Meere Schutz- und Sicherheitsdämme, welche aber doch immer von den Grundwellen angegriffen werden, entgegen. Die ersten bilden um die Anhägerungen, welche man zu beschützen hat, eine kräftige Umfassung; die Sicherheitsdämme haben nur zum Zwecke, das Ausbreiten der hohen See über bebaute Ländereien zu verhindern. Es ist angemessen, sie auf einige Entfernung von den Schutzdeichen anzulegen, damit die Grundwellen sie nicht eher erreichen, als bis sie durch den Stoß an diese, und durch ihren Lauf auf dem zwischen den Dämmen gelassenen erhöhten Terrain, wie auf einem Strande, geschwächt worden sind. Durch diese Anordnung erreicht man noch einen weiteren Vortheil, nämlich den, daß bei einer allenfallsigen Zerstörung des Schutzdammes diese nicht auch unmittelbar den Sicherheitsdamm trifft.

223. Eine, wahrscheinlich von Montanari herrührende Beobachtung gibt uns ein sehr gutes Mittel an die Hand, nicht allein die vom Meere angegriffenen Anhägerungen zu vertheidigen, sondern auch eine früher bestandene wieder herzustellen. Er bemerkte nämlich, daß ein auf den Strand perpendikulär gesetzter Damm sich von beiden Seiten versandete. Man schrieb diese Wirkung dem Uferstrome zu, welcher an der

Stelle, wo die Dämme sind, unwirksam ist, und zwei Dreiecke eines stehenden Wassers veranlaßt, wohin der von der Strömung mitgeführte Sand sich ablagert. Die wahre Ursache dieser beiderseitigen Versandung sind aber die Grundwellen, welche, da sie nicht stets senkrecht gegen das Ufer laufen, bald gegen eine, bald gegen die andere Seite des Dammes, Sand und anderes Material anhäufen. Die Strömungen können dieses nicht wegnehmen, und die Wirbel im stehenden Wasser treiben es ins Innere des von den Dämmen abgeschlossenen Raumes, so wie ich es (186) angedeutet habe. Man hat solche Dämme oder Sporne (épi) mit gutem Erfolge bei Schutzdämmen angewendet, indem man sie so nahe aneinander setzte, daß die Strömungen in ihren Zwischenräumen nicht zu wirken vermochten.

224. Neulich erst wurde von dem Ingenieur des Straßen- und Brückenbaues, Herrn Plantier, eine Anlage dieser Art an der Spitze Devin der Insel Noirmoutiers, nach dem Projekte des Ingenieurs en chef, Herrn Dan de la Vantrie, mit vielem Erfolg ausgeführt, wobei sich dieser als ein Mann von Genie die gleichartigen Werke zum Muster nahm, welche auf der Insel Walchern die Spitze von West Capell beschützen.

225. Bis jetzt versah man alle Dämme und Sporne (épi), sie mochten, nach Beschaffenheit der Localität, aus Stein oder aus Faschinenwerk erbauet sein, nach außen hin mit weit auslaufenden Böschungen. Die letztgenannte Bauart ist vorzüglich in den Niederlanden gebräuchlich, und gibt den Dämmen eine große Solidität, welche wohl der innigen Verbindung aller einzelnen Theile, wie sie hier erzielt wird, zuzuschreiben ist. Die oben genannten Ingenieurs haben beim Baue des Dammes von Devin mit der Faschinade einen Versuch gemacht, und für die Westküsten Frankreichs, wo diese Art Arbeit nur wenig bekannt, und früher vorzüglich sehr schlecht ausgeübt wurde, dadurch etwas sehr Nützliches gethan. Nichts desto

weniger haben sie selbst bemerkt, daß diese in den kalten und feuchten Ländern so zweckmäßige Bauweise an solchen Küsten, wo die Sonnenhitze das Faschinenholz sehr schnell austrocknet, weniger dauerhaft sei, und daß man daher unter solchen Umständen Bauwerke aus Stein vorziehen müsse.

Ich werde im nächsten Kapitel auf die Damm=Profile zurückkommen, und mag mich hier nicht in weitere Details über den Deich= oder Dammbau einlassen, weil diese Kunst allein der Gegenstand einer sehr langen und interessanten Abhandlung sein könnte. In diesem Abschnitte sollte nur gezeigt werden, wie die Theorie der Grundwellen auch über die Erscheinung der Schlamm=Ablagerungen Aufschluß gibt, und wie selbst bei Ausübung einer sonst durch viele, oft harte und unglückliche, Erfahrungen zu hoher Vollkommenheit gebrachten Kunst noch manche nützliche Andeutungen von ihr zu erwarten stehen.

Achtes Kapitel.

Neues Mauerprofil für Seebauwerke.

226. Ich habe mich sehr über das, was die Grundwellen betrifft, verbreitet, weil ich die größtmöglichste Anzahl von Beweisen ihres wirklichen Bestehens aufbringen wollte, und weil ich, überzeugt davon, daß man nach ihrer Theorie die Form der, dem Meere ausgesetzten Bauwerke bestimmen müsse, auch dafür hielt, daß die Auseinandersetzung aller, auf die Grundwellen bezüglichen Erscheinungen nur nützlich sein könne.

227. Um so bedeutende Wassermassen empor zu heben, wie dieß am Leuchtthurme von Eddystone (120) und am Felsen: das Weib des Lot (121) geschieht, wie sie bei den

Blasebälgen des Teufels (123) und aus der Grotte von Teneriffa (124) strahlenweise emporspritzen, endlich wie sie die gefährlichen Wasserwände beim Pororoca, beim Bore und beim Mascaret (152) bilden, muß das Volumen und die Kraft der Grundwellen ganz außerordentlich sein, und es kann keinem Zweifel unterliegen, daß sie an jenen Wänden, wo sich ihre horizontale Bewegung schnell in eine, mit wunderbarer Kraft, emporsteigende verwandelt, mit entsetzlichem Anschlage wirken *).

---

*) Der Ingenieur des Straßen- und Brückenbaues, Herr Virlat, welcher bei dem Hafenbaue zu Cherbourg angestellt war, bestimmt nach seinen Beobachtungen, daß die Kraft des Meeres auf gestoßene und fortbewegte Körper pr. Quadrat-Metre beiläufig 3000 Kilogramme betrage. Er hat gefunden, daß sein Kalkül sich in folgenden Fällen bestätigte: erstlich bei der ganz außerordentlichen Fortbewegung eines großen Mörsers, im Gewichte von 4 bis 5000 Kilogrammen, der von einer, auf mehr als 4 Metres Höhe über die Enveloppe des Forts du Hommet empor getriebenen Meereswelle, bei einem Sturme im Jahre 1808 in den Graben geworfen wurde; zweitens bei einigen Bétonblöcken, welche von dem obern Theile der Cessartischen Kegel herrühren, und seit Zerstörung dieser Kegel auf dem südlichen Abhange des Dammes von 1784 liegen geblieben sind. Ein solcher Block hat ungefähr 12 Kubik-Metres und möchte 32000 Kilogramme wiegen.

Diese Resultate sind sehr interessant, doch ist es sehr wahrscheinlich, daß die Kraft der Grundwellen viel beträchtlicher sei; denn man muß bemerken, daß jener Theil der Grundwellen, welcher auf den Mörser im Fort du Hommet wirkte, in Folge der bereits erlangten Höhe, schon sehr geschwächt war, und daß, in Bezug auf die Bétonblöcke, ihre Lage von der Art ist, daß sie gegen den ersten Anstoß der Grundwellen einigermaßen geschützt sind. Es wäre nöthig, um sich eine vollkommene Vorstellung von der Wirksamkeit der Grundwellen zu machen, daß man ihre Kraft bei den größten Stürmen im Augenblicke,

228. Hiernach möchte man wohl nicht vertikale Mauer=
profile als die vortheilhaftesten anerkennen, wenn es sich dar=
um handelt, der Wuth des Meeres zu widerstehen. Es ist sehr
wahr, daß die Wände derselben sich der Bewegung der Grund=
wellen unmittelbar entgegenstellen, dafür erhalten sie aber auch
den heftigsten Stoß. Sie werden ihrer ganzen Länge nach,
wie von einem Mauerbrecher, gestoßen, geben früher oder
später sicher nach, und ihre erschütterten Verkleidungen wer=
den von der Rückwirkung des Anschlages herausgerissen. Sonst
sehr gutes Mauerwerk wird allenthalben durchbrochen und
auseinander geworfen, und merkwürdig dabei ist noch, daß
die herausgerissenen Steine selbst Werkzeuge der fortgesetzten
Zerstörung werden, indem sie durch die Grundwellen, und mit
ihnen, öfter gegen das Mauerwerk geworfen werden, und auf
diese Weise die Wirksamkeit derselben vermehren helfen.

229. Die Zerstörungen fangen immer etwas über dem
Fuße der Bauwerke an, weil dieß die Höhe ist, wo die Grund=
wellen das nöthige Volumen erhalten, um mit Kraft zu wirken,
und weil sie auf dieser Höhe auch während der Ebbe und Flut
am längsten und am heftigsten anschlagen können.

230. Einige Ingenieurs glauben, daß man den Zerstö=
rungen der Seebauwerke zuvorkommen könne, indem man
ihre Verkleidungen aus Steinen von ungemeiner Größe zu=
sammensetzt, und betrachten das Volumen des Materiales als
das einzige Mittel, eine vollkommene Solidität zu erhalten.
Es wurden daher manche Seebauten aus Quadern von sehr
großen Dimensionen hergestellt; aber, obgleich diese Bauten
bis jetzt noch kein Merkmal einer bedeutenderen Schadhaftig=
keit zeigen, so kann man sie doch nicht zur Unterstützung die=

---

wo sie sich aus verschiedenen Tiefen und unter Wellen von ver=
schiedener Größe und Geschwindigkeit aus dem Meere empor=
heben, messen könnte.

fer Meinung namentlich anführen, weil sie, wenn ich mich so ausdrücken darf, der kräftigen Wirkung der Grundwellen gleichsam entzogen sind. So sind z. B. die äußeren Quais und die Schleusenköpfe des Kriegshafens von Cherbourg, wie alles Uebrige daselbst, mit großer Vollkommenheit, aus sehr schönen Granitblöcken, aufgeführt, und werden, weil sie die am meisten ausgesetzten Werke sind, als höchst vollkommene Constructionen betrachtet. In der That ist ihre Solidität in der Lage, wo sie sich befinden, wahrscheinlich hinreichend; aber es ist nicht bewiesen, daß ihre Verkleidungen eben so gut widerstehen könnten, wenn sie während der Stürme der Wuth der Grundwellen ausgesetzt wären, was jetzt nicht geschieht, weil der Damm die Rhede deckt. Um an der Stelle, wo jetzt der Damm steht, vertikale Wände jederzeit widerstehen zu machen, wäre es nöthig, sie aus solchen Blöcken zusammen zu setzen, die, einzeln genommen, auch von den größten Grundwellen in dieser Gegend nicht von der Stelle gebracht werden könnten. In Berücksichtigung der Schwierigkeiten der Gewinnung, der Bearbeitung und des Transportes solcher Blöcke, würden aber Constructionen dieser Art außerordentlich theuer sein, und nicht immer fände man in der Nähe der Bauplätze Steinbrüche, in welchen Steine von hinreichendem Volumen und in hinreichend großer Menge gewonnen werden könnten. Oft wäre die Auslage außer Verhältniß mit dem Zwecke der Bauwerke. Es ist daher nützlich, Mittel aufzusuchen, um mit geringerem Aufwande vollkommen dauerhafte Mauern herzustellen, damit man bei allen Bauwerken im Meere nur gewöhnliches und leicht herbeizuschaffendes Material zu verwenden brauchte.

231. Flache Böschungen sind unstreitig diejenigen Flächen, welche dem Gange der Grundwellen den geringsten Widerstand entgegen setzen, und um so weniger einer Zerstörung unterliegen, je sanfter sie sind. Sie sind gleichsam eine Nach-

ahmung des Meeresstrandes, welcher, anstatt zerstört zu werden, durch den von den Grundwellen herbeigeführten Sand stets im guten Stande erhalten, und von den Grundwellen und den zurücklaufenden Wellen unaufhörlich abgeglichen wird. Ich führe in dieser Beziehung das von mir nach der Zerstörung des Schutzdammes von St. Jean de Luz (135) vorgeschlagene künstliche Ufer an. Seine Böschung ist ungefähr jene des natürlichen Strandes; die Figur 38 zeigt sein Profil e A f g h m n. Es erhebt sich beiläufig 3,5 Metres (11 Schuh) über die Fläche des zu schützenden Erdreiches, wo die Stadt steht; der hinterste Theil desselben besteht aus einem besonderen Körper von Erde, mit Sand vermengt, i k m n, und ist beiderseits trocken mit Steinen verkleidet. Dieses Ufer widersteht sehr gut; die ungestümsten Grundwellen breiten sich darauf aus und bedecken es noch weit höher als zum Punkte F, welcher im gleichen Niveau mit der Stadt liegt, mit Schaum, ohne seine Oberfläche im Geringsten anzugreifen, ja sie hat sich selbst verbessert und in dem Punkte f und hoch oben in h sogar erhöht, und es bildete sich an letzterem Punkte, so wie gewöhnlich auf der Höhe eines natürlichen Strandes, ein kleiner Sandhügel *).

---

*) Herr Blondeau hatte im Jahre 1777, um die Insel Noirmoutiers vor den Verwüstungen des Meeres, das in wenigen Stunden den durch ein ganzes Jahr gebauten Damm zerstörte, zu beschützen, einen künstlichen Strand vorgeschlagen. Um seine Motive besser zu unterstützen, führte er als Beispiel den guten Erfolg eines künstlichen Strandes an, den man statt der Dämme, um das Dorf Sangatte bei Calais zu beschützen, ausgeführt hatte; aber aller Orten läßt sich diese Art von Ufer nicht herstellen, und erst in der letzten Zeit gelang es, die Insel Noirmoutiers mittelst des erwähnten Dammes von Devin (224) der jetzt ein künstliches, durch Versandungssporne (épis d'ensablement) verstärktes Ufer bildet, zu sichern. (Mémoire, inséré au tome X du Journal de physique p. 382.)

Bemerkenswerth bleibt es, daß dieser Strand, obgleich weniger hoch, als der frühere Damm, das Meer doch viel besser zurückhält, ein Resultat, das mit der Theorie übereinstimmt.

Das neue Ufer von St. Jean de Luz entspricht dem damals vor Augen gehabten doppelten Zwecke: die Stadt schnell der großen Gefahr eines neuen Angriffes von Seite des Meeres zu entziehen und den Ingenieurs Zeit zu geben, Schutzbauten aus Mauerwerk zu entwerfen, welche jedenfalls kostspieliger, aber wahrscheinlich nicht zweckmäßiger und leichter im Stande zu erhalten sein dürften.

232. Die Vortheile der, zur Aufnahme der Grundwellen bestimmten, sanften Böschungen und jeder derlei geneigten Ebenen, wiegen indeſſen den Nachtheil nicht auf, daß sie viel Terrain, über das man nicht stets verfügen kann, brauchen, und dort sehr kostspielig sind, wo es nöthig wäre, sie aus Mauerwerk auf soliden Gründungen herzustellen. Es gibt außerdem noch Fälle, wo die Anwendung flacher Böschungen gar nicht zulässig ist, wie namentlich bei Quais, Molos und bei fortificatorischen Mauern. — Bettungen, welche man zuweilen anlegt, um den Fuß der Bauwerke vor Unterspühlungen zu schützen, werden gewöhnlich den zu schützenden Theilen noch dadurch nachtheilig, daß sie den Grundwellen alle ihre Heftigkeit, an die Verkleidungen anzuschlagen, lassen.

233. Die Theorie der Grundwellen gibt uns eine Gestalt der Verkleidungen an, welche von allen diesen Nachtheilen frei ist, und uns in den Stand setzt, zu gleicher Zeit alle Bedingungen, in Beziehung auf die Bestimmung der Bauwerke und in Betreff des, dem Meere entgegen zu setzenden, Widerstandes, vollkommen zu erfüllen.

Da die Grundwellen nichts Anderes, als auf dem Grunde des Meeres dahinlaufende und von den Wellenschwingungen geführte Wassermassen sind (92), so ist das beste Mittel, ih=

153

ren Stoß aufzuheben, gewiß die Entgegensetzung einer solchen Fläche, welche ihre Richtung in jedem Augenblicke ablenkt, so daß die anfängliche horizontale Bewegung allmälig ohne Stoß in eine vertikale übergeführt wird.

Eine concave, nach einem Kreißsegmente, dessen Profil, Figur 40, A P' ist, hergestellte Verkleidung erfüllet diesen Zweck; denn die am Grunde tangential aufgenommenen Grundwellen b und c werden abgelenkt und bis an die Oberfläche des Meeres A geführt, wo ihre Wirkung sich in die Luft verliert. Diese Grundwellen brechen sich dann mit den andern gewöhnlichen, und üben weiter keinen Stoß mehr gegen die Verkleidung des Mauerwerkes aus; sie heben sogar den der schwingenden Wassermasse auf, indem sie sich gerade in dem Momente, wo in Folge der Bahnbewegung der Wasserelementchen (48) ein solcher Schlag erfolgen sollte, zwischen das Mauerwerk und die schwingenden Wellen eindrängen.

234. Ich habe, ohne mich mit der Aufsuchung derjenigen Kurve, welche den, allenfalls zu setzenden Bedingungen am besten entspräche, aufzuhalten (weil diese Untersuchung am Ende doch fast nutzlos ist), für die Profile blos Kreißsegmente angewendet.

Eine Kurve, welche an demjenigen Punkte, wo sie mit dem Grunde des Meeres tangential zusammen läuft, einen sehr großen Krümmungshalbmesser hat, wie dieß bei einem Bogen der Ellipse, der Cycloide oder der Spirale der Fall wäre, entspräche deßwegen besser, weil die Ablenkung der Grundwellen von ihrem Wege anfangs unmerklich und allmälig immer beträchtlicher würde. Aber ohne großen Vortheil müßte die Masse des Mauerwerkes und die Ausdehnung der Gründungen vermehrt werden, und es würden sich Schwierigkeiten bei der Zuarbeitung der Steine und bei der Mauerung ergeben, die bei Kreißstücken nicht vorkommen.

235. Ich habe dieses Profil im Jahre 1818 vorgeschla=

gen, und es selbst bei den großen Wiederherstellungen an der Befestigung von St. Martin auf der Insel Ré im Jahre 1820 ausführen lassen. Diese Reparaturen sind seither nach demselben Systeme fortgesetzt worden, so daß jetzt 425 Currentmetres, nach diesem Profile hergestellte Verkleidungen von dem Meere bespült werden. Der Erfolg davon ist vollständig zu nennen. Die Grundwellen spielen auf den Oberflächen derselben, und man kann jetzt von ihrem Anstoße, der sonst an denselben Stellen der Mauern Statt fand, und von dem sie auch zerstört wurden, weder etwas hören noch sonst verspüren. Es sind jetzt bereits mehr als zehn Jahre verflossen, seit die ersten Theile dieser concaven Verkleidungen hergestellt wurden, und obwohl dieß, im Vergleiche mit der Dauer, welche man von jedem Bauwerke zu erwarten berechtigt ist, nur ein sehr kurzer Zeitraum genannt werden kann, so genügt dieser Versuch doch schon, um alle Vortheile dieses Mauerprofiles zu würdigen.

Die Figur 41 zeigt das Profil, so wie es aus Oekonomie, den Lokalitäten anpassend, auf der Insel Ré ausgeführt wurde. Die Verkleidung A B der alten, mit einer ebenen Oberfläche versehenen Mauer war zerstört, und das angegriffene Mauerwerk zeigte eine unregelmäßige Oberfläche a b. Dem Halbmesser des eingehenden Bogens hat man nur acht Metres zur Länge gegeben.

286. Außer dem vorgesetzten Hauptzwecke, nämlich dem, die schädliche Wirkung der Grundwellen aufzuheben, erlangte ich überdieß durch das neue Profil auch noch einen hohen Grad von Festigkeit, indem die Steine der Verkleidung so wie zu einem Gewölbe angearbeitet und gelegt wurden, daher auch keiner, selbst wenn heftige Stöße unter diesen Verhältnissen möglich wären, von seiner Stelle rücken könnte. Dieses sichert den erwähnten Reparaturarbeiten eine längere Dauer, als sie bei der seit 1634 bestehenden Verkleidung der früheren Con-

struction möglich war, und gewährt eine unvergleichlich größere Solidität, als wenn ich mich bloß, wie es mehrmals an derselben Stelle geschehen ist, darauf beschränkt hätte, das alte Profil A B beizubehalten. Bei Anwendung meines Profiles zu Neubauten müßte sich die größere Solidität in noch höherem Grade ergeben.

237. Der Felsen- und jeder andere gute Baugrund hat für die concaven Profile noch den besonderen Vortheil, der ersten Schaar der Gewölbsteine an und für sich einen unverrückbaren Stützpunkt zu gewähren. Doch braucht man keineswegs auf minder gutem Grunde diesem Profile zu entsagen; es wäre bloß nöthig, die Verkleidung in Form einer Bettung, PR Fig. 42, tangential zur Krümmung des Profils und zum Meeresgrunde zu verlängern, und dadurch für den umgekehrten Bogen ein hinreichend breites gemauertes Auflager herzustellen. Zu dieser Bettung werden die größtmöglichen Steine verwendet, und in Falzen und Schwalbenschweifen gehörig verschnitten; das Ganze ruhet auf einem doppelten Holzroste oder auf einer Béton-Unterlage, damit der Schub der Verkleidung, der übrigens, da die Gewölbsteine größtentheils auf dem Mauerwerke ruhen, nicht bedeutend ist, gehörig aufgenommen werde. Da die Bettung niedriger liegt, als das Niveau der Grundwellen, so ist von der Wirkung der letzteren nichts zu besorgen, doch könnte man davor eine Faschinenlage anbringen, oder selbst eine Spundwand einschlagen lassen, um den Grund zusammen zu halten, und jeder Setzung vorzubeugen; eine Steinschüttung dürfte jedoch nicht gemacht werden, weil sie gewiß Veranlassung zur Zerstörung des ganzen Bauwerkes sein würde (135).

238. Ein Umstand machte die Herstellung der Gründungen auf der Insel Ré sehr leicht; man konnte nämlich daran zur Ebbezeit arbeiten: wenn sich das Meer aber nicht zurückgezogen und die Baustelle nicht hinlängliche Zeit, oder nicht

gänzlich verlassen hätte, so wären künstliche Mittel in Anspruch zu nehmen gewesen, um die Arbeit im Trockenen vornehmen zu können. Ich werde im nächsten Kapitel zwei Methoden in Vorschlag bringen, um auch in den schwierigsten Fällen, das ist, bei großen Wassertiefen, Gründungen ohne Ausschöpfungen auszuführen.

239. Herr von Baudre, Ingenieur en chef des Straßen- und Brückenbaues, welchem ich eine Zeichnung meines concaven Profiles mitgetheilt, und von dessen gutem Erfolge auf der Insel R é erzählt hatte, machte, als er im Jahre 1823 mit den Seebauten bei St. Jean de Luz beauftragt war, davon bei der Herstellung des Hafen-Molo's von Socoa in der Bai von St. Jean de Luz, eine Anwendung. Er dachte, so wie ich, daß dieses Profil die Solidität der Herstellungen für immerwährende Zeiten verbürgen könne, während gar keine zu hoffen blieb, wenn man die Verkleidungen mit senkrechten Wänden wieder so hergestellt hätte, wie sie nach dem Prinzip des Herrn von Brémontier vor kaum 50 Jahren, zugleich mit dem Molo, erbaut worden sind.

Das noch im Baue begriffene Profil wird durch die Figur 48 dargestellt; es ist aus zwei verschiedenen Zirkelstücken zusammengesetzt. Man hat dem unteren Bogen einen Halbmesser von 11 Metres, dem obern einen Halbmesser von 8 Metres gegeben. Das Niveau der Ebbe erlaubte hier auch, so wie auf der Insel R é, die Gründung im Trockenen vorzunehmen.

240. Man könnte das Profil aus einer großen Zahl von Bögen, von verschiedenen Halbmessern, zusammensetzen, um es einem Stücke der Cycloide oder der Spirale ähnlich zu machen. Die Hauptsache dabei ist, daß die krumme Linie sich mit dem Grunde des Meeres, und eben so mit der Oberfläche der Mauer tangential verbinde. Das Bauwerk muß übrigens jedenfalls hoch genug sein, um die Bewegung der Grundwellen bei jedem Meeresstande zu leiten und allen Anstoß dersel-

ben schlechterdings unmöglich zu machen. Am angemessensten scheint es mir zu sein, wenn man den Tangirungspunkt der krummen Linie mit der Mauerflucht in das Niveau des höchsten Meeres legt, vorausgesetzt, daß dieß die Ausdehnung der concaven Oberfläche nicht zu sehr einschränkt, wodurch der Zweck verfehlt würde. In dem letzten Falle müßte man jenen Punkt über dieses Niveau legen, wie es auf der Insel Ré geschah, und ihn so annehmen, daß die Concavität den Grundwellen zu ihrer völligen Entwickelung hinlänglichen Raum darbiete. In keinem Falle dürfte jedoch der Tangirungspunkt zu niedrig, oder unter dem Niveau des höchsten Meeres angenommen werden, um nicht etwa einen Theil der ebenen Mauer dem Stoße solcher Wellen auszusetzen, welche noch nicht zu einer Höhe gelangt sind, wo ihre Wirkung sich bricht.

241. Man muß sich hüten, in solcher Höhe, bis wohin die Grundwellen noch aufsteigen könnten, an den Verkleidungen der Bauwerke Gesimse, Kordons, oder überhaupt vorspringende Verzierungen anzulegen, denn sie würden sicher zerstört werden.

242. Es ist oft nicht hinreichend, den obersten Theil eines Quais oder eines Molo's höher, als das Niveau der höchsten Wellengipfel zu halten, um ihn der Benetzung von dem, durch die aufsteigende Bewegung der Grundwellen schäumend emporgetriebenen, Wasser zu entziehen. Man erreicht diesen Zweck durch ein Parapet, Figur 43; um aber die Unkosten für dieses Parapet bei den concaven Mauern zu ersparen, könnte man das Profil überhängend fortsetzen, so wie es die Fig. 44 zeigt. Dadurch würde, ohne Erhöhung des Mauerwerkes, das sich brechende Wasser wieder ins Meer zurück geworfen. Die vollkommene Festigkeit des obern Theiles ließe sich, durch Anwendung von sehr großen Steinen und durch eine solche Anordnung derselben, wo mehrere Schaaren unter einander verbunden sind, ohne Schwierigkeit erzielen.

243. Die einzige, anscheinend richtige Einwendung gegen mein concaves Profil betrifft den Kostenpunkt, weil concav hergestellte Mauern wirklich theurer sind, als senkrechte, oder die mit einer kleinen Böschung. Die Antwort darauf ist jedoch einfach und bestimmt folgende: So gering auch die Auslage für die erste Herstellung einer, mit geraden Oberflächen versehenen, und den Grundwellen ausgesetzten Mauer erscheinen mag, so ist der größte Theil derselben doch verloren, weil die Erfahrung lehrt, daß solche Mauern nicht Stand halten, und Veranlassung zu immerwährenden, wenig dauerhaften Reparaturen geben, so zwar, daß nach Verlauf einer gewissen Anzahl Jahre die Summe der Unkosten, mit Inbegriff jener für die wiederholten Reparaturen, den höheren Preis für die Erbauung einer concaven Mauer, deren Dauer fast unabsehbar ist, und wo fast gar keine Reparaturen nöthig werden, bei weitem überschreitet.

Man könnte sagen: daß es möglich sei, wenn man die kleinen Schadhaftigkeiten, sobald sie sich zeigen, gleich herstellet, auch die lange Dauer einer ebenen Verkleidung zu sichern. Wenn es schon eine große Unzukömmlichkeit ist, die Zerstörung eines Bauwerkes von der Sorglosigkeit oder Vergessenheit abhängig zu wissen, so muß man auch noch bemerken, daß die Schäden anfänglich innerhalb und versteckt sind, indem sie mit dem Bruche der Binder, und dem Loslösen der in das Mauerwerk eingreifenden Quader beginnen, und daß, wenn sie sichtbar werden, sie sich nicht auf einzelne erschütterte Steine beschränken, sondern weit öfter bereits ein großes Stück der Verkleidung losgerissen ist, und mit einem Male zusammenstürzt. Kleine Reparaturen können solche Zerstörungen weder gut machen, noch ihnen zuvor kommen; sobald eine Verrückung der Verkleidung sichtbar wird, ist das Uebel schon zu groß, um dessen Verbesserung von den zur gewöhnlichen Instandhaltung bestimmten Summen bestreiten zu können.

Die Wiederherstellung solcher zerstörten Verkleidungen, nach der ursprünglichen Form, bleibt stets eine Flickerei ohne Haltbarkeit, so groß auch die Sorgfalt bei der Arbeit sein möchte, und so künstlich man auch das alte Mauerwerk mit dem neuen zu verbinden bemüht wäre, und dieß in um so höherem Grade, je bedeutender die Reparaturobjecte sind. Es gibt viele berlei Wiederherstellungen, welche mehrmals, kaum beendiget, schnell von den Grundwellen wieder zerstört worden sind. Es kann daher nicht fehlen, daß man für die größere Auslage zu der neuen Art von Mauern, durch die Ersparung an Reparaturen völlig entschädigt wird.

244. Uebrigens verursacht das von mir angegebene concave Profil bei weitem nicht eine so große Kostenvermehrung, als man auf den ersten Blick hin denken möchte; denn der breite Fuß der neuen Mauern gestattet, ohne Beeinträchtigung der Stabilität gegen den Erbdruck, eine bedeutende Verminderung der oberen Mauerdicke.

245. Wenn die Mauern nur solchen Grundwellen ausgesetzt sind, die bloß Schlamm und sehr feinen Sand führen, so kann zur Verkleidung ein Stein von mittlerer Härte verwendet werden; führen die Grundwellen jedoch Geschiebe, so werden die Steine der Verkleidung durch die Reibung angegriffen, und es können nur sehr harte Steine für dieselbe zweckmäßig sein. Dessen ungeachtet hat man für die concaven Mauern auf der Insel Ré doch keine harten Steine vorgeschlagen; aber nur aus Besorgniß, daß dieß ein Grund werden könnte, einen so nützlichen Versuch zu verzögern. Die dortigen Verkleidungen sind aus Steinen von Saintonge, welche keine besondere Härte haben, hergestellt, und die Geschiebe haben hie und da Furchen in ihnen gebildet. Diese Art von Beschädigung hat Veranlassung zu dem Einwurfe gegeben, daß die Geschiebe an den geraden Mauern keine solche Reibung ausüben, als an den concaven. Dieß kann wahr

sein; aber die, von der Reibung der Geschiebe an den weichen Steinen der concaven Mauer sehr langsam zunehmende Beschädigung ist in gar keinen Vergleich zu stellen mit der schnellen und gewaltsamen Verrückung der Verkleidungssteine eines ebenen Profils durch die Grundwellen. Die einfachste und sicherste Abhilfe des, von der Reibung der Geschiebe an den concaven Mauern herkommenden Nachtheiles ist die Anwendung einer solchen Steingattung zu deren Verkleidungen, welche härter ist, als die Geschiebe; zur geradlinigten Verkleidung einer, von den Grundwellen getroffenen Mauer könnte man aber auch den härtesten Porphyr nehmen, sie würde nichts destoweniger schnell erschüttert und auseinandergeworfen werden.

246. Bei dem Hafen-Molo von Socoa sind derlei Beschädigungen durch die Reibung des Sandes und der Geschiebe nicht zu befürchten, weil die zu seiner Verkleidung verwendeten Steine außerordentlich hart sind. Den Granit findet man fast allenthalben in der Nähe der Küsten, und sein Transport zu Wasser in Blöcken von mittlerer Größe ist nicht sehr kostspielig; es ist daher kein Anstand vorhanden, ihn bei Herstellung von concaven Mauern zu verwenden. Man wird dabei, welches auch sein Anschaffungspreis sein möchte, immer noch Vortheil ziehen, denn die Verkleidung kann, in Bezug auf seine Härte, eine geringere, mittlere Dicke erhalten, als bei einem weicheren Steine nöthig wäre.

247. Man wendet endlich gegen das System der concaven Verkleidungen ein, daß, im Falle bedeutenderer Zerstörungen, wenn nämlich die Ersetzung einiger Steine nothwendig wird, die Reparatur-Arbeiten schwieriger, als bei den ebenen Mauern wären; doch kann man leicht einsehen, daß diese Schwierigkeit nicht größer sein kann, als die, wenn es sich darum handelt, Steine in ein nach Art eines umgekehrten Gewölbes hergestelltes Radier, oder in eine, nach einem eingehenden Bogen gebaute Futter-Mauer einzusetzen.

Der einzige, von der Krümmung der Verkleidungsoberfläche herrührende Nachtheil besteht darin: daß der letzte Stein bei der Reparaturarbeit nicht als Gewölbestein zugearbeitet werden kann; seine beiden Lagerflächen müssen parallel laufen, so wie die entsprechenden Theile der zwei Nachbarschaaren, damit der betreffende Stein gleichsam wie ein Schlußstein an seine Stelle gebracht, und dort fest gemacht werden könne. In Beziehung auf die Eigenthümlichkeit der concaven Oberfläche, die Grundwellen abzulenken, braucht man keine Besorgniß zu tragen, daß irgend eine Erschütterung diesen Schlußstein von seinem Platze reißen werde. Nicht so ist es aber in Bezug auf die bei den Reparaturen neu eingesetzten Steine einer, von den Grundwellen getroffenen, ebenen Mauerverkleidung. Die Schwierigkeiten sind demnach für beide Mauerprofile ziemlich dieselben; und wären sie auch für die concaven Verkleidungen größer, so ist wenigstens der Erfolg der Reparaturen sicher, während bei den ebenen Verkleidungen gerade das Gegentheil Statt findet.

248. Ich habe im vorigen Kapitel bemerkt, daß die Dämme, welche man zum Schutze der Anhägerungen dem Meere entgegensetzt, weit auslaufende, zuweilen aus Faschinenwerk hergestellte Böschungen haben. Es wäre nicht unnütz, zu versuchen, statt dieser sanften Böschungen ein concaves Profil, ebenfalls aus Faschinen, dessen Ausführung keiner besonderen Schwierigkeit zu unterliegen scheint, anzuwenden. Die Bauwerke würden dadurch fester, die Dämme nähmen weniger Raum ein, sie würden die Grundwellen völlig vernichten, und gäben daher einen besseren Schutz.

249. An einigen Punkten des Oceans bestehen die zum Schutze der, unter dem Niveau des höchsten Meeres liegenden, Ländereien hergestellten Dämme aus Erde und Sand, an der Seeseite mit einer Lage thoniger Erde belegt, und mit Steinen verkleidet; sie stellen den Grundwellen eine Böschung

entgegen, deren Anlage doppelt so groß ist, als ihre Höhe. Seit einiger Zeit ersetzt man diese Abpflasterungen durch förmliche Mauern, deren Außenwand aus Bruchsteinen gebildet ist, und ein Viertel der Höhe zur Böschungsanlage hat. Die Anwendung meines Profils zu diesen Dämmen brächte eine große Ersparung in Bezug auf die Erhaltung zuwege; das Mauerwerk selbst könnte trocken aufgeführt werden, und nur die, nicht gar zu starke, Verkleidung wäre in Mörtel zu legen, damit die nöthige Solidität erlangt werde*).

250. Ungeachtet aller Vortheile meines Systemes der concaven Mauern bin ich doch weit entfernt, es überall und für alle Bauten am Meere als zweckmäßig vorzuschlagen. Es ist unstreitig das Einzige, welches man den Grundwellen, sobald sie, von was immer für einer Seite herkommend, das Mauerwerk treffen, mit Vortheil entgegen setzen darf. Bei jeder anderen Stellung des Bauwerkes jedoch, wo die Verkleidung parallel mit der beständigen, oder wenig veränderlichen Richtung, nach welcher sich die Wellen fortpflanzen, liegt, wo also die unter der Undulation fortschreitenden Grundwellen eigentlich nicht anschlagen, wäre das concave Profil nicht al-

---

*) Der Ingenieur-Hauptmann Dobeinheim, welcher im Jahre 1794 mit der Wiederherstellung des Schutzmauerwerks auf den vom Meere bespülten Dämmen zwischen den Marktflecken Saint-Vaast und la Hougue beauftragt war, baute statt der oft zerstörten früheren verticalen Mauer eine Böschung unter dem Winkel von 45 Graden mit retirirenden Schaaren, Fig. 74, in der Absicht, den Mörtel in den Fugen besser zu schützen, und den Wellen durch die allenfalls von der Stelle gerückten Steine durchaus keinen Anstoß zu geben. Diese Anordnung hat sehr lange bestanden; sie ist gut bei kleinen Bauwerken; bei verticalen Mauern hat das Zurücktreten der Schaaren keinen Zweck, auf langen Böschungen wäre es vielleicht gar nachtheilig, weil die zurücklaufenden Wellen angehalten werden.

lein unnütz, sondern selbst ungeschickt angebracht. In diesem Falle gebietet die Oekonomie, das gewöhnliche Profil beizubehalten, und nur jene zweckmäßigere Anordnung der Verkleidungssteine anzuwenden, welche im 10. Kapitel besprochen werden wird.

251. Der Zweck meines concaven Profiles ist, wie man gesehen hat, der, die Grundwellen vom Meeresbette aufzunehmen, und sie allmälig, ohne Stöße, bis an die Oberfläche des Wassers zu führen, wo sie ihre Kraft, indem sie in die Luft hinwirkt, verlieren, und in sich selber zurückfallen. Ich glaube nicht, daß man vor mir etwas dergleichen ausgeführt, oder auch nur projectirt habe.

Einige concave Theile, welche man zuweilen bei Seebauten angewendet findet, bilden nur Bögen von wenig Graden, und dienen blos dazu, zwei Ebenen, welche mit einander einen sehr großen Winkel bilden, zu vereinigen, wie in a b, Fig. 45, im Profile eines, im Jahre 1734 für die Bauten am Adour projectirten Dammkopfes zu sehen ist; oder sie hatten zum Zwecke, die letzte Kraft einer auslaufenden Welle zu brechen, um auf diese Art die Böschung verkürzen, und die Dicke des Dammes ein wenig verringern zu können, wie dieß das Profil des, im Jahre 1822 zerstörten Dammes von St. Jean de Luz in CD zeigt. Sie sind von geringer Größe, und an solchen Stellen angebracht, daß man leicht wahrnehmen kann, es sei bei ihrer Anordnung nicht im Geringsten auf die Grundwellen, die man überdieß damals noch gar nicht kannte, Bedacht genommen worden.

Von bedeutenderen solcher concaven Verbindungen zweier Ebenen, welche doch wenigstens in Beziehung auf ihre Größe einige Aehnlichkeit mit meinem Profile haben, vermochte ich nur zwei aufzufinden. Sie sind durch die Figuren 46 und 47 dargestellt, aber nicht etwa als Muster zur Nachahmung, sondern im Gegentheile als Anordnungen, welche man sorgfältig vermeiden muß, weil sie den von mir entwickelten Prinzipien nicht entsprechen.

252. Das ältere dieser beiden Profile, Fig. 46, ist im Jahre 1734 von dem Fortifikations-Directeur, Herrn Touros, für die schon lange vorher projektirten, und damals wieder in Antrag gebrachten Dämme von St. Barbe und von Socoa entworfen worden. Der Zweck der Dämme war, die Einfahrt zur Rhede von St. Jean de Luz bis auf 80 Klafter zu verengen, und Ruhe im Innern dieser, allen Stürmen ausgesetzten Rhede herzustellen. Man wollte sie, wie aus dem Profile zu ersehen ist, auf eine Schüttung von verlorenen Steinen gründen, deren Höhe an den tiefsten Stellen unter dem Wasser 40 Fuß betragen hätte, und deren Böschung auf der Seeseite drei zur Anlage, und zwei zur Höhe gegeben werden sollte. Der Anfang des concaven Theiles vom Mauerwerke lag im Niveau des niedrigen Meeres; dem Halbmesser des Segmentes wurden 5,5 Metres gegeben. Es ist leicht vorauszusehen, daß, wenn die Dämme nach diesem Profile erbaut worden wären, die enormen Grundwellen auf der Rhede von St. Jean de Luz, so wie es im Jahre 1822 am Schutzdeiche geschah (135), auch hier die Blöcke der Steinschüttung ergriffen, und bis zu dessen gänzlicher Zerstörung gegen das Mauerwerk gestoßen haben würden. Es scheint, daß diese Dämme deßwegen nicht begonnen worden sind, weil die Militär-Ingenieurs, so wie jene des Straßen- und Brückenbaues, die ungeheueren Schwierigkeiten dieser Arbeit zu ermessen vermochten, und weil die Seeleute von St. Jean de Luz, welche die Heftigkeit des Meeres an ihrer Küste zu beurtheilen geübt sind, der Ueberzeugung waren, daß den Winter hindurch dasjenige zerstört werden würde, was im Sommer gebaut worden war*).

---

*) Mémoire sur la baie de St. Jean de Luz pa M. le chevalier Isle, 1788.

Es ist ein Glück, daß man den Versuch mit dieser Konstruktion nicht unternommen hat; sie würde dasselbe Schicksal wie der Schutzdamm, und wie jener von Becquet gehabt haben.

253. Neun und vierzig Jahre später wurde der Bau der zwei Dämme, nachdem es dem Herrn von Brémontier gelungen war, zu beweisen, daß die durch eine enge Einfahrt eindringenden Wellen sich auf der weiten Oberfläche der Rhede verlieren, vom Neuem beschlossen und begonnen.

254. Es ist keinem Zweifel unterworfen, daß ein concaves Profil, wie das Fig. 40, beim Bau dieser Dämme mit dem besten Erfolge angewendet gewesen wäre; so aber zeigten die, nach Brémontier's Systeme, mit vertikalen Oberflächen hergestellten Theile, nachdem man kaum 80 Klafter auf der Seite von St. Barbe vollendet, und 70 Klafter auf der Seite des Forts von Socoa zur Ebbezeit gegründet hatte, schon bedeutende Zerstörungen. Die Revolution unterbrach diese Arbeiten. Nachdem die Zerstörungen an den Enden der Dämme und an verschiedenen Punkten ihrer Länge schnell zunahmen, und sich durch und durch gehende Löcher gebildet hatten, überließ man das Ganze seinem Schicksale, in der noch immer gehegten Ueberzeugung, daß an dieser Stelle ein Bauwerk nicht ausführbar sei, während der unglückliche Erfolg dieser nützlichen Unternehmung doch nur dem fehlerhaften Profile, welches man gewählt hatte, zuzuschreiben ist.

Wenn die beiden Dämme an den für sie bestimmten Stellen zweckmäßig erbaut worden wären, so hätten sie gewiß Ruhe auf der Rhede hervorgebracht. Der gute Erfolg, welchen die im Jahre 1788 erbauten zwei Stücke während der kurzen Zeit ihres Bestandes hervorbrachten, gab hiervon den Beweis. Sie hätten den Schutzdeich entbehrlich gemacht, der Stadt St. Jean de Luz den Vortheil ihres Hafens gesichert, und der Marine eine ausgedehnte Zufluchtsstätte gewährt.

255. Bei Anwendung meines Profiles für diese Dämme hätte man demjenigen Theile, der zur Zeit der Ebbe gegründet werden kann, so wie dem, in der Wiederherstellung begriffenen Molo von Socoa (236), Fig. 48, einen Halbmesser von 10 Metres geben können. Für größere Tiefen würde der Halbmesser sich verändert, und höchstens 28 Metres erhalten haben; zugleich hätten an solchen Stellen die Dämme bis zum Niveau des niedrigen Meeres, nach einer der im nächsten Kapitel angegebenen Arten gegründet werden können.

256. Das zweite Profil, Fig. 47, ist von D. Thomas Munos, Ingenieur en Chef bei der spanischen Marine, der sich desselben bei der Wiederherstellung der südlichen Umfassung von Cadix vom Jahre 1787 bis 1795 bediente. Der concave Theil ist ein Stück einer Ellipse, dessen mittlerer Krümmungshalbmesser beiläufig 5 Metres beträgt, und dient dazu, die Linie der Mauerflucht, und die Oberfläche einer mit Bohlen belegten Bettung von 17,5 Metres Länge in eine continuirliche Verbindung zu bringen. Eine Reihe fest an einander schließender, mit Mauerwerk angefüllter Kästen, die nur wenig über das niedrigste Wasser hervorragten, und vor welchen dann eine Steinschüttung ausgeführt wurde, hatte dem, wahrscheinlich mit Béton ausgefüllten Hauptkörper der Bettung als Umfassung gedient. Die Bohlenverkleidung hatte zum Zwecke, die Auswaschung des Mauerwerkes durch das Meer vorläufig zu verhindern, oder demselben doch Zeit zu lassen, um eine zum alleinigen Widerstande hinlängliche Konsistenz anzunehmen. Nach dieser Konstruktion ist eine Länge von mehr als 1000 Metres ausgeführt worden. Sie hat in den 9 Jahren, während welchen man daran arbeitete und zugleich die vor ihrer Beendigung häufig eingetretenen

Beschädigungen herstellte, beiläufig 112 Millionen Franken gekostet. Im Jahre 1796 überließ man dieß Bauwerk sich selbst, weil man erkannte, daß es keine Mittel gäbe, den in den Wintermonaten jährlich verursachten Beschädigungen zuvor zu kommen. Jetzt ist es gänzlich verfallen; man findet kaum hie und da einige Spuren der Bettung oder der Kästen, welche sie umschloßen. Man hat mit der Zeit wahrgenommen, daß dieses Mauerwerk durch die Blöcke der Steinschüttung, welche auf die Bettung geworfen und bis an die Mauer getrieben wurden, zerstört worden sei. Es kann keinem Zweifel unterworfen seyn, daß diese Bewegung der Steinblöcke, so wie bei St. Jean de Luz und im Hafen von Becquet von den furchtbaren Grundwellen herrührte, die der Ocean mit den ungeheuren Wogen herbeiführte. Auf diese Weise sind die Steinschüttungen der Dämme von Becquet und von St. Jean de Luz, und der Umfassungsmauer von Cadix gleich Nachtheil bringend für jene Bauten gewesen, zu deren Schutze sie bestimmt waren.

257. Man könnte die Einwendung machen, daß andere Steinschüttungen, so wie jene der Dämme am Abour, keine Beschädigungen veranlaßt haben; die Ursache davon liegt aber in dem Umstande, daß namentlich diese Steinschüttungen von den Grundwellen, die schon an der Sandanhäufung (Barre) angehalten werden und sich brechen, nicht erreicht werden.

Man könnte ferner einwenden, daß Steinschüttungen den Brückenpfeilern eben so wenig, wie in vielen andern Fällen nachtheilig sind; dieß kommt daher, weil es in den Flüssen, so entfernt von der Einmündung, als gewöhnlich die Brücken zu stehen pflegen, keine hinreichend kräftigen Grundwellen gibt. Im Allgemeinen kann man sagen: daß Steinschüttungen dort, wo sie keine Zerstörungen verursachen, vor Grundwellen geschützt sein werden. Man muß sich daher sehr sorgfältig enthalten, sie irgend bei einem Bauwerke anzuwenden, welches den Wellen, und den meistens unter ihnen fortlaufenden Grundwellen ausgesetzt ist.

258. In England wurden auch verschiedene Mauern nach einem etwas concaven Profile hergestellt. Aus einem solchen Profile, Fig. 48*), läßt sich indessen leicht abnehmen, daß sie nicht dazu bestimmt sind, die Grundwellen, welche beinahe mit derselben Heftigkeit wie auf ebene Flächen anschlagen, unschädlich zu machen. Die Krümmung jener Profile dient bloß dazu, den Mauern eine größere Widerstandsfähigkeit gegen den Erddruck, und eine nach Art der Wölbungen zugearbeitete Verkleidung zu geben. Uebrigens wurden diese Mauern bisher immer nur zu Quai's in den Docks, zu Werften und zu Schleusen, also stets dort angewendet, wo sie dem Angriffe des Meeres nicht ausgesetzt sind. Ihre concave Form hat also mit der meines Profiles nichts gemein. Das einzige, mir bekannte Beispiel, das anscheinend einen gleichen Zweck hat, ist die weit auslaufende concave Böschung des Hafendammes zu Bamff in Schottland, wovon ich, ebenfalls nach Karl Dupin, Fig. 49, einen Durchschnitt gebe. Doch zeigt die außerordentlich gedehnte Form dieses Profiles, daß hier nur das System der flachen Böschungen und der Vortheil des gewölbartigen Steinschnittes für die Verkleidung verbunden worden sind, und daß bei dem Entwurfe desselben eine Bekanntschaft mit den Grundwellen nicht vorausgesetzt werden kann, weil man sonst ohne Noth wohl nicht eine so bedeutende Ausdehnung des Ganzen angeordnet hätte.

259. Endlich mache ich noch aufmerksam darauf, daß es zwischen meinem concaven Profile und jenem der Molo's, von welchen Bernardin de Saint-Pierre in seinen Wer-

---

*) Voyage dans la Grand-Brétagne par M. Charles Dupin. Force navale, force commerciale.

ten Erwähnung thut, keine Aehnlichkeit gibt. Diese Molo's bildeten, statt einer Böschung, eine lange concave Fläche, auf welcher sich die Wellen des Amazonen-Flusses sanft brechen konnten. Diese Beschreibung deutet auf eine Aehnlichkeit mit dem Damme von Bamff hin, nicht aber auf eine mit meinem Profile; denn bei meinen concaven Mauern ist die Krümmung, anstatt sich in die Länge zu ziehen, im Gegentheile so kurz als möglich, um die Breite der Fundamente und die Masse des Mauerwerks zu verringern; übrigens ist ihr Zweck auch nicht, die Wellen sanft brechen zu machen, sondern die Grundwellen aufzunehmen, und ihre ganze Kraft zu ihrer eigenen Zerstörung anzuwenden.

260. Die Idee, den Verkleidungen der Mauern ein concaves Profil zu geben, ist nicht neu; es bestehen Beispiele davon bei antiken, sogenannten cyclopischen Bauwerken, und eben sowohl bei Constructionen aus neuerer Zeit. Man könnte demnach sagen, daß es bei der Erfindung meines concaven Profiles nichts Neues gäbe; das Neue dabei ist aber die Anwendung der Concavität zur Aufnahme und Zerstörung der Grundwellen, die an und für sich eine neue Entdeckung sind.

Neuntes Kapitel.
Herstellung der Ruhe in den Häfen.

261. Um die Wellen zurück zu halten und Ruhe herzustellen, hat man seit den ältesten Zeiten Molo's oder Dämme erbaut, deren Kronen sich über die Oberfläche des Meeres erheben. Die meisten sind mit verlornen Steinen ausgeführt, und die Alten haben, um die nothwendige Stabilität dieser Art von Bauwerken zu erlangen, hierzu nur lauter so große Felsenstücke verwendet, daß diese von den heftigsten Stürmen nicht bewegt werden konnten. Vitruv belehrt uns, daß man,

in Ermanglung natürlicher Blöcke von hinreichendem Volumen, solche aus künstlichen Steinen herstellte. Oberhalb des Wassers, auf einer hinreichend mit Sand belegten Platform, verfertigte man aus Mauerwerk große Körper, und ließ sie beiläufig zwei Monate austrocknen; indem man dann den Sand der Platform nach einer Seite ablaufen ließ, stürzten die Blöcke ins Meer.

262. Die neuesten Bauwerke mit verlornen Steinen sind: der Damm von Cherbourg und der Wellenbrecher (break-water) von Plymouth *).

Die, bei Herstellung des ersten, befolgten Systeme geben Veranlassung zu nützlichen Bemerkungen über die Wirkung der Grundwellen auf solche Bauwerke, und werden mich veranlassen, die Mittel anzugeben, welche, wie ich glaube, allein geeignet sind, das wichtige Problem ihrer Standfähigkeit zu lösen.

263. Als man wünschte, auf der Rhede von Cherbourg Ruhe herzustellen, schlug Herr de la Bretonniére, damals Marine-Kommandant, einen über die Meeresoberfläche nicht hervorstehenden Damm aus verlornen Steinen vor, der, wie die natürlichen Untiefen, die Schwingungen des bewegten Meeres brechen, und die Wellen, sich auf der Rhede fortzupflanzen, verhindern sollte. Es zeigte sich jedoch eine große Schwierigkeit, weil es sich darum handelte, die Standfähigkeit dieser Steinschüttung zu sichern. Herr de la Bretonniére wollte beßwegen, um gleichsam einen Kern für den Damm zu bilden, mit Steinen gefüllte Schiffe versenken **). Der For-

---

*) Die Vergleichung dieser beiden Dämme macht den Gegenstand eines, vom General-Inspekteur des Straßen- und Brückenbaues, Herrn Cachin, im Jahre 1820 herausgegebenen Memoires aus.
**) Suetonius berichtet, daß jenes Schiff, dessen man sich dazu bediente, den großen Obelisk aus Egypten nach Rom zu brin-

tifilations-Direkteur, Herr de Caur, proponirte, den Damm an eine, auf der inneren Seite ununterbrochen herzustellende

gen, mit Mauerwerk angefüllt, und an der Stelle, wo Kaiser Claudius am Eingange zum Hafen von Ostia den Molo bauen ließ, versenkt worden sei. Ein ähnliches Verfahren wiederholte man bei den Belagerungen, welche La Rochelle unter Carl IX. und XIII. auszuhalten hatte, um die Verbindung der Belagerten mit dem Meere zu verhindern.

Am 4. Februar 1573 versenkte man, auf Kanonenschußweite von der Stadt entfernt, im Kanale eine Caraque von 800 Tonnen, d. i. eines der größten Schiffe jener Zeit. Sie wurde mit Sand und Erde angefüllt, und man errichtete darüber eine Batterie; auch wurden rechts und links von dieser Art von Fort viele Schiffe verschiedener Größe, welche mit schwimmenden Mastbäumen und Ketten verbunden waren, versenkt, um die Bucht, von einer vorspringenden Spitze zur andern, unfahrbar zu machen *). Noch viel größere Anstrengungen wurden bei Erbauung eines Dammes während der zweiten Belagerung gemacht; der Damm von Cherbourg gab im Jahre 1787 Veranlassung, hierüber manche Untersuchungen anzustellen.

Im Jahre 1628 hatte die Bucht von Rochelle dort, wo der Damm stand, eine Breite von 740 Klaftern. Die Arbeit wurde zu gleicher Zeit an beiden Ufern, auf eine Entfernung von 740 Klaftern vom Platze, begonnen. Anfänglich bediente man sich des Mauerwerks, verkleidete die Gründung mit großen Quaderblöcken, und führte das Innere mit Bruchsteinen, ohne Mörtel, aus. So lange im Trockenen gearbeitet werden konnte, ergaben sich keine großen Schwierigkeiten; man hatte nur dafür zu sorgen, daß es nicht an Material mangelte; die Quadern wurden zur See von Saintonge herbeigeschafft, und die Bruchsteine an den nahen Küsten gewonnen. Als das Meer und der schlammige Grund nicht mehr auf diese Art zu arbeiten erlaubten, wendete man Pfähle an; hernach versenkte man, mit

---

*) Histoire de la Rochelle de 1179 à 1575 par Amos Barbot. Manuscrit de la bibliothèque du Roi et celle de la ville de la Rochelle.

Linie aus, mit Mauerwerk gefüllten Senkschiffen (bateaux-caisses) anzulehnen. Die Fig. 50 gibt ein Profil dieses Pro-

Steinen gefüllte, Gabarren, dann kleinere Schiffe, endlich an der tiefsten Stelle 50 große, mit Mauerwerk angefüllte Schiffe, um als Fundament zu dienen. Dieß Versenken der Schiffe geschah sehr regelmäßig, so, daß eins neben dem andern, und in der gehörigen Dammrichtung zu liegen kam, aber ein Sturm am 5. Februar 1628, ungefähr vier Monate nach Beginn der Arbeiten, war so heftig, daß die großen Schiffe, obgleich sie bis zum Verdeck mit Mauerwerk angefüllt, und bereits gleichsam in den Schlamm vergraben waren, von der Stelle gerückt und nach allen Richtungen durch einander geworfen wurden. Diese, von einem Augenzeugen, Herrn Mervault*), erzählte Thatsache beweist, welche Kraft die Grundwellen, selbst in der Bai von La Rochelle, haben. Die Zwischenmauern der auf diese Art in Unordnung gebrachten Schiffe wurden mit Steinen verworfen, um bis zum Niveau des niedrigen Meeres eine Steinschüttung zu bilden, auf welcher der Damm, ungefähr nach dem Profile der gewöhnlichen Dämme aus Zimmerwerk, weiter erhöhet wurde. Das Holzgerippe wurde mit Bruchsteinen ausgefüllt — die Krone lag nur 5 bis 6 Fuß über dem hohen Meere, welches in der Bai von La Rochelle auf 12 bis 15 Fuß steigt. Man hatte, dem Kanale entsprechend, eine Durchfahrt von 40 Klaftern Breite ausgespart, diese blos durch eine Estacade geschlossen, und durch eine Art von Sägewerk, das aus kleinen, schwimmenden und an einander befestigten Schiffen gebildet war, beschützen lassen.

Obgleich bei diesem großen Baue in keiner Art gekünstelt wurde, so hat er doch nur so lange gedauert, um gerade seinen Zweck zu erfüllen. Durch Stürme hatte er mehrmals hinter einander schon bedeutende Beschädigungen erlitten; endlich wurde er am 8. November 1628, neun Tage nach der Uebergabe des Platzes, bei außerordentlich erregtem Meere, zerstört.

Ein ganzes Jahr hindurch arbeitete man an diesem Damme;

---

*) Journal des choses les plus mémorables du siège de la Rochelle par Mervault, rochellois. Rouen 1671.

jectes. Jeder schiffsartige Kasten A sollte 85 Fuß Länge erhalten, und bis zum Niveau des niedrigen Meeres reichen;

er kostete 5 Millionen Franks, und galt für ein achtes Weltwunder. Er wurde unter der Direction des k. Ingenieur-Hauptmanns Tirriot, und des k. Architekten, Herrn von Metezeau, ausgeführt. Der Letztere galt als dessen eigentlicher Erfinder, wenigstens hatte er alle Ehre davon; sein Portrait wurde gestochen, und mit lateinischen Versen, worin er mit Archimedes verglichen war, ausgestattet. Der Damm erhielt aber den Namen des Kardinals Richelieu, weil dieser die Belagerungs-Armee kommandirte. Beim Dammbaue waren sonst noch angestellt: David und Pompejus Targon, und auch der k. Ingenieur Plessis; sie bauten überdieß die Estacaden und andere Werke zur Vertheidigung ,*).

Die noch bestehenden Gründungen werden einige Jahrhunderte hindurch Zeugenschaft von dieser ganz besonderen Unternehmung geben. Sie bilden zwei, an die Küsten der Bucht sich anschließende Bänke, und sind am Ufer viel höher, als an dem sehr erweiterten Durchgange vom Kanale aus. Bei einer starken Ebbe werden sie fast gänzlich sichtbar. Man findet dann einiges zu den untersten Theilen gebrauchtes Holzwerk, und namentlich einige Reste von großen, mit Mauerwerk angefüllten und versenkten Schiffen, in deren Innerem man, als Binder und Läufer geordnete, Quaderstücke an den Schiffswänden eine ordentliche Verkleidung bilden sieht.

Man erbaut jetzt auf dem südlichen Theile einen Molo von 270 Metres Länge, um die vor dem Lazareth in Quarantaine stehenden Schiffe zu beschützen. Auch hat man das Projekt, diesen Molo zu verlängern, und an der anderen Seite des Fahrwassers, bis an das entgegengesetzte Ufer, einen gleichen herzustellen, damit ein Vorhafen gebildet werde. Der Körper dieses Molo's besteht aus einer Steinschüttung, deren äußere Böschung 2½füßig, und mit großen, nicht in Mörtel gelegten Quaderplatten belegt ist. Der über dem höchsten Meere liegende

---

*) Histoire de la Rochelle par le père Arcère. (Divers manuscrits de la Bibliothèque de la ville de la Rochelle.) Histoire de la Rochelle par M. Dupont. 1829.

es wären für die ganze Länge und die Seiten des Dammes ungefähr 200 solcher Schiffe nöthig gewesen. Herr de Caur beabsichtigte, die Krone dieses Dammes 4 Fuß über das höchste Meer zu legen, und den ganzen, über der Steinschüttung C angetragenen Theil B in Mauerwerk ausführen zu lassen. Man schrie allenthalben über die Unkosten, welche diese Konstruktionsweise verursachen müsse, und entschied sich, verführt von der Besonderheit und anscheinenden Oekonomie des Cessart'schen Projektes mit konischen Kästen, nachdem man es mit einem solchen bereits versucht hatte, dafür, die Schließung der Rhede mittelst 90 Kegeln von 150 Fuß Durchmesser auszuführen.

Der Erfolg entsprach nicht den Erwartungen der Bewunderer dieses Entwurfes, zu dessen Gunsten lange nachher, als man bereits gezwungen war, ihn aufzugeben, sein Erfinder noch immer vertheidigungsweise sprach.

264. Man hatte die Meinung, daß das steigende, und von der weiten See hergetriebene Meer an den Kegeln gleichsam getheilt *), und hierdurch, wie alle Anhänger des Projektes glaubten, Ruhe auf der Rhede hergestellt werden müsse.

---

obere Theil derselben endigt mit einer kleinen Concavität, aus eben solchen Steinen gebildet. Die Wellen haben schon einige Beschädigungen auf dieser Böschung angerichtet. Es wäre vielleicht zur vollkommenen Solidität dieses Bauwerkes zweckmäßig gewesen, bei demselben mein concaves Profil anzuwenden. Der Bogen hätte 5 bis 6 Metres Halbmesser bekommen, die Steinschüttung des Dammes Richelieu ist seit 200 Jahren fest genug geworden, um den ersten Gewölbsteinen ein sicheres Auflager zu geben, und es wäre wahrscheinlich, selbst wenn man die Verkleidung in Mörtel und Cement gelegt hätte, die Oekonomie eben so berücksichtiget, als vorzüglich eine vollkommene Widerstandsfähigkeit gegen den Anschlag des Meeres, das heißt, gegen die Grundwellen erlangt worden.

*) M. de Cessart t. 2. p. 178.

175

Wenn man die Sache mit einiger Aufmerksamkeit untersucht hätte, so würde man erkannt haben, daß es sich nicht darum handelte, das andringende Meer zu theilen, sondern, daß es nöthig war, bei jedem Meeresstande die Wellenbewegung zu zerstören, was jedoch die Kegel nicht leisten konnten, weil bei hoher See, im Momente wo die Erregung am heftigsten ist, die mit ihren Basen an einander gestellten Kegel zwischen ihren Köpfen so breite Durchgänge lassen, daß diese sich zu den Kegeldurchmessern wie 3 zu 2 verhalten. Wenn die Wellen auch getheilt würden, so werden sie doch nicht zerstört, und nur ein wenig zusammengedrückt; sie behalten, wegen der abgerundeten Gestalt der Kegel, nachdem sie bei ihnen vorübergegangen sind, noch Stärke genug, um den vor Anker liegenden Schiffen lästig zu fallen. Die konischen Oberflächen sind schlechterdings nicht geeignet, auch nur einen Theil der Undulation aufzuheben, und die Resultanten der zurückgeworfenen und directen Wellenschwingungen sind immer gegen das Innere der Rhede gerichtet, so daß dort ungefähr dieselbe Erregung hervorgebracht werden muß, wie außerhalb, und man demnach vorhersehen konnte, daß im Hafen die gewünschte Ruhe sich nicht ergeben werde.

Man hat die Wirksamkeit der an einander gereihten Kegel mit jenen verglichen, welche sich bei den unterbrochenen Fortsetzungen (claire voie) der Kanaldämme ergeben; doch mit Unrecht. Diese Anordnung schwächt die Wellen nur deßwegen, weil sie ihnen seitwärts weite Oeffnungen darbietet, in welchen sie sich ausbreiten und verlaufen können. Setzt man sie der Richtung der Wellen perpendikulär entgegen, so theilen sie sie zwar, verringern aber ihre Bewegung um fast gar nichts.

265. Anstatt nach dem unglücklichen Ausgange der ersten Versuche von den Kegeln ganz abzugehen, entschloß man sich, in Folge unbegreiflicher Urtheile, dazu, sie immer mehr und mehr von einander zu entfernen, und nur als nothwendige Stützpunkte für einen, aus verlornen Steinen zu erbauenden

Damm zu betrachten. Dieser Irrthum kostete 18 Kegel, welche nach und nach in Entfernungen von 50 bis 200 Klaftern zum Stranden gebracht worden sind.

Man wurde also dahin gebracht, den Damm durch eine Steinschüttung herzustellen; diese allein ist geblieben, die Kegel aber sind gänzlich verschwunden. Auch hat man, in Folge einer erstaunungswürdigen Vergessenheit der Grundsätze der Kunst und der bewunderungswürdigen Beispiele der Alten, anstatt den Damm aus großen, unbeweglich liegen bleibenden Blöcken herzustellen, ihn ganz mit Steinen von $\frac{1}{8}$ Kubikfuß zu bauen fortgesetzt. Solche Steine konnten nur in den konischen Kästen, wo sie sich geschützt befanden, anwendbar sein.

266. Der Damm war anfänglich 3 bis 4 Fuß über das niedrigste Meer erhoben. Die im Jahre 1792 zur Berichterstattung über die Bauten von Cherbourg beauftragte Kommission war der Meinung, daß man eine Standfähigkeit der aus kleinen Steinen gemachten Schüttung nur dadurch erlangen könne, wenn man sie mit großen und schweren Blöcken bedecke, und diese so mit einander verbände, daß das Meer sie nicht bewegen könne. Man glaubte, daß Blöcke von 15 bis 20 Kubikfuß Volumen, mit denen man einen Theil des Dammes bedeckt hatte, nicht von der Stelle gerückt worden wären, und betrachtete sie lange Zeit, obgleich der Sturm vom 17. zum 20. Februar 1792 einige davon umhergeschleudert, und auf die Südseite geworfen hatte, als hinreichend groß, um nicht bewegt werden zu können. Zehn Jahre darnach hielt man dafür, daß das Volumen und die zur Stabilität nothwendige Schwere bei Weitem größer sein müsse, und verwendete, bei Entfernung der mittleren Batterie, Blöcke von 60 bis 80 Kubikfuß (beiläufig $\frac{1}{2}$ Kubikklafter). Nach so bedeutenden Auslagen für die Gewinnung dieser Blöcke, ihre Zufuhr bis an die Küste, ihre Einschiffung, ihren Transport, für ihr Einwerfen in das Meer, und für die mühsame Arbeit ihrer

Aneinanderordnung auf dem Damme, überredete man sich, ungeachtet der durch die Stürme vom 18. Februar und 19. Mai 1807 gegebenen Andeutungen doch, daß man die Wellen bezwungen habe. Der Sturm vom 12. Februar 1808 warf indessen die ganze Arbeit über den Haufen.

Die anscheinende Ordnung jedoch, welche sich bei der Lage der, auf einem Punkte aufgehäuften, Stein-Parallelepipeden ergeben hatte, veranlaßte den Schluß, daß dieser seit Menschengedenken noch nie so heftig vorgekommene Sturm das Bauwerk völlig befestiget habe, weil künftig eine Verrückung des Materials nicht gedenkbar sei. Das auf den Steinen bald darauf hie und da wachsende Seegras wurde als ein unbestreitbarer Beweis einer vollkommenen und unerschütterlichen Stabilität angesehen. Spätere Stürme haben auch diese Materialien aus einander geworfen.

267. Die ganze Oberfläche des Dammes wurde zu verschiedenen Zeiten mit Steinen überschüttet, um die vom Meere verursachten Veränderungen des Profiles zu constatiren, und das Profil der größten Stabilität kennen zu lernen. Alles, was man aus der Vergleichung der Statt gefundenen Veränderungen unter sich, und mit jenen an den natürlichen Ufern ableiten konnte, war die allgemeine Form, welche das Meer einer, seiner Wirkung ausgesetzten, Steinmasse zu geben pflegt. Aber diese Form ist in ihrer Ausdehnung, Lage und in der Neigung ihrer Fläche, nach Maßgabe der Heftigkeit, der Dauer und Richtung der Wellen veränderlich; sie wechselt auch nach Beschaffenheit des Volumens und der Schwere der Materialien, und die Kunst ist in dieser Beziehung gewiß noch weit hinter der Erfahrung der Alten zurückgeblieben; weil man, nach 50jährigem Studium und eben so langer Erfahrung, noch heut zu Tage das Mittel sucht, um dem Materiale des Dammes von Cherbourg eine solche Standhaftigkeit zu geben, daß für die Zukunft jede Besorgniß verschwinden könne.

268. Herr Cachin zog aus seinen Beobachtungen über die Veränderungen des Dammprofiles, über die Bewegung der Materialien von außen nach innen, und über die Wirkungen der verschiedenen Stürme, die Schlußfolge, daß, wenn auch der Mensch Kraft genug habe, eine Steinmasse mitten im Meere aufzuhäufen, doch nur die Wirkung der Wellen eine solche Anordnung derselben hervorbringen könne, welche eine dauernde Standhaftigkeit verbürge, und man dürfe sich daher nur darauf beschränken, eine hinlängliche Menge Material in das Meer zu werfen, diesem die Sorge für die gehörige Legung zu überlassen, und endlich die Masse, wenn man voraussetzen kann, daß sie bereits die bleibende Form angenommen habe, mit großen Blöcken zu verkleiden.

Nach dieser Verfahrungsweise würde man eigentlich den Wellen gehorchen, anstatt sie zu bemeistern, und man wäre gezwungen, dem Meere alles nöthige Material, eben sowohl zur Herstellung der durch seine Wirkung bestimmten Formen, als zum Zerstören zu liefern. Eine ungeheure Menge wahrhaft verlorener Steine müßte versenkt werden, und die beisammen bleibende Masse hätte mehr Aehnlichkeit mit einer Insel, als mit einem Damme. Ein solches Resultat wäre sehr verschieden von jenem, welches die Alten bei den Dämmen von Malaga, von Castellamare und zu Athen erlangten. Diese seit einer Reihe von Jahrhunderten bestehenden Bauten hat man als vorzügliche Beispiele von Konstruktionen mit verloren Steinen zwar citirt *), aber nicht nachgeahmt **).

---

*) M. de Cessart. tom. 2, p. 332.

**) Es könnten auch noch andere Bauten dieser Art angeführt werden: der Molo von Samos mit einer Höhe von 110 Fuß, und einer Länge von 945 Fuß, dessen Ueberreste man noch jetzt sieht; der Damm von Chalvis, welcher den Euripus abschloß, und das Heptastadium von Alexandrien. Was den Damm, durch welchen Xerxes die Insel Salamis, jetzt Colouri, mit dem Fest-

Es ist wahr, daß diese Dämme sich in anderen Lagen befinden, als der Damm von Cherbourg und der Wellenbrecher von Plymouth. Sie sind mit dem Lande verbunden, und stellen den Wogen blos die Köpfe entgegen, während die zwei neueren Dämme, beiläufig so, wie die Dämme in der Bai von St. Jean de Luz, sich ihnen parallel entgegensetzen. Doch dieß wäre ja ein Grund mehr, sich keiner geringeren Mittel, als jener, die die Alten bei ihren Bauwerken anwendeten, zu bedienen. Man hätte viel stärkere Bauweisen aufsuchen sollen, weil es sich darum handelte, in einer solchen Lage Widerstand zu leisten, wo das Meer bei Weitem furchtbarer ist.

269. Man hat die an dem Körper des Dammes von Cherbourg, und am Wellenbrecher von Plymouth bemerkten Veränderungen stets dem Anstoße der Wellen *) bei steigendem und fallendem Meere zugeschrieben, und deßwegen auch das Problem, die Standhaftigkeit dieser beiden Konstruktionen zu erzielen, noch nicht zu lösen vermocht. Jetzt kann nicht wohl noch ein Zweifel Statt finden, daß alle Wirkungen des Meeres auf diese Dämme, so wie auf die Ufer und die verschiedenen Sandanhäufungen nur von den unter den Wellen fortschreitenden Grundwellen herrühren. Sobald diese gegen eine bedeutende Bank aus beweglichem Materiale anlaufen, so stoßen sie es vor sich hin, und bilden daraus die möglichst steilste Böschung, an welcher sich eben diese Grundwellen erheben; sind sie, getrieben von der obern Undulation, über der

---

lande verband, und das noch zur Zeit des Strabo bestehende Tetrastadium, wodurch Alexander Tyrus mit der Küste vereinigte, anlangt, so ist wohl anzunehmen, daß man diesen Bauten nur eine solche Sorgfalt geschenkt habe, wie sie den für vorübergehende militärische Zwecke hergestellten Werken zukommen mag.

*) Memoire des Herrn Cachin.

Bank angelangt, so schreiten sie darüber hinweg, und erhöhen sie, unter einem sehr sanften Abfalle, weil sie beim Vorwärtsgehen allmählig schwächer werden. Sie bilden auch die innere Böschung, indem sie das mitgerissene Material dort fallen lassen, welches, seiner eigenen Schwere überlassen, sich nach der natürlichen Böschung von beiläufig 45 Graden ordnet.

Wenn das Material in hinreichender Menge ins Meer geworfen worden ist, so wird die innere Böschung stets wieder überdeckt; sie nähert sich, ohne ihre Neigung gegen den Horizont zu verändern, dem Innern der Rhede, und das Ueberwerfen des Materiales auf diese Böschung hört nicht eher auf, als bis der Damm, bei gehöriger Breite, über das Niveau des hohen Meeres sich erhöht haben wird. Es ist einleuchtend, daß die Erhöhung um so schneller vor sich gehen werde, je weniger beweglich die Materialien sind; denn die Steilheit der oberen Böschungen hängt von der Schwächung der Grundwellen auf dem zurückgelegten Wege, und von dem Widerstande der Materialien, die sie zu bewegen haben, ab. Je schwerer das Material ist, desto weniger weit kann es fortgestoßen werden; diese Böschungen müssen also an der innern Seite der Krone steiler, als an der Seeseite werden, sich mehr und mehr erhöhen, und endlich das Niveau des hohen Meeres überschreiten. Die Steinschüttung ist dann gerade in einer solchen Lage, wie jeder Strand; die auslaufenden Grundwellen bilden auf dem höchsten Theile desselben, aus dem bis dahin mitgeführten Material, ein langes Hügelchen.

Um dieses Resultat schneller herbeizuführen, ließ Herr Cachin auf der Krone des mittleren Theiles vom Damme zu Cherbourg aus großen Blöcken eine Erhöhung machen; doch nur die Beobachtung, daß das Material von Norden nach Süden getragen werde, hat diese Anordnung veranlaßt. Es wäre auch noch nöthig gewesen, daß die Steinschüttung schon eine hinreichende Breite gehabt, und der künstliche Strand, wenn auch sehr steil, sich doch bereits zu bilden begonnen hätte, denn sonst würde man der Bewegung der Materialien fruchtlos ein Hinderniß entgegengesetzt haben, das unfehlbar von dem Stoße der gewöhnlichen Grundwellen über den Haufen geworfen worden wäre. Eben weil die Breite dieses künstlichen Strandes unzureichend, und die Böschung zu steil war, wurde das ganze Bauwerk von den Grundwellen des heftigen Sturmes am 12. Februar zerstört, und beßwegen traf auch ein gleiches Schicksal, jedesmal während der Stürme, alle seither ausgeführten Bauten.

270. Die innere Böschung des Dammes kann niemals von den Grundwellen angegriffen werden, weil der Meeresgrund vom Ufer gegen die See hin fällt, und ihr Entstehen, sowohl durch die von der Küste zurückgeworfenen, als auch durch die von Landwinden erregten Wellen, auf diese Art unmöglich ist. Diese Böschung könnte also nicht anders, als durch die Strömungen der Ebbe und Flut auf der Rhede zerstört werden; aber diese Strömungen sind bei Weitem weniger kräftig, als die Grundwellen.

271. Wenn die Menge der Materialien nicht hinreicht, die Steinschüttung über das Niveau des hohen Meeres zu erhöhen, so bringt die Wirkung der Grundwellen nur eine Erniedrigung der Steinmasse hervor. Der Damm von Cherbourg ist im Jahre 1784 um 3 bis 4 Fuß höher, als das niedrige Meer hergestellt gewesen; im Jahre 1802 fand man ihn um 12 bis 15 Fuß niedriger [*]). Man hat lange Zeit geglaubt, daß bloß eine Wirkung der Setzung sei, heut zu Tage ist es aber keinem Zweifel unterworfen, daß der größere Theil dieser bedeutenden Erniedrigung nur von den Grundwellen herrühre, welche die Krone des Dammes gleichsam abgelehrt und die Steine auf die innere, der Küste sich nähernde Bö-

---

[*]) Memoire des Herrn Cachin, p. 20.

schung, deren Gräthe sich wegen Mangel an Material nicht erhöhen konnte, geworfen haben. Diese Erniedrigung kann um so schneller Statt finden, je beweglicher bei kleinem Volumen die Steine sind. Es wäre in der Länge der Zeit selbst möglich, daß die Grundwellen alles Material gänzlich zerstreuen und an das Ufer führen könnten, so wie überhaupt Geschiebe — zur Bildung der Hafenversandungen — landwärts getragen werden.

272. Nach einer allgemein angenommenen Meinung wirken die Wellen bei ihrem Herabfallen weit stärker auf die Steinschüttungen, als bei ihrem Emporsteigen. Die abwärts wirkende Schwere, sagt man, hilft die Steine fortreißen*). Diese Erklärung ist jedoch nicht richtig. Die über dem Niveau des niedrigen Meeres bei Steinschüttungen und Abpflasterungen vorkommenden Beschädigungen haben zu dieser Meinung Veranlassung gegeben; doch rühren diese Beschädigungen keineswegs von der unmittelbaren Wirkung der Wellen auf die Steine her. Das Wasser der Grund- und gewöhnlichen Wellen erfüllt, indem diese an den Bauwerken über den Meeresspiegel sich erheben, alle inneren Zwischenräume der Steine; sobald die Wellen wieder herabfallen, schießt das Wasser mit großer Geschwindigkeit hervor, und stößt die Theile der ohnehin nicht zu fest gehaltenen Verkleidung nach außen. Eine solche Wirkung kann bei Steinschüttungen und Abpflasterungen, die stets unter dem Wasser bleiben, nicht Statt finden, die Beschädigungen derselben rühren dann immer nur von den Grundwellen her.

273. Die Kommission vom Jahre 1792 sprach die Meinung aus, daß man auf der Rhede von Cherbourg eine genügliche Ruhe erhalten werde, wenn der im Jahre 1784 erbaute Damm auf 15 Fuß über das Niveau des niedrigen

---

*) Bericht der Kommission von 1792. Art. 50.

Meeres erhöhet würde; dieß wäre bis zur Höhe der gewöhnlichen hohen See, oder 7 Fuß unter dem Niveau des aufgeregten hohen Meeres. Eine vollkommene Ruhe könne jedoch nur erlangt werden, wenn man die Erhöhung bis auf 9 Fuß über das Niveau der höchsten Fluten bewerkstelligte.

274. Die erste dieser beiden Höhen wurde als ein Minimum nach der Beobachtung festgesetzt, daß, wenn das Meer durch die Seewinde bewegt ist und eine Höhe von 14,5 Fuß über seinem niedrigen Stande erreicht, die Wellen den auf der Rhede vor Anker liegenden Schiffen, zwei Stunden vor und zwei Stunden nach dem eben angegebenen Wasserstande, lästig zu fallen beginnen, und aufhören *).

Dürfte man sich also damit begnügen, nur für die großen Schiffe eine hinlängliche Ruhe zu erhalten, so reicht es hin, den Damm 7,5 Fuß über dieses Niveau zu erhöhen, damit sich beim höchsten Meeresstande nur 14,5 Fuß Wasser darüber befinde. Dann aber kann mit Schaluppen nicht mehr gefahren werden, und es ist also bei dieser Höhe auf der Rhede eigentlich keine genügliche Ruhe erzielt worden.

Die Kommission hat öfters bemerkt, daß die Aufregung des Meeres, obgleich das Wasser nur die Hälfte seiner höchsten Steigung, d. i. 11 Fuß über dem niedrigen Meere, erreicht hatte, schon sehr bedeutend war, und schloß, daß eine für den Dienst der Schaluppen erforderliche Ruhe nur dann Statt finde, wenn das Wasser nur 7 Fuß hoch über dem Damme stehe, und daß also die Krone bis auf 7 Fuß über das Niveau der höchsten Fluten erhöht werden müsse, um bei hoher See Ruhe zu erzielen. Dieß macht eine Erhöhung von 15 Fuß über dem niebrigsten Meere, und die Krone fällt in das Niveau der ruhigen hohen See.

---

*) Der Bericht der Kommission und das Memoire des Herrn Cachin.

275. Wenn man den Damm bis über das höchste aufgeregte Meer hätte erhöhen wollen, so wäre auf der Rhede allerdings eine vollkommene Ruhe eingetreten; doch erkannte man schon vorläufig, daß auf diese Art mehr gethan würde, als nöthig ist.

Das Maß der Erhöhung wurde auf 9 Fuß bestimmt, weil in diesen Seegegenden bei den größten Wogen der Niveau-Unterschied der Wellengipfel und Wellenthäler nicht größer, als 14 Fuß beobachtet worden ist. Da man glaubte, daß die Höhe des Wellenberges der Tiefe des Wellenthales gleich sei, was jedoch nicht der Fall ist (27), so schloß man, daß für Wellen von 14 Fuß Höhe die Erhöhung des Wellenberges, über das Niveau des ruhigen hohen Meeres, 7 Fuß betragen werde, und glaubte, daß eine Zugabe von noch 2 Fuß zur Erreichung des Zweckes nöthig sei. *)

276. Diese zwei Anträge der Kommission von 1792 geben mir Gelegenheit, bemerklich zu machen, wie die Theorie der Grundwellen die von der Kommission beobachteten Thatsachen erkläre, und wie die Grundwellen benützt werden können, um eine vollkommene Ruhe herzustellen.

Die Angabe von zweierlei Erhöhungen beweiset, daß die Ruhe auf der Rhede auch durch zwei Mittel erreichbar sei: durch einen stets unter dem Wasser bleibenden Damm, der eine künstliche Untiefe bildet, oder durch die völlige Unterbrechung der von der See herkommenden Wellenbewegung, indem man den Damm über die Oberfläche des hohen Meeres erhebt.

277. Unter gewissen Umständen könnte das Letzte durch die Nothwendigkeit einer trockenen Kommunikation, oder weil man einige Punkte der Rhede den Winden, oder der Einsicht

---

*) Belidor gibt für die Erhöhung der Dämme über das Niveau des Meeres dieselbe Größe an. Architecture hydraulique II. partie, t. 2. l. 3. chap. 6.

von außen her entziehen will, motivirt werden. Ich kann aber die Nothwendigkeit, die vom Meere gestoßenen Materialien aufzuhalten, nicht auch als einen Grund ansehen, den Damm bis über das Niveau des höchsten bewegten Meeres zu erhöhen, weil eine Umgehung der Schwierigkeit keine eigentliche Auflösung der Aufgabe ist. Wenn es sich nur um die Herstellung der Ruhe handelt, so würde schon ein stets unter Wasser bleibender Damm dem Zwecke entsprechen. Dieß war der Fall bei dem Damme von Cherbourg; so dachten auch die Seeleute, und der vom Herrn de la Bretonnière vorgeschlagene Damm war ebenfalls von dieser Art. Zu jener Zeit hatte man noch keine Kenntniß von den Grundwellen; man kannte zwar unfern von den Ufern eine Bewegung des Wassers am Meeresgrunde, aber man glaubte sie unabhängig von den Wellen, und hielt sie für besondere Strömungen in der Tiefe *); auch das Brechen der Wellen sah man blos als eine Folge der oberflächlichen Bewegung an. Man war damals weit entfernt, zu vermuthen, daß das Eine und das Andere den von mir mit dem Namen der Grundwellen (91) bezeichneten Wassermassen zugeschrieben werden müsse. Aus dieser Ursache konnte das Projekt des Herrn de la Bretonnière, sowohl in Beziehung auf den beabsichtigten Zweck, als in Betreff der Standhaftigkeit der Materialien, nicht anders, als unvollkommen sein. Es ist darum nöthig, vorläufig zu untersuchen, warum der Damm von 1784, welcher stets unter Wasser blieb und zu niedrig war, um auf der Rhede beständige Ruhe zu erhalten, bei gewissem Meeresstande sogar schädlich wurde, indem die Wellen die, bis auf 200 Klafter Entfernung davon vor Anker liegenden, Schiffe sehr belästigten **).

---

*) Herr von Cessart, t. 9. p. 174.
**) Bericht der Kommission vom Jahre 1799, Art. 68.

278. Es sei u, x, y, z, Fig. 51, das Profil dieses Dammes, so wie es vom Herrn Cachin angegeben wird *), PQ der Meeresgrund, OR das Niveau der höchsten Fluten, or jenes des niedrigen Meeres, o'r' das Niveau auf 14,5 Fuß Höhe, auf welcher sich das Meer zwei Stunden vor, und zwei Stunden nach seinem höchsten Stande befindet.

Es seien a', b', c' die von einer oberflächlichen Wellenschwingung a, b, c, herbeigeführten Grundwellen, wenn das Meer auf einer Höhe o''r'' steht, die geringer ist, als jene von 14,5 Fuß. Man weiß nach der früher aufgestellten Theorie (91), daß die an der Böschung z, y, so wie an jeder anderen Wand aufsteigenden Grundwellen c', d' zu gleicher Zeit die über ihnen befindlichen Wellen c, d erheben und brechen machen. Wenn diese Brechung vollständig ist, so wird die Wellenschwingung a, b, c, d auf der Oberfläche des Niveaus o''r'' gänzlich gehemmt, d. h. sie kann sich nicht über die Brechung d hinaus gegen die Rhede hin fortpflanzen, die Meeresoberfläche d'r' bleibt ruhig und glatt, und so oft die Wellen auf diese Art oberhalb des Dammes sich brechen, erfolgt bei jedem Meeresstande dasselbe Resultat. Wenn aber das Meer die Höhe des Niveaus o'r' erreicht, so können sich die Grundwellen c' d', wegen der Schwere der über ihnen liegenden Wasserschicht, nicht hoch genug erheben, um die Wellen brechen zu machen. Dasselbe findet bei allen Wasserständen zwischen dem Niveau o'r', und dem höchsten Meere OR Statt. Die Wellen A, B, C, D pflanzen sich auf der Rhede in E, F, G, H nicht allein mit ihrer ganzen Stärke, sondern selbst mit einer viel größeren Heftigkeit fort, denn die von ihnen herbeigeführten Grundwellen werden zur Ersteigung der Böschung zy gezwungen, können den Damm aber nicht überschreiten, ohne jene zugleich auch zu erheben

---

*) Die Tafel 4 seines Memoire's.

187

und kürzer zu machen (108), wodurch ihre Geschwindigkeit
vermehrt wird. Die Lebhaftigkeit der Bahnbewegung der
Wasserelementchen wird noch durch eine andere Ursache vergrößert. Die an der Böschung xy aufsteigenden Grundwellen e', r, d' setzen auf dem Damme selbst mit jener Beschleunigung, welche, wie oben gesagt wurde, von der höher gewordenen Wellenschwingung herrührt, ihren Weg fort; indem sie an den innern Rand des Dammes st gelangen, stür-
zen sie sich in das Wasser der Rhede, um sich dort zu zerstreuen,
zuvor aber übt jede, nach den Richtungen xt und xv, auf
diese Wassermasse noch eine Art von Stoß aus, wodurch nothwendiger Weise die Gestalt der Bahnen der in Schwingung befindlichen Wasserelementchen sich verändert, und die
Wellen F, G, H eine geneigte Lage (29) erhalten, die sich
auf der Rhede weithin fortpflanzt. Man darf übrigens nicht
vergessen, daß die Wellen F, G, H auch noch durch die Rückwirkung des Grundes PQ oder uQ, oder vielmehr durch die
Rückwirkung der beinahe still stehenden Wassermasse Quxq,
höher und kürzer werden (98), und daß eben dieses Stillstehen des geschützten, hinter dem Damme befindlichen Wassers
den Stoß nach den Richtungen xt und xv begünstigt. In
Folge aller dieser Umstände, und weil sich der Anstoß der
Grundwellen hinter einander wiederholt, nehmen die über
den Damm hinweggegangenen Wellen eine größere Kraft an,
und wirken auf die vor Anker liegenden Schiffe heftiger, wenn
das Meer sich um mehr als 145 Fuß erhebet, oder noch nicht
bis auf diesen Stand gefallen ist. Die Kommission hat geglaubt, daß diese Wirkung durch die über den Damm dahin
rollenden Wellen hervorgebracht werde; doch bewegen sich
ja die Wellen niemals wirklich, und die von den Schiffen,
zwei Stunden vor, und eben so lange nach dem höchsten
Meere verspürten Unbequemlichkeiten rühren ganz allein von
dem Zusammentreffen der eben angezeigten Umstände her.

Vorzüglich trägt hierzu die Aufeinanderfolge der Stöße bei, von welchen die Wellen, und die über dem Niveau qx liegende Wassermasse, im Augenblicke der Ankunft einer jeden Grundwelle in o', getroffen werden.

§. 279. Die Höhe der im Jahre 1784 hergestellten Steinschüttung, bevor sie noch um 5 Mettes erniedrigt wurde, genügte vollkommen, um bei stürmischer Zeit, ja selbst wenn das Meer die höchste Höhe erreicht hatte, die Wellen auf der ganzen Länge des Dammes gehörig zu brechen *). Damals bestand also der Fehler bei dem Damme nicht so sehr in seiner Höhe, als in der Beweglichkeit seiner Materialien, und in seinem Profile, welches den Grundwellen erlaubte, ohne die oberen Wellen zu brechen, denselben zu überschreiten, und wodurch sie bei dem Uebergange sogar eine schädliche Richtung erhielten.

Es ist einleuchtend, daß durch eine Erhöhung desselben Profiles das Uebel nur auf eine andere Stelle gerückt würde, ohne die erforderliche Ruhe allemal sicher hervorzubringen; denn die eben besprochene Wirkung träte alsobald wieder ein, wenn bei hohen Fluten die Erregung nicht stark genug ist, um die Wellen über der vordern Böschung zu brechen. Auf diese Art entspräche ein so kostspieliges Verfahren nicht völlig dem Zwecke, und die noch viel theurere Erhöhung des Dammes über die höchsten Fluten überschreitet ihn ohne Nutzen.

280. Und doch war es diese Höhe, ohne das Parapet mitzurechnen, auf welche Herr Cachin den Damm nach seiner ganzen Länge zu erhöhen vorschlug **). Man kann es nach den seither beobachteten Wirkungen, und nach der Theorie

---

*) Bericht des Herrn Curt an die National-Versammlung, dem zweiten Bande von Cessart's Description des travaux hydrauliques, beigedruckt.
**) Das schon angeführte Memoire.

der Grundwellen, als eine ausgemachte Sache annehmen, daß, wenn man den Vorschriften dieses Ingenieurs gefolgt, und noch so viele Steine in das Meer geworfen hätte, der Damm, bei allen Vorkehrungen, das Ueberwerfen der Steine zu verhindern, sich doch nicht zu dem von ihm erwarteten Profile erhöht haben würde.

Um die beabsichtigte Dammhöhe zu erlangen, wäre man zur Bildung eines künstlichen Strandes, mit der 8 oder 10fachen Höhe zur Anlage, und zur Herstellung einer Kronenbreite von ziemlich 20 Metres gezwungen gewesen. Die Basis eines solchen Dammes hätte nicht weniger als 250 Metres gebraucht, und 16 Millionen Kubik-Metres Bruchsteine wären für sein Volumen kaum hinreichend gewesen.

Man kann sich vorstellen, welche Summen durch eine solche Steinschüttung verschlungen worden wären, und dennoch möchten die Kosten den minderen Anstand dabei veranlassen: denn wenn man selbst zugeben wollte, daß dieser neue Strand zur Vollkommenheit gelangt wäre, so läßt sich doch voraussehen, daß die, nur von den Wellen geordneten, Materialien bei dem ersten Sturme nach allen Richtungen geworfen werden könnten, und daß ein großer Theil derselben von den Ost- und Westwinden in das Fahrwasser getrieben werden und es verlegen würde. Diese kurze Auseinandersetzung möge genügen, um jedes Projekt eines künstlichen Strandes als Lösung der dießfälligen Aufgabe zu beseitigen. *)

*) Der Ingenieur Herr Noël schlug 1801 in seinem Memoire zur Herstellung des Dammes von 1784 vor, die Breite der Basis auf 128 Metres zu bringen, die Krone an der innern Böschung 2 Metres über die höchste Flut zu legen, und ihr 7 Metres Breite zu geben, davor einen sanften Abhang, mit der 8fachen Höhe zur Anlage bis zum niedrigen Meere zu legen, und statt der vorderen Böschung ein converes, diesen Abhang ohne Bruch fortsetzendes Stück einer Ellipse, wodurch der Wirkung des Meeres ein besserer Widerstand geleistet werden sollte, anzubringen.

281. Die Ideen des Herrn Cachin sind heut zu Tage größten Theils schon aufgegeben worden. Es ist jetzt eine Kommission damit beauftragt, über die Mittel zur Ausführung des Baues, nach neuerlich angenommenen Grundsätzen, die nicht veröffentlicht wurden, also auch wenig bekannt sind, zu berathschlagen.

282. Die vorliegenden Projekte weichen unter sich nur in unwichtigen Details ab. Man will einen gemauerten Damm herstellen, und ihn auf die Steinschüttung vom Jahre 1784, welche man als vollkommen standhaft betrachtet, setzen. Der mit einer so großen Unternehmung verbundene beträchtliche Aufwand, und das ungemeine Interesse des Landes, sie mit Erfolg gekrönt zu sehen, geboten eine gründliche Ueberlegung; man hat sich in dieser Beziehung an die fähigsten Ingenieurs gewendet. Ihr Wissen und ihre Erfahrung sind geeignet, das größte Zutrauen einzuflößen.

Sie werden gewiß die besten Mittel, bei der Ausführung die durchdachtesten Verfahrungsweisen und die sinnreichsten Maschinen erwählen, und Alles wird vollkommen zum Ganzen geordnet sein. Aber liegt denn in diesen Details allein die Sicherheit des Erfolges? Wären nicht vielmehr in dem Prinzipe des Projektes die Mittel zum künftigen vollkommenen Bestande aufzusuchen? Es möchte wohl nicht genügen, die Beruhigung zu haben, daß man ein Werk selbst mit großer Vollkommenheit ausführen könne, wenn man nicht zugleich die Gewißheit erlangt, mit so großen Unkosten auch jene vollkommene Solidität zu erzielen, welche seit einem halben Jahrhundert ein Gegenstand des Nachdenkens und erfolgloser Versuche gewesen ist. Doch die Grundsätze, welche man jetzt angenommen zu haben scheint, sind nicht von der Art, um mehr Beruhigung zu gewähren, als Alles, was bisher geschehen ist; man ist zu sehr für die alten Prinzipien und gewöhnlichen Methoden eingenommen, und entbehrt bei lösung des großen Problemes die Kenntniß der wahren Theorie der Wellen und Grundwellen, welche doch über Phänomene des Meeres so vielen Aufschluß geben.

288. Die Fig. 54 stellt das, der Berathung unterworfene Profil dar; es ist nach den Erkundigungen, die ich an Ort und Stelle einziehen konnte, entworfen. So wie es ist, genügt es, um die vorzüglichsten Grundsätze des Entwurfes einer Untersuchung zu unterziehen.

Die Steinschüttung von 1784 soll mit kleinen Steinen so hoch überworfen werden *), daß sie bis auf 1 Metre unter das Niveau des niedrigen Meeres erhöht, und ihre Breite gegen die Rhede hin so vergrößert wird, daß sie das Profil abhcd erhält. Auf der horizontalen Krone dieser Steinschüttung beabsichtigt man eine, einen Metre dicke, Béton-Lage A herzustellen, und sie von der Seeseite durch eine Linie dicht an einander gefügter Kästen, von der Landseite blos durch ein aus Bruchsteinen zusammengesetztes Mäuerchen einzuschließen. Die Béton-Unterlage soll nicht breiter werden, als es nöthig ist, um mit retirirenden Schaaren den Fuß des aus Mauerwerk hergestellten Dammes B, dessen untere Mauerdicke 12 Metres, die 1,85 Metres über die höchsten Fluten erhobene Platform aber 10 Metres erhält, zu bilden. Auf diesen Damm wird noch ein Parapet von 3 Metres Höhe gesetzt **).

---

*) Die wesentlichsten Punkte des Projektes sind schon in der Art festgesetzt, daß man bereits im Jahre 1830, 100000 Kubik-Metres Bruchsteine, welche beim Baue des Kriegshafens gewonnen wurden, auf den östlichen Theil des Dammes geschüttet hat, und sich anschickt, die angeblich noch nöthigen 700,000 Kubik-Metres anzuwenden, um den ganzen Damm bis zur gewünschten Höhe zu bringen, und ihm ungefähr 20 Metres zur Kronenbreite zu geben.

**) Nach einem andern Projekte soll dem Damme eine Dicke von 20 Metres gegeben werden; er bestände dann aus zwei Mauern,

Die äußere Verkleidung soll aus Granit, die innere aus Schieferſteinen hergeſtellt werden, und auf dieſer Seite wird die aus kleinen Steinen beſtehende Steinſchüttung ſich am Damme, bis ungefähr in f, zum Mittel zwiſchen dem hohen und niedrigen Meere erheben. Vorn am Fuße des Dammes, um ihn, wie man glaubt, vor dem Anſchlage des Meeres zu ſchützen, will man aus großen Blöcken, von 1 bis 1,5 Kubik-Metres, nach der ganzen Länge, eine Schüttung C machen *). Die Dimenſionen dieſes Steinvorwurfes ſind nicht beſtimmt, man glaubt jedoch, daß er bis zu zwei Drittel der Dammhöhe

---

deren Zwiſchenraum mit trockenem Mauerwerk ausgefüllt, und mit einer Pflaſterung bedeckt würde.

*) Wegen der Zufuhr dieſer Blöcke, aus den Steinbrüchen von Roule zum Handelshafen, baut man bereits eine Straße; ein Theil davon (80 Metres Länge) ſoll als Eiſenbahn hergeſtellt werden. Ein ſehr ſinnreich eingerichtetes Fahrzeug, zum Transport und zur Schüttung der Bruchſteine und großen Blöcke, iſt beinahe ganz fertig; es wird mittelſt eines Dampfbootes bugſirt werden. Seine Einrichtung iſt weit vorzüglicher, als die der engliſchen Fahrzeuge, welche beim Baue des Wellenbrechers von Plymouth angewendet wurden. Bei jeder Fahrt werden mehr als 150 Kubik-Metres Bruchſteine, welche in Rollkiſten gefüllt ſind, oder 180 auf kleinen Karren ruhende Blöcke transportirt, und ins Waſſer geſtürzt werden können. Man glaubt, daß das Ausſtürzen der, auf dem Verdecke ſo angeordneten, Ladung durchſchnittlich in weniger als einer Stunde beendiget ſein wird. Rundum am Borde befinden ſich Hebelvorrichtungen, durch welche nicht allein die Ausſchüttung, ſondern auch das Zurückfahren der leeren Kiſten und Karren in die unteren Räume bewirkt wird.

Aehnliche Fahrzeuge ſollen, ſobald man nur erſt mit dieſem den Verſuch gemacht haben wird, noch erbaut werden; ihre Zahl bleibt von der Thätigkeit, mit der man den Bau betreiben dürfte, abhängig.

reichen, und sich auf 30 bis 40 Metres vor die Gründung hin, so wie es im Profile gezeichnet ist, erstrecken werde.

284. Bei diesem Projekte sind hauptsächlich drei Gegenstände zu besprechen: erstlich, die Unwandelbarkeit der Steinschüttung von 1784, auf welche man zu gründen beabsichtigt; zweitens, der am Fuße des neuen gemauerten Dammes aus großen Blöcken zu machende Vorwurf, und drittens, das Profil des Dammes.

285. Man hat die Seegräser, mit welchen die Steine der Schüttung bis zum Niveau des niedrigen Meeres, sowohl bei der mittleren Batterie, als auch fast überall auf den zwei niedrigeren Armen des Dammes, bedeckt sind, als ein Zeichen von unerschütterlicher Standhaftigkeit bei diesem Haufen kleiner Steine angesehen; mir scheint jedoch, daß es keine weniger zuverlässige Anzeige gebe, und daß man aus dem Vorhandensein der Seegräser höchstens zu folgern im Stande sei: es wären die Steine so lange nicht von der Stelle gerückt worden, als das Gras wächst. Da sich aber diese Pflanze sehr schnell verbreitet und groß wird, so beweiset ihr Vorkommen nichts; denn sie kann die, von der Wirkung eines Sturmes umher geworfenen und ganz entblößten, Steine in sehr kurzer Zeit wieder bedecken.

Der Grund des Meeres, die Felsen am Ufer, und selbst Bauwerke, sind häufig, vom Niveau des höchsten Meeres bis zu den größten uns bekannten Tiefen, ganz mit Seegräsern bewachsen. Die Grundwellen reißen sie nicht heraus, weil sie, so wie andere mit Wasser bedeckte Pflanzen, empor stehen, und allen Bewegungen des Wassers nachgeben; sie bilden, ihrer großen Biegsamkeit wegen, gleichsam ein weiches Kissen, auf welchem diejenigen Theile der Grundwellen, die zwischen die Aestchen gerathen, ihre Kraft beinahe ganz verlieren. Nichts desto weniger sieht man nach jedem Sturme eine große Menge an das Ufer geworfener Seegräser, aber diese sind von den mit den Grundwellen fortgerollten Steinen ausgerissen worden, oder haben, Alters halber, ihre Kraft und das Vermögen, sich an den Körpern, wo sie wuchsen, fest zu halten, bereits verloren.

Man muß auch bemerken, daß die Heftigkeit der Grundwellen nicht schon in jener Tiefe beginnt, wo sie sich bilden; denn wie wir gesehen haben (92), ändern sie, wenn der Meeresgrund horizontal bleibt, ihre Gestalt gar nicht, und stören auch nicht die über ihnen liegenden Wellen.

Die Grundwellen haben also nicht an den tiefsten Stellen in der See, wo sie sich bewegen, zugleich ihre größte Kraft, sondern auf den Abhängen, wo sie sich der Oberfläche des Meeres nähern; denn da sind sie nicht mehr mit der Wellenschwingung überhaupt in Uebereinstimmung, sie werden zusammengedrückt, erhöhen sich, erheben die Wellen, und werden von ihnen wieder mit größerer Kraft und Geschwindigkeit gestoßen. Es ist daher gar nicht wunderbar, daß die Grundwellen in den langen Zeiträumen zwischen den größten Stürmen die Steine der Schüttung vom Jahre 1784 unter dem Niveau des niedrigen Meeres, wo nur eine sanfte Böschung vom Meeresgrunde aufsteigt, nicht untereinander warfen, während sie bei heftig bewegter See eine große Kraft erlangen können, und im Stande sind, die ungeheuren Blöcke vor der mittleren Batterie zu bewegen, weil ihre Größe und ihre Heftigkeit beim Ersteigen der steilen Fläche c d sich ungemein vermehrt. Wer möchte endlich zu behaupten wagen, daß Grundwellen, die von einem außerordentlichen Sturme erregt werden, nicht im Stande wären, einen neuen Angriff auf die, lange Zeit in Ruhe gelassene, Steinschüttung zu machen. Es scheint mir daher verwegen zu sein, Mauerwerk auf eine nicht besser versicherte Basis zu gründen. Andere Betrachtungen werden bald diese Ansicht noch mehr bestätigen.

286. Die Erfahrung lehrt, daß die Schüttung aus gro-

ßen Blöcken, mit welcher man den gemauerten Damm umgeben will, den beabsichtigten Zweck nicht erfüllen und vielmehr eine Ursache seiner Zerstörung sein wird. Solche Blöcke haben zur Zerstörung der mittleren Batterie im Jahre 1808 am meisten beigetragen. Steine von gleichem Volumen, welche man neuerdings am Fuße dieser Batterie versenkte, werden bei stürmischer See noch jetzt hin und her geworfen. Je nach der Richtung der Winde, während der Stürme, werden sie auch parallel mit dem Damme fortgestoßen, und sammeln sich an den beiden Enden, so wie es Herr Cachin schon im Jahre 1803 bemerkt hat *); auch werden sie über die beiden niedrigeren Arme des Dammes hinweg getragen, und auf die innere Böschung gestürzt. Aehnliche Blöcke, welche noch heute am Damme von Becquet liegen, und, so wie bei der Batterie des Cherbourger Dammes, den Anblick eines Chaos darbieten, werden bei jeder heftigen Bewegung des Meeres nach allen Richtungen über einander geworfen. Diese Blöcke waren einst am Fuße des Dammes, jetzt sind sie auf seiner Krone; es gibt ihrer einige, welche auf den Quai geworfen worden sind, und einen, der sogar in den Hafen geschleudert wurde. Diese Bewegung der großen Blöcke ist heut zu Tage noch gerade dieselbe, wie zur Zeit, als der Damm von Becquet und die mittlere Batterie zerstört wurden; sie ist dieselbe, welche den Ruin der Werke von Cadix und des Dammes von St. Jean de Luz herbeiführte; sie ist es, welche zu allen Zeiten vorkommen und die nämlichen Wirkungen wieder hervorbringen kann.

So merkwürdige Beispiele, welche sich täglich den Augen der Ingenieurs darbieten, lassen in Betreff des Projektes, am Fuße des neuen Dammes eine Schüttung aus großen Blöcken anzulegen, keinen guten Erfolg vorhersehen. Es ist ge-

---

*) Das angeführte Memoire p. 24.

wiß, daß diese Blöcke umher geworfen, und von den Ost- und Westwinden parallel mit dem Damme werden fortgestoßen werden; daß sie an dessen Enden gelangen, das Fahrwasser verlegen, und dort gefährliche Klippen bilden werden; das Schlimmste aber ist, daß diesem höchst unglücklichen Zufalle nicht mehr abgeholfen werden kann, sobald die Blöcke einmal versenkt, und der unausgesetzten Wirkung der Grundwellen Preis gegeben sind. Die von den Nordwinden herbeigeführten Grundwellen werden die Blöcke übereinander rollen, sie zerstreuen, in der Steinschüttung Lücken bilden, dadurch bedeutende Theile des gemauerten Dammes entblößen und mit ihrer ganzen Kraft, und mit der Masse der mitgerissenen Blöcke gegen diese Mauertheile so lange anschlagen, bis die Zerstörung, so wie zu Cadix, zu St. Jean de Luz, bei der mittleren Batterie, und beim Damme von Becquet erfolgen wird. Es könnte selbst geschehen, daß der Damm noch vor Beendigung der Arbeit angegriffen und auf eine entmuthigende Weise beschädigt würde.

287. Was das Profil dieses Dammes belangt, so habe ich früher zur Genüge die Nachtheile vertikaler Mauern, und den schlechten Erfolg jener Versuche erwähnt, welche namentlich bei einigen Theilen der Dämme gemacht worden sind, die Brémontier am Eingange zur Bucht von St. Jean de Luz ausführen ließ. Diese Theile wurden, nicht so sehr weil sie an ihren Enden nicht genug versichert waren, um die Fortsetzung der Arbeit abzuwarten, als vielmehr durch die Grundwellen, welche an mehreren Stellen das Bauwerk durchbrachen, zerstört (254).

Das für den neuen Damm von Cherbourg gewählte Profil entspricht demnach insbesondere schon nicht in Beziehung auf die Widerstandsfähigkeit, gegen den ungeheuren Anschlag der Grundwellen, und wenn der Damm auch, in Folge der außerordentlichen Größe, welche man den Quaderblöcken seiner Verkleidung geben möchte, zu widerstehen geeignet wäre, so würde eine andere Ursache seinen Ruin herbeiführen. Es kann nämlich nicht ausbleiben, daß die über die Böschung c h dahin laufenden Grundwellen sich an der Granitmauer vertikal erheben, und beim Zurückfallen, sei es vor Beendigung der, aus großen Blöcken bestehenden, Schüttung, oder nachdem die Stürme einige Theile der Mauer am Fuße entblößt haben, unfehlbar Auskolkungen im alten Damme hervorbringen, und so den Umsturz des neuen gemauerten Dammes nach sich ziehen.

288. Es ist hieraus ersichtlich, daß man, wenn nach den bisher angenommenen Grundsätzen zu arbeiten fortgefahren wird, nicht allein keinen Erfolg erzielen kann, sondern sogar Gefahr läuft, den jetzigen Zustand der Sachen noch zu verschlimmern. Macht man die Steinschüttung c, so werden die großen Blöcke eines Theils den Damm zerstören, anderen Theils in das Fahrwasser geworfen werden und es verlegen; unterläßt man die Steinschüttung, so bringen die Unterwaschungen große Gefahr. Diese Alternative beweiset, daß das jetzige Projekt die Schwierigkeiten nicht zu beseitigen vermag.

289. Durch die Anwendung meines concaven Profiles zum Damme von Cherbourg begegnet man allen Unzukömmlichkeiten, von welchen bisher die Rede war. Man wird, selbst ohne den Damm über das Niveau der hohen Fluten zu legen, vollkommene Ruhe erzielen, und eine unwandelbare Standhaftigkeit der Materialien erlangen.

Nehmen wir an, daß man dem Meere, unter denselben Umständen, wie zu Cherbourg und zu Plymouth, einen Damm, C D E F, Fig. 52, entgegensetze, dessen Verkleidung nach einem, mit der Concavität gegen die See gekehrten, Viertelkreise profilirt ist. P O sei der Grund des Meeres, A und B Wellen der Oberfläche bei hoher See, a und b entsprechende Grundwellen. Die bis zur Verkleidung dieses Dammes gelangende Grundwelle b wird von der Kraft der in

Schwingung befindlichen flüssigen Masse nach i geführt, unterbricht auf diese Art, vertikal empor wirkend, die darüber befindliche Welle gänzlich, und verursacht ein starkes Aufschäumen l. Beim Zurückfallen der Welle in sich selbst wird das Wasser auf der Rhede nicht beunruhigt, und selbst oberhalb des Dammes entsteht nur eine schwache stehende Schwingung I, (clapotage). Da jede, von der Wellenbewegung herbeigeführte Grundwelle auf gleiche Weise wirkt, und die Undulation aufhebt, so können sich auch die Wellen durchaus nicht fortpflanzen. Auf solche Art wird in allen jenen Fällen, wo nicht andere Rücksichten, als bloße Herstellung der Ruhe, die Errichtung eines Parapets bis über das Niveau der hohen See erforderlich machen, ein concaver, stets unter dem Wasser bleibender, Damm vollkommen seinen Zweck erfüllen. Beim Damme von Cherbourg würde es hinreichend sein, die Krone auf 5 Metres unter die höchste Flut zu legen, um sowohl vollkommene Ruhe auf der Rhede zu erlangen, als auch jeden Versuch, mit großen Schiffen einzubringen, unmöglich zu machen. Kleine Fahrzeuge werden ohnehin durch das Brechen der Wellen und die stehende Wellenschwingung (clapotage), die jederzeit über der concaven Wand Statt findet, aufgehalten.

290. Es ist zu bemerken, daß in Folge dieses Damm-Profiles und der dadurch hervorgebrachten besonderen Bewegungen der Grundwellen, jene Stöße, welche sich auf der Rhede jetzt zwei Stunden vor, und zwei Stunden nach dem höchsten Meeresstande fühlbar machen (278), ganz unterbleiben werden.

291. In jenen Fällen, wo man gezwungen ist, die Krone des Dammes über die Oberfläche des Meeres zu legen, sichert mein concaves Profil, so gut wie jedes andere von gleicher Höhe, eine vollkommene Ruhe; sein besonderer Vortheil aber besteht in der unerschütterlichen Standhaftigkeit des ganzen großen Baues.

292. Ein stets unter dem Wasser zu bleiben bestimmter Damm mit vertikaler Verkleidung, oder mit einer schwachen Concavität, wie die englischen Mauern (258), Fig. 48, könnte, bei gehöriger Höhe, ohne Zweifel die Wellen eben so brechen, wie es an den steilen Wänden mancher natürlichen Bänke in verschiedenen Meeren der Fall ist (110); auch könnte derselbe ohne Weiteres nach einer von den später anzugebenden Methoden, zur Gründung eines Dammes mit concavem Profile, hergestellt werden; aber eine vertikale oder wenig gekrümmte Verkleidung hätte, wie ich schon bemerkte, den großen Nachtheil, durch das Herabfallen der Grundwellen Auskolkungen zu veranlassen, die unfehlbar den Ruin des ganzen Baues nach sich ziehen würden*).

---

*) Montfaucon gibt nach dem damals in Neapel sich aufhaltenden Alterthumsforscher Anton Bulifon, eine Ansicht des Hafens von Pozzuoli (Antiquité expliquée t. 4. 2me partie p. 183.). Er behauptet, daß 14 Pfeiler, welche noch in diesem Hafen bestehen, und unter dem Namen der Brücke des Caligula bekannt sind, die Ueberreste eines von den Griechen erbauten Molo's wären, der auf Bögen geruht haben soll. Herr Goury spricht in seinem Supplement aux Souvenirs polytechniques, p. 125, dieselbe Meinung aus, und sieht dieses Denkmal für einen Molo an, welcher dem Hafen Ruhe verschafft, und zu einem, von Plinius erwähnten Leuchtthurme geführt habe. Die Darstellung dieses alten, nach einer Zeichnung von Bulifon copirten Bauwerkes zeigt mehr Aehnlichkeit mit den Ueberresten einer Brücke, als mit jenen eines Molo. Man sieht aus der Zeichnung, daß die Wölbungen sich über den Wasserspiegel erhoben, und daher die Wellen in den Hafen eindringen lassen mußten. Vielleicht waren die Pfeiler breit genug, um einen großen Theil der Wellen aufzuhalten, und in dem Hafen eine hinlängliche Ruhe herzustellen. Es wäre dieß jedoch das einzige bekannte Beispiel einer solchen Bauart, der man übrigens mit Unrecht den Vortheil beilegt, daß der von der Flut gebrachte Sand wieder von der

293. Nur ein Damm mit concavem Profile kann allen Bedingungen der Aufgabe vollkommen entsprechen; denn außerdem, daß an der Verkleidung der Anstoß der Grundwellen unschädlich abgeleitet wird, so verhindert sie auch die Unterwaschungen oder Aushöhlkungen, weil jede Grundwelle, nachdem sie die obere Welle gebrochen hat, beim Herabfallen längs der Verkleidung nothwendig einer neu anlangenden Grundwelle begegnet, von ihr zerstreut wird, und also keine Wirkung auf den Meeresgrund haben kann.

294. Man hat es seit langer Zeit und stets ohne Erfolg versucht, das Materiale am Damme von Cherbourg fest zu halten; wenn man aber fortfahren wird, dem Meere bewegliche Steine zu überlassen, oder ihm in solcher Lage sogar vertikale Verkleidungen entgegen zu setzen, so werden die Arbeiten auch keine Hoffnung einer vollkommenen Standhaftigkeit geben können.

295. Ein Bewohner von Cherbourg, Herr Dumont Moulin, hat neulich unter dem Titel: Systéme nouveau de constructions hydrauliques pour sonder en pleine mer, ein Memoire herausgegeben, welches Bemer-

---

Ebbe zurückgeführt werden könne, denn die Bewegung des Sandes ist, wie ich gezeigt habe (189), nicht eine Folge der Fluten, die im mittelländischen Meere ohnehin kaum merklich sind. Um die Wellenbewegung aufzuhalten, dürften die Bögen, auf welchen der Molo ruht, nicht höher über dem Meeresgrunde sein, als um gerade die Grundwellen durchzulassen. Die obere Wellenschwingung würde an der verticalen Wand des Molo aufhören, die Grundwellen aber in der ruhigen Wassermasse des Hafens sich zerstreuen. Große Schwierigkeiten machen diese, überdieß keinen besonderen Nutzen gewährende Bauart unanwendbar, und es wäre hier nicht davon gesprochen worden, wenn nicht Goury in seinem Werke die Ansicht von Montfaucon wieder vorgebracht hätte.

lungen über die Bauwerke von Cherbourg und die Beschreibung eines Mittels enthält, den aus verlorenen Steinen hergestellten Damm fest zu machen. Er schlägt vor, die Steinschüttung, welche vorläufig bis zum Niveau der niedrigen Fluten erhöhet werden soll, mit einem Netze aus starken Ketten von Eisen oder Kupfer zu bedecken, an dessen äußeren Maschen große Blöcke befestiget sein würden, die am Fuße der Böschung auf dem natürlichen Meeresgrunde ruhen. Das Netz soll dann mit einer 1 Metre dicken Béton-Lage überdeckt werden, und auf der Krone dieser Einhüllung, welche der Verfasser als ein Mittel ansieht, um gleichsam einen unzerstörbaren Felsen herzustellen, soll sich ein gemauerter Damm bis über die höchsten Fluten erheben. Herr Dumont Moulin hat sein Project beim Institute eingereicht; ich werde mich daher enthalten, die Details und die vorgeschlagenen Verfahrungsweisen zu besprechen, und mich auf die Bemerkung beschränken, daß der Erfolg von der Wirkung der Grundwellen auf die an die Ketten befestigten Blöcke und auf die Bétonlage, so lange sie noch weich ist, abhängig sein wird.

296. Der jetzige Zustand des Dammes von Cherbourg ist zur Herstellung meiner concaven Mauern nichts weniger als günstig und es wäre besser, wenn früher gar keine Steinschüttung gemacht worden wäre; da aber dieses Mittel sicher das einzige ist, welches zu gleicher Zeit eine beständige Ruhe und eine vollkommene Solidität verbürgt, auf dessen Erfolg man endlich auch mit Gewißheit zu zählen vermag, so will ich dem jetzigen Stande der Sachen das Projekt anzupassen suchen.

297. Die Erbauung einer concaven Mauer vor einer Rhede würde keine größeren Schwierigkeiten verursachen, als jene, welche man bei Herstellung des Dammes von Cherbourg und des Wellenbrechers von Plymouth überwand. Die Steinschüttung, blos ein Theil des jetzt als angenom=

men bezeichneten Projectes, nähme gewiß mehr Arbeit zur Gewinnung, zum Transporte und zur Versenkung der erforderlichen 3 bis 400,000 Kubik-Metres großer Blöcke in Anspruch. Sollte man aber auch bei Herstellung eines Dammes mit concavem Profile sehr großen Hindernissen begegnen, so ist es doch gewiß, daß der gute Erfolg des Unternehmens für die Anstrengungen zu ihrer Ueberwindung gänzlich schadlos zu halten vermag.

Es gibt verschiedene Mittel, den Bau auszuführen; ich will aber nur jene anzeigen, welche ich für die vorzüglichsten und besten halte.

1. Kästen.

298. Zur Herstellung des unteren Theiles von einem Damme, und zwar bis zum Niveau des niedrigen Meeres, dienen gezimmerte Kästen, Fig. 57, deren Gestalt sich nach den der See zuzukehrenden, concaven Dammprofilen, Fig. 55 und 56, richtet, als Form. Sie werden auf den Werften erbaut und, nach dem gewöhnlichen Verfahren in das Wasser gebracht, schwimmend erhalten, und auf ähnliche Weise, wie die Cessart'schen Kegel, bis an den Ort ihrer Bestimmung bugsirt, mit dem einzigen Bemerken, daß sie sich nicht zierlich über dem Wasserspiegel halten, sondern mit demjenigen Theile, der dem Fuße der concaven Verkleidung entspricht, untertauchen, weil dieser früher mit Béton-Mauerwerk D angefüllt wird, um einer vollkommenen Ausfüllung desselben versichert zu sein. In der Figur 57 ist mit punktirten Linien ein durch Tonnen bei niedrigem Meeresstande schwimmend erhaltener Kasten dargestellt, wie er an der gehörigen Stelle gerade zu stranden beginnt. Durch schnelles Einwerfen von Béton und Steinen werden die Kästen am Grunde festgehalten. Zu diesem Behufe zweckmäßig gebaute platte Fahrzeuge (Gabarren) machen es möglich, große Massen dieser Ma-

terialien auszuschütten, und gleichmäßig in den Kästen zu vertheilen. Auch bei hohem Meeresstande kann mit dieser Arbeit bis zur völligen Anfüllung fortgefahren werden, doch darf man nicht zu sehr eilen, um dem Bauwerke Zeit zu lassen, eine gewisse Consistenz anzunehmen, damit die Wände der nur als Form dienenden Kästen nicht plötzlich einen zu großen Druck erleiden.

Sobald die in einem solchen Kasten geformte Béton-Masse eine hinlängliche Härte erlangt hat, werden die Holzwände abgenommen, und können zu anderen Kästen verwendet werden. Nur der Boden, welcher am Grunde liegt, und die Holzstücke der inneren Verbindung, welche von der Béton-Masse eingeschlossen werden, müssen bleiben, wo sie sind.

Hat man im Voraus sondirt, so läßt sich die Gestalt einer jeden Seitenwand und die Lage des Bodens genau genug bestimmen, um den Kasten dem Meeresgrunde gehörig anzupassen; aber selbst in dem Falle, daß ein Kasten nicht horizontal gestellt würde, hat dieß keinen Nachtheil, weil das zirkelförmige Profil sich stets auf gleiche Weise den Grundwellen entgegenstellt.

299. Der Damm kann demnach vorerst nur aus einzelnen, 5, höchstens 6 Metres von einander entfernten Theilen, die in den Kästen an Ort und Stelle gleichsam abgeformt worden sind, bestehen. Um diese Theile zu einem Ganzen zu machen, braucht man nur an den Zwischenräumen einerseits eine concave, andererseits eine gerade Wand an die schon fertigen Theile zu legen, mit Holzwerk gehörig zu verbinden, und solcher Gestalt eine neue, auszufüllende Form zu bilden.

Nachdem der Damm auf diese Art bis zum Niveau des niedrigen Meeres hergestellt ist, wird derselbe mit einem, die Concavität fortsetzenden Profile höher aufgebaut, und besonders die Verkleidung des oberen Mauerwerks aus sehr großen Werkstücken, die man in allen Fugen durch keilförmige Zuar=

beitung, durch Falze, ja selbst durch stehende Binder vereinigt, zusammengesetzt.

Die Figur 55 zeigt das Profil eines Dammes, dessen Vordertheil nach der beschriebenen Weise erbaut, und bis auf 5 Metres über die Oberfläche des höchsten Meeres durch eine mit Werksteinen verkleidete Mauer erhöhet ist. Der hintere, völlig geschützte Theil des Dammes besteht aus einer Steinschüttung, wozu auch kleinere Steine verwendet werden können; und wird, um die Communication zu erleichtern, mit einer Pflasterung versehen. Die Kronenbreite des Dammes beträgt im Ganzen höchstens 10 Metres. Jeder Kasten könnte 40 Metres Länge erhalten; und 80 bis 100 Kästen sammt eben so vielen 5 bis 6 Metres breiten Zwischenweiten wären für eine Dammlänge, wie die zu Cherbourg, hinreichend.

Für die Köpfe müßten besondere Kästen erbaut werden, um die nöthige Abrundung zu erzielen. Zum Wellenbrecher von Plymouth wären nicht mehr als 30 bis 40 Kästen und eben so viele auszufüllende Zwischenräume nöthig gewesen.

Die Figur 56 gibt das Detail eines unter dem Wasser zu bleiben bestimmten, auf diese Art gebauten, Dammes. Bis zum Niveau des niedrigen Meeres ist er aus Béton geformt, und oben mit Quadern überdeckt. Seine Krone dürfte, um bei jedem Meeresstande durch das bloße Brechen der Wellen Ruhe auf der Rhede herzustellen, nur 5 Metres unter dem Niveau der höchsten Fluten liegen. Die Masse des Dammes besteht aus einer Schüttung von kleinen Steinen, welche oben mit sehr großen, auf einer hinlänglich dicken Mauerunterlage ruhenden Quadern abgepflastert ist, um das Material des Steinwurfes vor der Wirkung des von der Wellenbrechung und der Klappenschwingung beunruhigten Wassers zu schützen.

2. Prismen.

800. Ein zweites Mittel bestände in der Anwendung großer Prismen, welche aus Béton am Ufer erst geformt, und dann an Ort und Stelle so über einander gelegt würden, daß sich der Körper des concaven Dammes daraus bildete. Die den Prismen zu gebende Gestalt ist gleichgültig, wenn sie nur erlaubt, daß ohne Unterschied jedes Stück mit dem andern in die gehörige Verbindung treten kann. Ich halte die sechsseitige Gestalt für eine der besten; die Basis eines jeden Prismas erhielte 4 Quadrat=Metres zur Oberfläche; die Länge müßte nach Bedürfniß wechseln, so, daß die längsten nicht 8 Metres überschritten, und also die größten Prismen einen Inhalt von 32 Kubik=Metres, und ein beiläufiges Gewicht von 70,000 Kilogrammen hätten. Solche Dimensionen und eine solche Schwere sind jedenfalls geeignet, völlige Beruhigung wegen der Standhaftigkeit dieser Blöcke zu gewähren. Außerdem, daß kein Prisma einzeln von der Stelle geführt werden könnte, hat auch das Ganze, weil jedes von den andern ganz umgeben, und nach der ganzen Länge überdeckt ist, eine vollkommene Solidität. Die Prismen kehren den Grundwellen nur ihre Basen zu, und können in zurücktretende Schaaren gelegt werden, um die Krümmung des Profiles möglichst herauszubringen. Auch könnten die Basen der zur Verkleidung bestimmten Prismen schon beim Formen schief gemacht werden, um die Concavität der Oberfläche besser herzustellen. Allerdings werden noch einige Unebenheiten bleiben, sie werden aber stets unbedeutender sein, als an den Steinschüttungen, und weder einen Nachtheil für die Solidität des Bauwerkes, noch für den Effekt des Profiles, in Beziehung auf die Bewegung der Grundwellen, verursachen.

Ich habe in den Figuren 58 und 59 den Durchschnitt und die Ansicht einer nach diesem Verfahren erbauten Dammwand dargestellt, und angenommen, daß sich der Damm 5 Metres über die höchsten Fluten erheben müsse. Sobald es sich darum handelt, einen niedrigeren Damm herzustellen, ändert sich nichts in der Verfahrungsweise, nur der Halbmesser der Krümmung würde ein wenig kleiner.

301. Die Prismen, welche ich zur Erbauung einer concaven Mauer für einen Damm, wie der zu Cherbourg, anzuwenden vorschlage, unterscheiden sich eben so sehr durch ihr Volumen und ihre Gestalt, als durch die Art ihres Gebrauches von den dreiseitigen Béton-Prismen, deren man sich in Piemont und Toskana beim Wasserbaue bediente *). Belidor, welcher schon derlei Prismen beschreibt **), gibt ihnen, um im Meere eine Schüttung zu bilden, vor den verlorenen Steinen den Vorzug, weil sie sich regelmäßig zusammenlegen, und keine Zwischenräume lassen. Ich glaube nicht, daß solche Prismen, deren Kubik-Inhalt kaum einen halben Kubik-Metre beträgt, der großen Wirkung der Grundwellen zu widerstehen im Stande wären. Sie können daher bei Seebauten nicht angewendet werden.

302. Der beim Hafen von Honfleur angestellte Ingenieur, Herr Jcard, hat vorgeschlagen, den Damm von Cherbourg aus Blöcken von Puzzuolane, in der Größe einer Kubik-Klafter herzustellen, und wurde beauftragt, dießfalls Versuche zu machen ***). Es ist nicht bekannt geworden, welches Verfahren er sich erdacht hat, um diese Blöcke zu verfertigen, zu transportiren und zu versenken, ja man weiß nicht einmal, welche Resultate die Versuche gehabt haben, oder ob sie wirklich angestellt worden sind.

---

*) Souvenirs polytechniques, par G. Goury, Ingenieur en chef des ponts et chaussées.
**) Architecture hydraulique, II. partie, t. 2, liv. 3, chap. 2, sect. 3.
***) Bericht der Kommission von 1792, Note zum Artikel 27.

303. Mein Konstruktions-System mit sechsseitigen Prismen hat einige Verwandtschaft zur Bauweise jenes Dammes, der den neuen Hafen von Alexandrien in Nieder-Egypten begränzt, der ganz aus übereinander gelegten Säulen*) besteht, wovon die meisten von Syenit sind. Die Festigkeit dieses Bauwerkes gäbe für meinen Vorschlag eine gute Vorbedeutung, wenn nicht schon alle Ueberlegungen uns die Versicherung einer unerschütterlichen Standhaftigkeit gewähren müßten.

304. Die in den Figuren 58 und 59 dargestellten sechsseitigen Béton-Prismen könnten am Strande, in hölzernen, auf einem Gerüste liegenden Formen, gegossen werden. Diese Formen bestünden aus 4 Seiten- und 2 Grundflächen, die fünfte Seitenfläche würde von der horizontalen, mit Sand bestreuten Unterlage gebildet, und die sechste bliebe zum Einschütten der Béton-Masse oben offen. Sobald der Béton genug erhärtet wäre, um seine Gestalt nicht mehr verändern zu können, würden die Holzwände abgenommen, und auf diese Art können sie zur Verfertigung mehrerer Prismen dienen.

Wenn das Gerüst zur Abformung an einem Ufer hergestellt ist, das von der steigenden See auf wenigstens 5 Metres Höhe bedeckt werden kann, so hat die Hebung, der Transport und die Versetzung der Prismen bei weitem weniger Schwierigkeiten, als man nach ihrem Volumen und nach ihrer Schwere vermuthen sollte. Eiserne Stangen, welche horizontal durch Löcher gesteckt werden, die schon bei der Formung in der Bétonmasse ausgespart worden sind, dienen dazu, um jedes Prisma mit Ketten an eine Tonne zu hängen, deren Ausmaße so groß sein müssen, daß sie sich sammt dem Gewichte eines Prismas schwimmend zu erhalten vermag. Wenn in Folge des steigenden Meeres die Hebung eines Pris-

---

*) Description de l'Égypte, tome 1., app. Nro. 1, p. 18.

mas auf diese Art Statt gefunden hat, so kann die beschwerte Tonne leicht bis zum Damme bugsirt werden.

Um die Legung eines Prismas zu bewerkstelligen, werden die Hähne an den Spunden der Tonne geöffnet; der obere, um die Luft auszulassen, der untere, um das Eindringen des Wassers zu gestatten. Die Tonne sinkt hierauf allmälig; es kommt endlich ein Augenblick, wo sie mit einem kleinen Gewichte schon zu Grunde gezogen werden könnte, dann wird der Hahn zum Austritte der Luft geschlossen, und Taucher führen und legen den prismatischen Block mit aller Leichtigkeit und wünschenswerthen Genauigkeit. Diese Operation kann auch leicht beobachtet und dirigirt werden, da bei ruhigem Meere das Wasser bis zu einer großen Tiefe durchsichtig ist*).

Wenn ein Prisma an seiner Stelle ist, so wird der Lufthahn noch einmal geöffnet, damit sich die Tonne noch mehr anfüllen und senken könne, und das Prisma mit seinem ganzen Gewichte sich zu legen vermag. Da die Tragketten jetzt nicht mehr gespannt sind, so können sie durch das Herausziehen der Eisenstangen ohne Schwierigkeit losgemacht werden. Mittelst eines langen ledernen Schlauches wird dann von einem Kahne aus, der Tonne Luft eingepumpt; sie steigt hiernach zur Oberfläche, und wird wieder an das Ufer gebracht.

Eine und dieselbe Tonne kann nach und nach zum Transporte einer großen Menge von Prismen dienen und die Zahl der Tonnen ließe sich leicht nach der Beschleunigung, mit der man den Bau zu betreiben gedenkt, proportioniren.

---

*) Man bezeichnet einige Seegegenden, wo die Durchsichtigkeit des Meeres außerordentlich groß ist. An der Insel S o u l a (vielleicht S o u l u) bringt der Blick auf 40 bis 50 Fuß Tiefe durch. In dem karaibischen Meere unterscheidet man auf 60 Faden Tiefe (360 Fuß) die Korallen und Fische. (Malte-Brun, Précis de géographie universelle t. IV. p. 294, t. 5. p. 726.)

Die Zusammensetzung von einigen Abtheilungen geschickter Taucher für diese Arbeiten wäre sehr bald geschehen*).

Zu den abgerundeten Köpfen des Dammes wären die Prismen keilförmig zu gestalten, doch blieben die sechsseitigen Basen stets nach außenhin gekehrt.

305. Für eine Damm-Länge von 4 Kurrent-Metres wären beiläufig 36 Prismen von den oben angegebenen Dimensionen nöthig, daher für die Länge von 4000 Metres, wie sie der Damm von Cherbourg hat, 36,000 Prismen hinreichend. Man kann voraussetzen, daß an mehreren Punkten zugleich gearbeitet werde; es könnten daher bei jeder Flut eben so viele Prismen gelegt werden, als man Tonnen hat.

Nimmt man an, daß ihrer nur 100 vorhanden sind, und daß es an fertigen Blöcken niemals fehlt, so braucht man zur Erbauung der Mauer, wenn das Meer jährlich nur 120 Tage zu arbeiten gestatten sollte, drei Sommer. Weil man ferner aus Erfahrung weiß, daß der Béton zehn Monate zur völligen Erhärtung braucht, so müßten die nöthigen Prismen

---

*) Herr Karl Dupin hat in seiner Voyage dans la Grande-Brétagne vorgeschlagen, in den Häfen Taucher-Compagnien zu errichten. Herr Chateau de Calleville sagt, daß in dem finnländischen Meerbusen zum Behufe der Rettung bereits eine solche bestehe. (Tableau de la mer baltique, t. 2, p. 251.)

Herr Lemaire d'Augerville, Direktor der Rettungsgesellschaft, hat eine Vorrichtung erfunden, die er Pneumatonautique heißt, und mittelst welcher ein Taucher ganz ohne Schwierigkeit durch 20 bis 25 Minuten unter dem Wasser bleiben, sich bewegen und arbeiten kann. Zu Paris, in verschiedenen Häfen, und namentlich zu Cherbourg, sind auf Befehl des Marine-Ministers Versuche darüber angestellt worden, welche überall den besten Erfolg hatten. Taucherabtheilungen, mit dieser sinnreichen Vorrichtung versehen, würden sehr leicht die Legung meiner Béton-Prismen besorgen.

für den ersten Sommer ein Jahr vorher verfertigt werden, wonach sich die ganze Bauzeit für alle Arbeiten, mit Inbegriff der Steinschüttung hinter dem Damme, die mit demselben gleichzeitig gemacht werden kann, auf vier Jahre bestimmt.

Jährlich müßten also beiläufig 12,000 Prismen geformt werden. Jedes Prisma erfordert, im Mittel gerechnet, zu seiner Abformung eine Fläche von 20 Quadrat-Metres; 12,000 Prismen brauchen also eine Fläche von 240,000 Metres, die man am Ufer leicht finden dürfte. Es läßt sich annehmen, daß die Verfertigung der Prismen nur durch 10 Monate im Jahre betrieben werden könne, und daß ein Monat vergehe, bevor der Béton so viel Konsistenz erlanget hat, um die Abnahme der Formen zu gestatten; es wären folglich, um keine Verzögerung der Arbeit zu veranlassen, 1200 Formen nöthig.

306. Die großen Dimensionen und das Gewicht der prismatischen Béton-Blöcke könnten Manchem Veranlassung geben, die eben beschriebene Arbeit als ein riesenhaftes und unausführbares Projekt anzusehen; aber man werfe nur einen Blick auf die Bauwerke der Alten, um zu sehen, daß sie noch viel größere und schwerere Blöcke, als ich zum Damme von Cherbourg anzuwenden vorschlage, bewegt, transportirt und versetzt haben. In der Voraussetzung selbst, daß die vorgeschlagenen Konstruktionen eben so große Schwierigkeiten darböten, als die Alten bei ihren Bauten gefunden haben, muß man sich doch billig fragen, warum gerade die jetzige Welt nicht die Fähigkeit haben sollte, sie zu überwinden. Da der Eigennutz allein heut zu Tage schon große Unternehmungen hervorruft, so ist es keinem Zweifel unterworfen, daß, wenn es sich darum handelt, ein großartiges Werk zur öffentlichen Wohlfahrt herzustellen, der Stand unserer Wissenschaften und Künste uns geschickt genug machen werde, eben so viel zu leisten, als die Alten zu leisten vermochten. Die Nütz-

lichkeit und selbst die dringende Nothwendigkeit, dem Damme von Cherbourg einen vollkommenen Bestand zu geben, lassen sich nicht in Zweifel ziehen, und sicherlich ist bei den von mir vorgeschlagenen Arbeiten, obgleich die Bétonblöcke ein Gewicht von 70,000 Kilogrammen haben könnten, und folglich 12 bis 14 Mal schwerer sind, als die größten, zur mittleren Batterie neulich angewendeten Steinblöcke, nichts, was die gewöhnlichen Kräfte des Menschen überschritte.

Die bei diesen Arbeiten vorkommenden Schwierigkeiten können bei Weitem nicht mit jenen verglichen werden, die man bei Erbauung der großen egyptischen Gebäude hat überwinden müssen. Es handelte sich dort darum, ungeheure Massen zu transportiren und aufzurichten, oder auf große Höhen über den Boden zu heben, um die Gebälke und Decken der Tempel herzustellen, während durch die Verfertigung meiner Prismen aus Béton jede schwierige Gewinnung und jede kostspielige Zufuhr erspart, und statt jeder Hebung ein bloßes Sinkenlassen nöthig wird, um so mehr, da ich zum Transporte bis auf die Rhede und zur Versetzung ein sehr kräftiges Mittel, nämlich den Unterschied der Schwere von Luft und Wasser benutze, und den Menschen jeder Anstrengung bei der Arbeit überhebe.

3. Gewölbesteine.

307. Die eben erwähnte Konstruktions = Methode gibt nach meiner Ansicht so viel Zuversicht in Beziehung auf die Leichtigkeit des Transportes, und die möglicher Weise nur zu wünschende Genauigkeit bei der Versetzung, daß ich sie der ersten vorziehe, und auch nicht im Mindesten an dem guten Erfolge zweifle, wenn dieselbe Methode angewendet würde, um einen Damm aus Bétonblöcken herzustellen, welche, nach dem Profile der concaven Mauern, in Gestalt von Gewölbesteinen

geformt worden sind. Die Fig. 61 zeigt das Profil eines nach diesem Systeme erbauten Dammes, der sich 5 Metres über die höchsten Fluten erhebt.

Für die Köpfe der Dämme wären die Blöcke so zu gestalten, daß zu gleicher Zeit der Concavität des Profiles und der Rundung im Grundrisse Genüge geleistet werden könne. Solche Köpfe hätten eine Solidität, wie sie durch eine Steinschüttung niemals so vollkommen zu erzielen ist.

Die bei der Gründung zu versetzenden größten Stücke möchten beiläufig 55 Cubik-Metres Inhalt, und außer dem Wasser 140,000 bis 150,000 Kilogrammen an Gewicht haben. Mittelst einer einzigen oder mittelst mehrerer Tonnen könnte jeder Block, indem er an Ketten hängt, zu deren Befestigung die an einem Blocke in der Figur 61 angezeigten Haken dienen, transportirt und niedergelegt werden.

Ich spreche von diesem dritten Projekte nur, um zu zeigen, daß solche Verfahrungsweisen der Abformung, des Transportes und der Niederlegung für Bauten unter dem Wasser von dem mannigfaltigsten Nutzen sein können.

308. Ich behaupte übrigens keineswegs, daß diese Arbeiten durchaus leicht wären, man wird im Gegentheil bei der Ausführung vielleicht großen Schwierigkeiten begegnen; aber gewiß können sie alle überwunden werden, und ich zweifle nicht, daß durch die Annahme eines concaven Profiles für den Damm zu Cherbourg, und die Anwendung der erklärten Verfahrungsweisen, namentlich mit den sechsseitigen Prismen, eine große Ersparniß an Zeit, Arbeit und Geld erzielt, und jene unerschütterliche Standhaftigkeit erlangt werden könne, die man bis jetzt fruchtlos gesucht hat, und wahrscheinlich auf keinem andern Wege erreichen dürfte.

309. Damit man die von mir beschriebene Konstruktionsweise mit dem Projekte von 1820, und mit jenem, dessen Grundsätze man bei den jetzigen Arbeiten befolgt, vergleichen

könne, habe ich auf einer Linie, Fig. 53, das Profil a b e f g h nach der vierten Tafel des Memoires von Herrn Cachin, und das Profil c D E F nach meinem Projekte für einen concaven hohen Damm zusammengestellt; in der Fig. 54 sieht man das Profil a b e B C c d nach dem Projekte für den neuen Damm, dessen Details noch berathen werden, und das Profil c' D·E F nach meinem Projekte für einen concaven Damm, der stets unter dem Wasser zu bleiben bestimmt ist, beisammen.

In der Fig. 53 bezieht sich das Profil a b c d auf die im Jahre 1784 gemachte Steinschüttung, so wie sie auf den Kupfertafeln des Memoires von Herrn Cachin dargestellt ist.

Die Gründung des Mauerwerkes meiner beiden Projekte ist unmittelbar vor der Steinschüttung von 1784 angetragen, damit es ganz auf dem natürlichen Boden ruhen könne. Doch habe ich mit punktirten Linien in der Fig. 53 c' D' E' F' und Fig. 54, c' D'' E'' F'' solche Anordnungen angedeutet, wobei ein Theil des Mauerwerkes auf die Steinschüttung zu liegen kommt, die man von dem Anstoße der Grundwellen so sehr befestiget annehmen kann, daß die Besorgniß einer Setzung unter der Last eines neuen Baues wirklich ungegründet erscheint. Diese Anordnung ist, der Lage nach, durch die Bedingung festgestellt, daß jener Theil der concaven Mauer, welcher der alten Steinschüttung zunächst kommt, nicht weniger als 3,5 Metres zur Dicke erhalten dürfe. Die erste Stellung ist, wegen des besseren Auflagers, der zweiten vorzuziehen, und diese dürfte wohl nur aus besonderer Oekonomie gewählt werden. Ein Theil der Steinschüttung ließe sich herausnehmen, und als Nachschüttung hinter dem Mauerwerke des neuen Profiles verwenden.

310. Die bloße Ansicht der Figuren genügt, um nach der Differenz der Querschnittsflächen den Unterschied der Unkosten zu beurtheilen, die durch die Erbauung eines meiner Dämme und durch die anderen Projekte verursacht würden.

Ueberdieß haben meine Dämme allein den Vortheil, zu gleicher Zeit die Aufgabe einer völligen Ruhe auf der Rhede, und einer unerschütterlichen Standhaftigkeit zu lösen. Diese Rücksicht hat mich dazu bestimmt, hier nicht in Details vergleichender Kostenüberschläge, die dem Werke ohnedieß zu viel Raum geraubt hätten, einzugehen. Wenn aber auch die Dämme mit concaven Profilen zu eben so großen Auslagen Veranlassung geben sollten, wie die zur Vergleichung angenommenen Projekte, so verdienen sie doch in Beziehung auf die Resultate, deren man sich versichert halten kann, den Vorzug zur Beendigung einer so wichtigen Unternehmung, wie der Bau des Dammes von Cherbourg ist, wo man auf dem Punkte steht, daß es sich weniger um den Kostenpunkt, als um den Erfolg handelt.

Dämme aus Zimmerwerk.

311. Bei den aus Holzwerk hergestellten Dämmen, welche dazu bestimmt sind, die Wellen zurück zu halten, und die Stelle gemauerter Molo's zu vertreten, läßt sich ebenfalls mit Vortheil mein concaves Profil anwenden. Nach den früher entwickelten Grundsätzen kann man allemal, wenn es nicht nöthig ist, auf der Krone eine Kommunikation herzustellen, den Damm nur niedrig halten, weil die unter dem Wasser bleibenden Dämme durch die an der Vorderwand empor steigenden Grundwellen die Wellenbewegung an der Meeresoberfläche eben so gut, wie die hohen unterbrechen und dabei weit wohlfeiler sind.

Ich habe durch die Figuren 63 und 64 die Profile zwei solcher Dämme vorgestellt, deren einer bis über das höchste Meer emporzuragen, der andere unter dem Wasser zu bleiben bestimmt ist; auch sieht man in Fig. 63 mit punktirten Linien das Profil des von Cessart zu Dieppe aus Zimmerwerk gebauten großen Dammes angedeutet. Durch die Zusammenstellung dieses aus Cessart's Werk (Tome 2, planche XIII) entnommenen Profiles mit meinen concaven Dammprojekten, läßt sich der Vortheil leicht ersehen, den diese letzten in Bezug auf die Grundwellen, und in Rücksicht auf die Ersparniß an Holz und Füllsteinen zu gewähren im Stande sind.

Cessart gab der vorderen Böschung seines Dammes eine vom Winkel von 45 Graden wenig abweichende Neigung; er glaubte mit Grund von der Regel Belidors abweichen zu dürfen, der, um die Dämme dem möglich geringsten Stoße auszusetzen, und ihre Krone nicht zu sehr zu schwächen, das Verhältniß der Höhe zur Anlage wie 7 zu 3 bestimmt hat *).

Die concave Wand meines, durch ein Zimmerwerksgerippe gebildeten Dammes, erhält eine äußere und eine innere Plankenverkleidung. Jene bietet ihre Oberfläche den Grundwellen dar, diese hält die aus Steinen bestehende Füllmasse zusammen. Um eine längere Dauer der äußeren Verkleidung zu erzielen, werden die Bohlen vertikal gestellt und nach dem Profile gekrümmt, so, daß die Fasern des Holzes mit der Bewegung der Grundwellen parallel laufen. Zwischen beiden Verkleidungen ist der besseren Unterstützung der äußeren Wand wegen, Bétonmasse eingelegt.

Mit gleichem Vortheile lassen sich die concaven Profile auch zu den von einem Balkengerippe zusammengehaltenen Quais anwenden.

Zehntes Kapitel.
Mauern mit ebener Außenwand.

312. Ich habe gesagt (250), daß meine concaven Mauern zu solchen Bauwerken nicht anzuwenden wären, welche, ob-

---

*) Architecture hydraulique. 2. partie, t. 2. liv. 8. chap. VI,

gleich vom Meere bespült, doch wegen ihrer besonderen Lage gegen die Richtung der Wellen, oder wegen sehr großer Meerestiefe nicht dem Anschlage der Grundwellen ausgesetzt sind. Es mögen dann vertikale Mauern, oder jene mit schwacher Böschung, wie man sie gewöhnlich zu profiliren pflegt, gebraucht werden. Diese Arten von Mauern sind jedoch Zerstörungen ausgesetzt, die zwar nicht von der Wirkung der Grundwellen herrühren, aber nichts desto weniger die volle Aufmerksamkeit des Baumeisters verdienen.

313. Es handelt sich hier nicht um solche Schäden, die wegen Unzuverläſſigkeit des Grundes entſtehen können, ſondern ich nehme an, daß der Grund entweder vollkommen feſt ſei, oder daß man ihn durch künſtliche Mittel befeſtiget habe, oder endlich, daß man ſolche Vorſicht anwende, um das Nachgeben des Grundes für das Bauwerk unſchädlich zu machen.

Die Waſſerbauwerke erleiden außer von den Urſachen, welche den allmäligen Verfall eines jeden Bauwerkes herbeiführen, auch noch Zerſtörungen durch das Waſſer, deſſen mechaniſche Wirkſamkeit ſich vorzüglich durch den Anſchlag der Grundwellen (328), und die von der Bahnbewegung der Elementchen herrührende Wellenbewegung (58) offenbart. Dieſe Anſchläge erſchüttern die Quaderverkleidungen der Mauern, und abgeſehen davon, daß dadurch die Verbindung der Verkleidungsſteine mit dem Hauptkörper des Mauerwerkes und mit dem Mörtel der Fugen zerſtört wird, ſo werden dieſe Fugen auch noch durch ein unaufhörliches Waſſerſpiel (batillement d'eau), das ſelbſt bei der leiſeſten Wellenbewegung Statt findet, und eine kleine ſtehende Schwingung bildet, getroffen und angegriffen. Ueberdieß iſt der Mörtel in den Fugen, wenn er nicht von beſonderer Güte iſt, auch der chemiſchen Einwirkung des Waſſers ausgeſetzt, er wird dann ausgewaſchen, und die Steine bleiben ohne Befeſtigung.

314. Mein concaves Profil, deſſen eigentlicher Zweck die

Ablenkung der Grundwellen ist, beseitiget zugleich alle Ursachen der Zerstörung; weil durch den gewölbartigen Zuschnitt die Steine und der Mörtel so sehr an einander gepreßt sind, daß sie durch keinen Stoß erschüttert werden können. Die ebenen Verkleidungen jedoch, die überall dort angewendet werden müssen, wo ein concaves Profil unnöthig ist, bleiben den Beschädigungen durch das Wasser unterworfen, und sind auch noch einer anderen, bisher nicht ergründeten Ursache der Zerstörung ausgesetzt.

Bevor ich noch von dieser Ursache, und von den Mitteln, ihrer Wirkung zu begegnen, spreche, ist es nöthig, anzugeben, was man bis jetzt anzuwenden versucht hat, um die Standhaftigkeit der ebenen Verkleidungen zu bewirken.

315. Die Baumeister haben geglaubt, daß die Fugen nur von dem Spiele der Wassertheilchen auf der, bei jedem Niveau sich horizontal stellenden, Oberfläche angegriffen würden. Dieß gab bei Vielen zu der Meinung Veranlassung, daß horizontale Fugen viel schneller zerstört würden, als solche, die um einige Grade gegen den Horizont geneigt sind. Andere wollten die horizontalen Fugen absatzweise unterbrechen, und in verschiedene Niveau's bringen; und man erdachte deßwegen verschiedene Kombinationen für die ebenen Verkleidungen, mit Fugenlinien in wechselnden Höhen, um die Zerstörung der Fugen mehr einzuschränken. Man hat selbst den Vorschlag gemacht, bei Bauwerken am Meere die vertikalen Fugen ununterbrochen anzuordnen, so daß vertikale Schaaren entstehen, und die horizontalen Fugen so ausgetheilt werden könnten, daß nur sehr wenige in einer und derselben Höhe lägen *).

---

*) Observations sur la disposition des pierres de parement des maçonneries baignées par des masses d'eau quelconques, et particulièrement de celles de la mer par M. C. D. L. Offic. du génie. Journal de physique t. 80. p. 401.

316. Die Elementchen der Wasseroberfläche sind es nicht allein, welche an die Verkleidung anschlagen; alle Theilchen der in Schwingung befindlichen Masse zunächst an der Mauer thun dasselbe (48). Alle Fugen einer, vom Wellenschlage getroffenen Verkleidung also, sind in der ganzen Höhe der von der Wellenbewegung ergriffenen Wassermasse ähnlichen Angriffen ausgesetzt, wie man sie dem Spiele an der Oberfläche zuschrieb. Es versteht sich, daß die Einwirkung bei verändertem Wasserstande und veränderter Undulation, sich auch stets auf anderen Punkten und in anderer Art ergeben wird. Man hat also kein anderes Mittel, um der Zerstörung der Fugen durch die Wirkung des Wassers entgegen zu arbeiten, als die gute Qualität des Mörtels, eine besondere Sorgfalt bei seiner Anwendung, und eine bis an das Aengstliche grenzende Instandhaltung.

Alle die verschiedenen, statt der einfachen Anordnung in horizontale Schaaren, angewendeten oder sonst vorgeschlagenen Systeme der Quaderverkleidungen, selbst das Incertum der Alten sind nicht im Stande, das Uebel, um das es sich hier handelt, zu beseitigen; sie haben überdieß noch große Nachtheile in Beziehung auf die Schwierigkeiten beim Steinschnitte und bei der Versetzung, in Beziehung auf den Abfall bei der Arbeit, und endlich, weil durch die verschiedenen Einschnitte zum Wechseln der Fugen Veranlassungen zu Brüchen herbeigeführt werden. Namentlich hat die Anordnung in vertikale Schaaren den Nachtheil, die Quadern des besten Auflagers zu berauben, und bei den vertikalen Fugen dieselbe Kontinuität herzustellen, welche man bei den horizontalen vermeiden will. Ich habe von diesen verschiedenen Verbänden zur Verkleidung nur deßwegen gesprochen, um zu zeigen, daß sie Mängel haben, und nicht den Zweck erfüllen, den man sich in Beziehung auf das kleine Wellenspiel vorsetzte.

317. Man muß zugeben, daß die vertikal hinabwirkende

Schwere, und der daraus erfolgende Druck das wesentlichste Mittel sei, die Materialien mit einander zu verbinden. Es sollen daher die Quadern zu den Verkleidungen nur in regelmäßigen Schaaren zugearbeitet werden, und horizontale Fugen zeigen.

818. Nichts besto weniger ist der Damm von Troon in Schottland aus Granitblöcken erbaut, welche, unter dem Winkel von 45 Graden, geneigte Schaaren bilden *). Man könnte vermuthen, daß diese Neigung zum Zwecke hatte, zu gleicher Zeit die horizontalen und vertikalen Fugen zu vermeiden, oder daß der Grund des Felsens, auf welchem der Damm erbaut ist, von solcher Beschaffenheit sei, daß es leichter gewesen wäre, die Gründung absatzweise in schiefen Lagen herzustellen, als horizontale Schichtungen zu machen. Aber es hätten bei der Gründung die Einschnitte und Absätze des Felsens, damit sich darüber für die erste Schaar ein horizontales Lager bilde, mit dreiseitigen Prismen eben so ausgefüllt werden können, wie man es hernach bei Herstellung der Krone zu machen gezwungen war. Man kann daher voraussetzen, daß die englischen Ingenieurs die Neigung der Schaaren beim Damme von Troon in der Absicht anordneten, um die Stabilität ihres Bauwerkes zu vermehren.

319. Wenn auch durch die Austheilung und Anordnung der Fugen einer Verkleidung die Wirkung des spielenden Wassers auf den darin befindlichen Mörtel nicht beseitigt werden kann, so ist es doch nicht eben so in Beziehung auf ihre Dicke und die Sorgfalt, mit der sie hergestellt werden. Zu breite Fugen sind, bevor der Mörtel noch die gehörige Härte erlangt hat, zu sehr dem Anstoße des Wassers und dem Benagen ausgesetzt, und wenn man einerseits glaubt, durch eine größere

---

*) Voyage dans la Grande-Brétagne par M. Charles Dupin. Force commerciale. t. 2. p. 189.

Dicke der Fugen den Vortheil einer leicht möglichen Wiederherstellung zu gewinnen, so hat man auf der anderen Seite kein Mittel, dem neuen, in die Fugen gestrichenen Mörtel, so wie dem ersten einen, für seine Erhärtung vortheilhaften, Druck zu verschaffen. In zu engen Fugen hat die Mörtellage nicht die erforderliche Dicke, um das Spiel der Affinitäten, wodurch sie erhärten soll, zu begünstigen; das Wasser bringt, ohne nützlich mitzuwirken, zu sehr ein, löst ihn auf, und die Fugen werden leer.

Man muß daher bei Wasserbauten die Fugen weder zu breit, noch zu enge machen, sondern ihnen eine mittlere Dicke geben, die sich nach der Güte des Steines, nach der Bearbeitung, die sie zulassen, und nach der Feinheit des zur Versetzung zu gebrauchenden Cementes richtet.

320. Wie viele Sorgfalt man aber auch bei Herstellung der Verkleidungen für ebene Mauern anwenden mochte, so sind die Steine dennoch oft von ihrer Stelle gerückt, und die Verkleidungen zerstört worden. Einem so großen Nachtheile suchte man dadurch zu begegnen, daß die Lagerfugen, und eben so auch die vertikalen mit Vorsprüngen oder Falzen und entsprechenden Vertiefungen versehen wurden, oder daß man die Fugen in der Art richtete, daß jeder Binder einen Schwalbenschweif bildete, um die anliegenden Läufer zurück zu halten. Die Fig. 65 zeigt solche Anordnungen. Bei gebösten Mauern macht man auch einen Theil der Fugen horizontal, und den anderen senkrecht auf die Ebene der Verkleidung Fig. 66. Diese Anordnung hat weniger Stärke in der Verbindung, als die erste.

321. Die Anwendung der Falze hat viele Gegner gefunden, und ist wenig gebraucht worden, obgleich man sie für solche Mauern vorschlug, die selbst einem heftigen Angriffe des Meeres ausgesetzt sind *). Man wirft ihr vor, daß sie den Abfall der

---

*) Architecture hydraulique de Belidor. II. partie, t. 1. liv. 1. chap. XI.

Steine vermehre, weil die Aushöhlungen der Lager die Höhe der Schaaren vermindern, und daß sie den Steinschnitt verwickelter, und die Versetzung schwieriger mache. Diese Einwürfe sind jedoch grundlos, denn die Vermehrung des Abfalls und der Handarbeit können nicht in Betracht kommen, wenn es sich darum handelt, dadurch eine besondere Festigkeit zu erlangen. Der verwickeltere Steinschnitt verursacht, besonders bei ebenen Oberflächen, nur eine geringe Schwierigkeit, und es genügt, in Beziehung auf die Gleichheit der vorspringenden und eingehenden Falztheile, schon ein geringer Grad von Genauigkeit; denn es brauchen nur die großen inneren Lagerflächen, auf welchen die ganze Last ruht, vollkommen einander zu entsprechen, während die vorderen Fugen ohnehin ein Wenig weiter sein müssen, um das Aussprengen der Verkleidung zu verhüten.

Was die Schwierigkeit bei der Versetzung belangt, so wird diese auch nicht vermehrt; man braucht die Falze nur gehörig in einander greifen zu lassen, ohne ängstlich zugleich die Oberfläche der Verkleidung zu beachten. Diese muß ohnehin, wenn es nöthig ist, nach Vollendung der Mauern wie gewöhnlich überarbeitet werden. Uebrigens kann man niemals, ohne übergroße Sorge, bei irgend einem Werke Vollkommenheit erlangen.

322. Man hat zuweilen statt der Falze in die vertikalen Fugen Parallelepipede von hartem Steine so eingelegt, daß sie mit ihrer Länge in zwei Schaaren zugleich eingriffen; aber dieses Mittel erfordert wirklich eine große Genauigkeit des Steinschnittes, und die Anwendung der Falze ist in den meisten Fällen rathsamer.

323. Es hat sich ereignet, daß, ungeachtet aller angewendeten Mittel die Theile einer Verkleidung in einander gehörig eingreifen zu lassen, die Steine dieser Verkleidung doch losgelöst, und selbst von ihrer Stelle gerissen worden sind. Ich

spürte der Ursache dieses Mangels an Solidität nach, und untersuchte Quaderverkleidungen, die, obgleich geschützt vor den Grundwellen und dem Anschlage der großen Wogen, auch durch die besten Mittel vor schneller Zerstörung nicht bewahrt werden konnten.

824. Ich fand, daß bloß die Läufer herausgerissen waren, während die Binder, aus dem sehr fest gewordenen Mauerwerk hervorragend, stehen geblieben sind; nur wenige waren früher schon durch die Setzung des Bruchstein-Mauerwerkes zerbrochen.

Indem ich diese besondere Art von Zerstörung an solchen Mauern beobachtete, die von ihrer Verkleidung noch nicht gänzlich entblößt waren, und wo die Läufer sich noch zwischen den Bindern, wenn auch nicht mehr in ihrer ursprünglichen Lage, befanden, konnte ich wahrnehmen, daß die Setzung des Quadermauerwerkes geringer gewesen sei, als die des Bruchstein-Mauerwerkes. Durch die Setzung dieses Letzteren wurden die Binder mit ihren Hintertheilen niedergedrückt und gezwungen, im Ganzen eine fächerartige Lage anzunehmen, Fig. 67, wodurch die Läufer aus aller Verbindung traten.

Es ist leicht zu begreifen, daß diese Bewegung, so gering sie auch gewesen sein möchte, doch hinreiche, die Fugen aller Steine vorn zu öffnen. Da der, von dem Drucke nicht mehr fest gehaltene, Mörtel weggeführt, und die Verbindung der Läufer mit dem Bruchstein-Mauerwerke durch die Erschütterung aufgehoben worden ist, so verursachte dann die bloße Wellenbewegung, indem sie an die losen, und im Wasser bedeutend an Gewicht verlierenden Läufer wirkt, allmälig ein Hervortreten derselben, wie es in der Figur 68 angedeutet ist. Auch läßt sich leicht einsehen, daß durch die große Wirkung der Setzung gleich anfänglich einige Binder gebrochen werden konnten, die jedoch nicht eher herabfielen, als bis sie ihre Unterstützung durch die darunter liegenden Läufer verloren hatten *). Ich habe eine Mauer gesehen, wo der Unterschied der Setzungen so groß, und die Fugen so stark geöffnet waren, daß die Falze es nicht vermocht hätten, die Läufer zurück zu halten, auch wenn sie nicht durch das, von der Wellenbewegung hervorgebrachte, Herumwerfen der Steine ganz zerstört gewesen wären.

325. Es ließe sich die Ursache dieser Art von Zerstörung völlig verschwinden machen, indem man die Mauern ganz aus Quadersteinen herstellte, so wie man es zuweilen bei Bauwerken gemacht hat, die zwei Ansichtsflächen zeigen, oder keinen zu großen Körperinhalt haben, wie z. B. Brückenpfeiler, oder auch der Leuchtthurm von Eddystone, der überhaupt ein Muster guter Anordnung ist; aber es handelt sich darum, die großen Nachtheile zu beseitigen, welche von der ungleichen Setzung des Mauerwerkes von verschiedener Art, wie man es aus Oekonomie anzuwenden gezwungen ist, herrühren.

Um dem Lockerwerden der Quadern zu begegnen, habe ich im Jahre 1820 bei den Militär-Wasserbauten von la Rochelle eine Verfahrungsweise eingeführt, welche in Beziehung auf die Solidität der nach geraden Linien profilirten und den Grundwellen nicht ausgesetzten Verkleidungen, nichts zu wünschen übrig läßt, und mir für manche Mauern besser scheint, als die Anbringung einer Concavität nach Art der Engländer.

326. Ich ließ alle Hintertheile der Binder von Grund auf bis zur Krone mit Quaderwürfeln, welche genau in das Niveau der ihnen angewiesenen Schaaren gelegt wurden, in der Art unterstellen, daß nicht ein einziger Binder in das Bruch-

---

*) Eine ganz ähnliche Wirkung ist von dem Herrn Hauptmann J. B. Bergére als eine der Hauptursachen der Ablösung der Verkleidung beim Ziegelmauerwerk bezeichnet worden. (Nr. 7 du mémorial de l'officier du génie 1825.)

stein-Mauerwerk eingebunden, oder von demselben auch nur einigermaßen getragen blieb. Die Figuren 69 und 70 zeigen für eine geböschte und für eine senkrechte Verkleidung diese Konstruktionsweise, wobei ich, zur Verbindung der Läufer mit den Bindern, Schwalbenschweife, und zur Verbindung der Schaaren unter sich Falze anwendete.

327. Diese Würfeln oder Untersätze müssen von unten bis hinauf die Senkrechte a b, welche man sich von dem hintersten Punkte des obersten Binders gezogen denkt, erreichen, sie aber ja nicht überschreiten, denn, abgesehen von dem unnützen Mehrverbrauch an Steinen, könnte es sich, wenn die Ueberschreitung bedeutender wäre, fügen, daß durch die Setzung des Bruchstein-Mauerwerkes die Hintertheile der Untersätze niedergedrückt, und hierdurch jene der Binder empor gehoben würden. Die Folge hiervon wäre sehr nachtheilig. Die Verkleidung nähme eine concave, oben überhängende Form an, und Risse wären unausweichlich. Die Figur 71 zeigt dieß mit einiger Uebertreibung, damit es durch die Zeichnung besser in die Augen falle.

328. Der einzige Einwurf, der sich gegen dieses Mittel, die nachtheilige Wirkung einer umgleichen Setzung zu verhindern, machen läßt, ist der Mehrverbrauch an Steinen, in Vergleich mit der gewöhnlichen Methode. Die Antwort hierauf ist dieselbe, wie bei einem ähnlichen Einwurfe gegen die concaven Mauern. Bei der gewöhnlichen Methode ist große Wahrscheinlichkeit vorhanden, daß die Verkleidung schnell zerstört werden werde; durch die neue Methode erlangt man die Gewißheit, daß dieß nicht geschieht, oder vielmehr, daß die allenfalls eintretenden Beschädigungen nicht von der Verschiedenheit der Setzungen herrühren werden. Hiernach ist es leicht zu beurtheilen, auf welche Weise Oekonomie zu erzielen ist.

329. Auch ist zu bemerken, daß der Steinschnitt und die Versetzung einer in Falze gelegten, und mit Untersätzen hinter

den Binderschwänzen versehenen Verkleidung weniger schwierig und kostspielig sei, als bei den englischen concaven Mauern, und daß doch eben so solide Mauern hergestellt werden *).

330. Einige Ingenieurs glauben, daß durch die vergrößerten Dimensionen der zu den Verkleidungen angewendeten Quader die Nachtheile einer ungleichen Setzung zu beseitigen seien; wirklich ist, wenn große Steine angewendet werden, der von ihrer Schwere herrührende Druck größer, als die Last des Mauerwerkes auf den Hintertheilen der Binder, und jeder Nachtheil kann sehr verringert oder gänzlich beseitigt werden, wenn die Verkleidung außerordentlich stark gemacht wird, und die Binder nur sehr wenig in das Bruchstein-Mauerwerk eingreifen. Mit so großen Blöcken baut man jedoch weit theurer, als wenn nur Steine von mittlerer, aber zur Festigkeit hinlänglicher Größe angewendet werden. Will man daher bei den Verkleidungen keinen überflüssigen Luxus zeigen, so wird man gewiß aus Oekonomie die Methode mit Falzen und Einlagesteinen unter den Binderschwänzen befolgen.

331. Endlich wurde noch der Einwurf gemacht, daß die Hintertheile der Binder, und die darunter gelegten Würfel gleichsam ein System von Strebepfeilern bilden, daß die Verbindung der Verkleidung mit dem Bruchstein-Mauerwerke durch die abwechselnd und schmatzenartig (verzahnt) angeordneten Binder nicht Statt finde, und daß es also nur eine horizontale, aber keine vertikale Bindung gebe. Nach meiner Ansicht sind diese

---

*) Die Anlage einer englischen Mauer, wobei ein Theil der Schwere des Mauerwerkes auf der zurück zu haltenden Erde ruht, erinnert mich an eine ähnliche Anordnung bei den fortifikatorischen Verkleidungen in Preußen. Diese Mauern sind eben und werden bloß zu den Contrescarpen und den Kehlen der Werke mit trockenen Gräben angewendet. Die Fig. 75 gibt eine Vorstellung von ihrem Profile.

Bemerkungen wenig bedeutend, denn die Strebepfeiler bringen gerade jene Wirkung hervor, welche erzielt werden soll, indem sie die beiden Setzungen von einander unabhängig machen, und daher eine Setzung des Bruchstein-Mauerwerkes die Lage der Quadersteine nicht im Geringsten zu verrücken vermag. Es darf deßwegen das Bruchstein-Mauerwerk auf keinem Theile der Verkleidung horizontal aufsitzen. — Alle möglichen, mit dem Einwurfe angedeuteten Nachtheile, werden durch die ununterbrochene, von unten bis hinauf reichende Verbindung der Quaderstrebepfeiler mit dem Bruchsteinmauerwerke, und vorzüglich durch die Standhaftigkeit der Verkleidung reichlich aufgewogen.

Hat man überdieß die Besorgniß, daß das, zwischen den zu nahe an einander stehenden Strebepfeilern befindliche, Bruchstein-Mauerwerk wegen unzulänglicher Breite keine gute Verbindung geben dürfte, so ist es leicht, die Austheilung so zu treffen, daß die Strebepfeiler aus Quadern, und jene aus Bruchsteinen wenigstens von gleicher Breite ausfallen. Man gibt den Läufern entweder eine größere Länge, Fig. 72, oder bringt die Binder nur in jeder zweiten Schaar an, Fig. 73.

382. Eben solche Würfel oder Untersätze, zur Stützung der Hintertheile der Binder, wie man sie bei ebenen Verkleidungen gebraucht, können auch bei meinen concaven Mauern, sobald die Verkleidung aus Quadern besteht, angewendet werden. Nur trage man Sorge, die Mörtelschichten in den Fugen nach hinten zu ein kleines Wenig dicker zu halten, damit sie auch keilförmig werden, und die Spannung in der Art vermehren helfen, daß die Verkleidung fest auf dem Bruchstein-Mauerwerke aufliege, und bei der Setzung sich nicht davon zu trennen vermöge.

Inhalt.

	Seite.
Vorrede des Verfassers	I
Vorrede des Uebersetzers	IX

Erstes Kapitel.
Scheinbare Fortbewegung der Wellen.

1. Zweierlei Wellen	1
2. Gleichzeitigkeit verschiedener Wellensysteme	—
3. Die in Beziehung auf die Bauwerke zu berücksichtigenden Wellen	2
4. Wellenberge und Wellenthäler. Fig. 1.	—
5. Länge der Wellen	3
6. Scheinbar fortrückende Bewegung; das Flattern einer Fahne, das Wogen eines Kornfeldes, die Schwingung einer Saite. Fig. 5.	4
Anmerk. Vorstellung der Wellen im Theater. Die wellenartige Bewegung eines Wasserstrahls	—
7. Wellen fließender Gewässer	5
8. Gleichförmigkeit der Wellenbewegung um Ufer	—
9. Seebauwerke	6

Zweites Kapitel.
Theorie der laufenden Wellen, wie sie bis jetzt angenommen wurde.

10. Voraussetzungen der alten Theorie	7
11. Beschreibung der Wellenbewegung unter diesen Voraussetzungen. Fig. 2.	—

	Seite.
12. Brémontier's Bestätigung dieser Theorie durch Beobachtung	8
13. Unzulänglichkeit dieser Beweise	9
Anmerk. Bewegung schwimmender Körper auf krummen Oberflächen von Flüssigkeiten. Fig. 7, 8, 9, 10, 11.	—
14. Bahn eines im Wasser niedersinkenden Körpers	10
15. Throcoïde	11

Drittes Kapitel.
Neue Wellentheorie.

16. Schwierigkeit, nach der alten Theorie die Wellenbewegung zu erklären	12
17. Die Nichtzusammendrückbarkeit des Wassers widerspricht der alten Theorie	13
18. Tiefe, bis zu welcher die Wellenbewegung reicht	—
19. Abnahme der Wellenbewegung in vertikaler Richtung	14
Anmerk. Höhe der Wellen	—
20. Grenze der Wellenbewegung	15
21. Oscillation in verschiedenen Höhen	—
22. Uebereinstimmung der Wellenschwankungen in verschiedenen Höhen	16
23. Die Abnahme der Wellenbewegung nach unten verträgt sich schlechterdings nicht mit den Grundsätzen der alten Theorie	—
24. Neue Theorie. Fig. 8.	17
25. Bahnbewegung; cycloidisches Profil	19
Anmerk. Spiralbahnen	20
26. Verzeichnung der cycloidischen Wellenoberfläche	—
27. Erhöhung des Wellenberges und Vertiefung des Wellenthales	21
Anmerk. Verhältniß der Bahnaxen	—
28. Bewegung schwimmender Körper während der Wellenschwankung	22
29. Liegende (Sturm-) Wellen	23
30. Was die Analyse noch zu leisten hat	—
31. Newton und Laplace, über Wellen	24

Seite.

Viertes Kapitel.

Erklärung verschiedener Erscheinungen bei Wellen.

32. Uebersicht 24

1. Gleichzeitige Wellenbewegungen.

33. Alte und neue Theorie in dieser Beziehung 25
34. Combination zweier **ungleicher**, nach einer und derselben Richtung gehender Wellenschwankungen. Fig. 12. —
35. Betrachtung des Profiles einer doppelten Wellenschwankung 27
36. Uebereinstimmung der doppelten Schwingungen in verschiedenen Höhen . . . . —
37. Berücksichtigung der Grenzen der Bewegung in der Tiefe 28
38. Combination zweier **ungleicher**, nach entgegengesetzter Richtung gehender Wellenschwingungen . . . . . —
39. Verschiedene Combinationen zweier Wellenschwingungen . 29
40. Einfluß der Strömungen . . . . —
41. Combination zweier **gleicher**, nach derselben Richtung gehender Wellenschwingungen. Fig. 13. . . . . . —
42. Glatte Stellen mitten unter Wellen 30
43. Combination zweier **gleicher**, nach entgegengesetzten Richtungen gehender Wellenschwingungen 31
44. Combination zweier sich **kreuzender** Schwingungen. Fig. 14. . . . . —
45. Betrachtung über diese Combination 32
46. Combination dreier Wellenschwingungen 33
47. Allgemeines Gesetz der Combination von Wellenschwingungen —

2. Zurückwerfen der Wellen.

48. Unmöglichkeit einer Erklärung dieser Erscheinung nach der alten Theorie 34
49. Sehr einfache Erklärung derselben nach der neuen. Fig. 15. —
50. Irrthum in Beziehung auf den Mittelpunkt der Wirkung einer Welle 36

Seite.
51. Verschobene Parallelogramme, welche von der Durchkreuzung der auffallenden und zurückgeworfenen Wellenschwingung gebildet werden 36
52. Das Zurückwerfen einer vielfachen Wellenschwingung . . . —
53. Wirkung des perpendikulären Anfalles der Wellen 37
54. Zurückwerfen der Wellen von steilen Wänden. Fig. 16. . . —
55. Dießfällige Beobachtung auf der Bank Terre neuve . 38
56. Anschlag geneigter Wellen . . . . —
57. Zurückwerfen der Wellen von einer Böschung . . . . . . —
58. Anschlag der Wellen an perpendikuläre Mauern 39
59. Wirkung der Wellen auf schwimmende Körper . . . . . . —
60. Zusammenwirken der Wellen und des Windes bei Schiffbrüchen 40
61. Die Wellen gehen über das Verdeck der Schiffe . . . . . —
62. Anschlag der Wellen an Schiffe . . . . —

3. Das Brechen sich begegnender gleicher Wellen und die stehende oder Klappenschwingung.

63. Das Begegnen zweier gleicher Wellen 41
64. Wechselseitiges Zurückwerfen derselben. Fig. 17. . . . . —
65. Klappenschwingung 43
66. Wie sie aussieht 44
67. Beschreibung der Bewegung bei stehenden Wellen . . . . —
68. Hinweisung auf den Kalkül 47
69. Zusammengesetzte Klappenschwingung . . . . —
70. Combination der stehenden mit den laufenden Wellen . . 48

4. Vom Zurückstoßen der Wellen und von ihrer Verkürzung.

71. Beschreibung des Rückstoßes 48
72. Unmöglichkeit, ihn nach der alten Theorie zu erklären . . 49
73. Identität des Zurückstoßens und des Zurückwerfens der Wellen . . . . —
74. Kurze Wellen 50
75. Erklärung dieser Theorie. Fig. 20. 51
76. Fortpflanzung der verkürzten Wellen 52
77. Erklärung derselben. Fig. 21. . . . . —

Seite.
78. Die Wellen des mittelländischen Meeres 54
79. Die Wellen des Wallenstädter-Sees .... —

5. Vom Kräuseln oder Schäumen der Wellen.

80. Beschreibung dieses Phänomens 55
81. Erklärung des ersten Falles. Fig. 22. 56
82. Erklärung des zweiten Falles. Fig. 23. 57
83. Erklärung des dritten Falles. Fig. 24. 58

6. Bemerkungen über die Ebbe und Flut.

84. Vergleich der Flutbewegung mit der Wellenbewegung. Fig. 25. 59
85. Doppelte Flut und Wellenbewegung 60

Fünftes Kapitel.
Vom Einflusse des Meeresgrundes auf die Wellen.

86. Dreifacher Einfluß 61

1. Verkürzung der Wellen wegen zu geringer Meerestiefe.

87. Rückwirkung des Grundes 61
88. Wirkung auf die Schiffe. Fig. 26. 63

2. Schwächung der Wellen in Folge einer sanften Ansteigung des Grundes.

89. Erklärung 62
90. Wellen an den Ufern der Étange von Biscarosse, de la Canau und von Hurtin 63

3. Von den Grundwellen.

91. Veränderungen der Ufer durch die Wirkungen des Meeres 63
92. Erscheinung, welche durch eine gäbe Erhebung des Meeresgrundes entsteht. Fig. 27. 64
93. Bezeichnung dieser Erscheinung 65

Seite.
94. Wirkung der Grundwellen auf Schiffe, welche sonst anderen Ursachen zugeschrieben wurde 66
95. Unterschied der Grundwellen und der Rückwirkung des Grundes —
96. Wirkung der horizontalen Bewegung der Grundwellen —
97. Unterschied der Grundwellen und der gewöhnlichen Wellen 67
98. Wirkung einzelner, aus dem Meeresgrunde hervorstehender Körper —
99. Treppenartig auf einander folgende Absätze; Erhöhung der Wellen 68
100. Wirkung des Strandes auf Grundwellen —
101. Folge der Bewegung der Grundwellen gegen den Strand —
102. Auslaufen der Wellen 69
103. Das Brechen der Wellen am Ufer. Fig. 28. —
104. Die alte Theorie ist zur Erklärung des Brechens der Wellen am Ufer unzureichend 71
105. Erklärung von Bidone. Kügelchen, welche den, gegen das Ufer laufenden, Wellen vorangehen —
Anmerk. Erscheinung beim Ablaufen einer Flüssigkeit von den Wänden eines Gefäßes. Fig. 29 72
106. Verzögerung der andringenden Flut am Ufer 73
107. Auslaufen der Wellen —
108. Erhebung der Grundwellen an gähen, unter dem Wasser liegenden Wänden 74
109. Der Felsen Harta —
110. Wellenbrecher 75
111. Kurze Wellen, verursacht durch Grundwellen 76
112. Anschlagen der Grundwellen gegen die unteren Theile der Schiffe —
113. Klappenschwingung, hervorgebracht durch Grundwellen —
114. Anschlagen der Grundwellen an steile Küsten 77
115. Emporsteigen der Wellen an Felsen —
116. Buchtenförmige Küsten. Strahlenförmig emporspringende Wassermassen. Fig. 30. —
117. Im Bogen emporgetriebene Wassermassen. Damm von St. Malo. Fig. 31. 78

Zwei Anmerkungen.
118. Irrthum Brémantier's in Bezug auf das Brechen der Wellen 78

Seite.

119. Emporspringende Wassermassen an den Attolons der maldivischen Inseln · · · · · · · · · · · · · · · · · 78
120. Emporspringende Wassermasse am Leuchtthurm von Ebbystone. Fig. 32. · · · · · · · · · · · · · · · · 79
121. Emporspringende Wassermassen am Felsen: das Weib des Lot · · · · · · · · · · · · · · · · · · · 80
122. Ueberschwemmung von Warberg in Norwegen · · · · —
123. Die Blasebälge des Teufels · · · · · · · · · · · 81
124. Wasserstrahl auf der Insel Teneriffa. Mittel, das Wasser auf der Meeresküste emporzuheben. Fig. 33. · 82
125. Wassergebläse. Fig. 34. · · · · · · · · · · · · 83
126. Schleuse in dem Graben von la Rochelle. Fig. 35. · 84
127. Wassermenge der am Ebbystoner Leuchtthurme emporgetriebenen Masse · · · · · · · · · · · · · · · · 88
128. Das Meer wirft Alles aus, was es verschlungen hat · · —
129. Wahrnehmung der Grundwellen durch Badende · · · · 89
130. Versuche mit Korkkügelchen · · · · · · · · · · —
131. Gegenstände, welche vom Meere nicht ausgeworfen werden können · · · · · · · · · · · · · · · · · · · —
132. Opfer der Stürme. An das Ufer geworfene Wallfische, Cachalots 2c. · · · · · · · · · · · · · · · · · —
133. Schiffbruch. Benützung der Grundwellen · · · · · · 90
134. Große, von den Grundwellen fortgetragene Steine · · —
135. Zerstörung des Dammes von St. Jean de Luz im Jahre 1822. Fig. 37. · · · · · · · · · · · · · · · 91
  1. Anmerk. Wehre zu Metz · · · · · · · · · · · —
  2. " Bemerkung über den die Zerstörung veranlassenden Sturm · · · · · · · · · · · · · · · · 92
136. Zerstörung des Dammes von Becquet bei Cherbourg 93
137. Korallenblöcke an der Perleninsel · · · · · · · · · 94
138. Das Brechen der Wellen zeigt nicht stets Gefahr an · · —
139. Brechen der Wellen durch das Begegnen der Grundwellen 95
140. Erkenntniß der Gefahr, aus der Art wie sich die Wellen brechen · · · · · · · · · · · · · · · · · · · —
141. Die Grundwellen verursachen eine höhere Flut · · · · 96
142. Die Grundwellen verursachen Strömungen · · · · · · 97

Seite.

Sechstes Kapitel.

Von dem Toben des Meeres bei ruhiger Luft und von der Springflut in Flüssen.

1. Von dem Toben des Meeres bei ruhiger Luft.

143. Dieses Phänomen ist bisher noch unerklärt 97
144. Beschreibung desselben .... —
145. Diese Erscheinung auf Martinique 98
146. Ursache dieser Erscheinung .... —
147. Erklärung derselben .... —
148. Diese Erscheinung als wahrscheinliche Ursache des Unfalles von St. Jean de Luz 99
149. Diese Erscheinung in verschiedenen Meeresgegenden ... —
150. „   „   im Kanal la Manche 100
151. „   „   in Folge von Erdbeben .... —

2. Von der Springflut in Flüssen.

152. Verschiedene Benennungen der Springflut in Flüssen .. 100
153. Beschreibung derselben 101
154. Bore und Pororoca .... —
155. Geschwindigkeit des Pororoca und des Mascaret .. —
156. Unzulänglichkeit der bisherigen Erklärungen 102
157. Neue Erklärung der Springflut 103
158. Der Pororoca, der Bore und der Mascaret sind gleiche Erscheinungen 104
159. Beschreibung des Mascaret in der Dordogne. Fig. 39. 105
160. Erklärung aller Einzelnheiten dieser Erscheinung 106
161. Steine, vom Mascaret emporgeworfen .... —
162. Wie sich der Mascaret in seinem Fortschreiten verändert —
163. Epochen seines Erscheinens 107
164. Umstände, unter welchen er nur Statt finden kann ... 108
165. Verschwinden des Mascarets der Garonne ...... —
166. Wiederholter Beweis, daß der Bore und der Mascaret einerlei Erscheinungen seien 109
167. Beschaffenheit der Flußmündungen, wo kein Mascaret Statt finden kann 110

285
Seite.

Siebentes Kapitel.

Von den Anhägerungen.

168. Das von den Flüssen mitgeführte und an Ufern abgerissene
    Materiale 111
169. Einfluß der Flut und Ebbe und der Uferströmungen ... —

1. Anhägerungen an den Gestaden und Dünen.

170. Wirkung der Grundwellen und der Flutströmungen auf steile
    Ufer 111
171. Wirkung der Uferströmungen und Gegenströmungen .. 112
172. Eigentliche Ursache der Fortbewegung des Materiales .. 113
173. Grundlage einer wahren Theorie der Ansandungen ... 114
174. Dünen und Sandwüsten .... —
175. Beobachtungen von Jomard und den Bewohnern der
    Landes (Dep. des Landes) .... —
Anmerk. Auszug aus der Beschreibung von Egypten 115
176. Die am Strande im Sande bezeichneten Wellenschwingungen —
177. Kieselablagerungen längs der Küsten 116
178. Bänke und Seichten .... —
179. Auskollungen an steilen Ufern .... —
180. Pouilliers der Franzosen 117
181. Ablagerungen, verursacht durch das Begegnen von Grund-
    wellen 118
182. Ranger in Liefland .... —

2. Von der Versandung der Häfen.

183. Unvollkommenheit der Theorie der Ansandungen 119
184. Theorien von Montanari, Mercabier und Fre-
    mond de la Merveillére 120
185. Nothwendigkeit einer andern Theorie 121
186. Ursache der Sandanhäufungen in stehenden Wässern ... —
Anmerk. Wirbel. Fig. 36. 122
187. Mittel, die Ansandungen zu verhüten, angegeben von Fre-
    mond de la Merveillére und von Mercabier —

	Seite.
188. Ansicht Montanari's über die Einmündung der Piave in die Lagunen	123
189. Wahre Ursache der Hafenversandungen	—
190. Auf die Theorie der Grundwellen gegründete Lösung des Problems, Häfen vor Versandungen zu bewahren	124
191. Anordnung der Dämme und ihrer Köpfe	—
192. Kosten	—
193. Anwendung dieser Theorie auf die Rhede von Cherbourg. Fig. 62.	125

3. Von den Ablagerungen an den Mündungen der Flüsse.

194. Ursachen, welchen man diese Ablagerungen zuschrieb	127
195. Erklärung, wie sie sich gebildet haben sollen	128
196. Erklärung, abgeleitet aus der Theorie der Grundwellen	—
197. Entstehung der Sandanhäufung im Adour	130
Anmerk. Der aus dem Ocean herbeigeführte Sand	—
198. Beschreibung desselben	—
199. Alte Mündung des Adour	131
200. Eröffnung einer neuen Mündung durch Louis de Foix	132
201. Verfehlte Absicht; Dämme längs des Adour	—
202. Projekte zur Beseitigung der Sandanhäufung	133
203. Durch die Wässer des Étang von Tarnos	—
204. Spülschleusen	—
205. Kanal der Landes	—
Anmerk. Details über diesen Kanal	—
206. Verlängerung der Dämme des Adour	—
Anmerk. Sandanhäufung an der Dee in Schottland	134
207. Projekt einer neuen Ausmündung des Adour	—
208. Vortheile und Sicherheit des Erfolges	135
209. Kosten	136
210. Vergrößerung des Verkehrs von Bayonne	—
211. Sandanhäufungen in verschiedenen Flüssen	—
212. Landzungen von Sand	137
Anmerk. Bildung der frischen Nehrung	—
213. Sandanhäufung des Senegal und des Bouga	138

		Seite.
Anmerk. Bepflanzung mit Strandsichten, um die Dünen zu befestigen		188
214. Anwendung der Theorie der Grundwellen auf einige geologische Probleme		189
215. Kiesel und Sand in den Flüssen		140
216. Erratische Blöcke		—
Anmerk. Blöcke des Hafendammes von Cette		—

4. Schlammige Anhägerungen.

217. Wirkung der Grundwellen auf den Schlamm	141
218. Versandungen von Nieder-Poitou	142
219. Besitznahme der Anhägerungen	143
220. Wirkung der Dämme	—
Anmerk. Künstliche Ablagerungen	144
221. Wohin die Dämme zu stellen sind	—
222. Schutz- und Sicherheitsdämme	145
223. Versandungs-Sporne	—
224. Dämme auf der Insel Noirmoutiers	146
225. Profil der Faschinen-Dämme	—

Achtes Kapitel.
Neues Mauerprofil für Seebauwerke.

226. Theorie, nach welcher die Gestalt der Bauwerke bestimmt werden muß	147
227. Anschlag der Grundwellen	—
Anmerk. Erfahrungen über die Kraft der Wellen	148
228. Geringe Widerstandsfähigkeit vertikaler Mauer-Verkleidungen	149
229. Wo die Zerstörung beginnt	—
230. Größe der Materialien	—
231. Große Böschungen. Künstlicher Strand von St. Jean de Luz, für die Insel Noirmoutiers vorgeschlagen. Fig. 38.	150
Anmerk. Künstlicher Strand, von Hrn. Blonbeau	—
232. Nachtheile sehr sanfter Böschungen	152
233. Neues Profil. Fig. 40.	—
234. Krümmung desselben	153

Seite.
235. Profil, im Jahre 1818 projektirt, im Jahre 1820 auf der Insel Ré ausgeführt. Fig. 41. 153
236. Vortheile desselben, abgesehen von der Bewegung der Grundwellen 154
237. Gründungsart 155
238. Günstige Umstände bei der Gründung . . . . —
239. Anwendung desselben beim Hafen-Molo von Socoa. Fig. 43. 156
240. Profil, aus mehreren Zirkelbögen zusammengesetzt . . —
241. Unzweckmäßigkeit der Gesimse und Cordons . . . 157
242. Anwendung des neuen Profiles zu einer Quai-Mauer. Fig. 44. . . . . —
243. Prüfung des Einwurfes wegen der Kosten 158
244. Erddruck auf die Mauern 159
245. Beschaffenheit der Verkleidungssteine . . . . . . —
246. Anwendung von Granitblöcken mittlerer Größe . . . 160
247. Prüfung des Einwurfes in Beziehung auf die Schwierigkeiten bei Reparaturen . . . . —
248. Auch bei Faschinen-Dämmen ließen sich die concaven Profile versuchen 161
249. Anwendung derselben zu den Schutzdämmen an der Küste —
Anmerk. Profil des Dammes von la Hougue 162
250. Wo das concave Profil nicht anzuwenden ist . . . . . —
251. Einzelne concave Theile einiger Seebauwerke. Fig. 45. . 163
252. Profil der von Touros vorgeschlagenen Dämme für die Bucht von St. Jean de Luz. Fig. 46. 164
253. Die von Brémontier zu demselben Zwecke erbauten Dämme 165
254. Zerstörung dieser Dämme . . . . —
255. Anwendung des concaven Profiles zu diesen Dämmen . . 166
256. Profil eines Theiles der Umfassungsmauern von Cadix. Von Muños. Fig. 47. . . . . —
257. Bemerkungen über die Stein-Vorwürfe 166
258. Concaves Profil der Engländer. Damm von Bamff. Fig. 48 und 49. 168
259. Molo des Bernardin de Saint-Pierre . . . . —
260. Das concave Profil keine neue Erfindung, aber dessen Benützung bei Seebauten 169

239
Seite.

Neuntes Kapitel.

Herstellung der Ruhe in den Häfen.

261. Bauart der antiken Molo's 169
262. Nützlichkeit der Bemerkungen, wozu der Damm von Cherbourg und der Wellenbrecher von Plymouth Veranlassung geben 170
263. Projekte von de la Bretonnière, von de Caux und von de Cessart für den Cherbourger Damm. Fig. 50. . . . . —
Anmerk. Verwendung der mit Mauerwerk angefüllten Schiffe, um Dämme darauf zu gründen. Details über die Dämme von la Rochelle, und vorzüglich über jene bei der Belagerung von 1628 . . . . —
264. Prüfung des Cessart'schen Projekts 174
265. Zerstörung von 18 konischen Kästen 175
266. Gutachten der Commission vom Jahre 1792 176
267. Untersuchungen über das stärkste Profil 177
268. Schlußfolgerungen und Vorschriften von Gachin. Die Dämme von Malaga, Castellamare und Athen 178
Anmerk. Molo von Samos, Damm von Chalcis, Heptastabium, Dämme von Salamis und Tyrus . . . —
269. Wirkung der Grundwellen auf die Dämme von Cherbourg und von Plymouth 179
270. Ursache der Veränderung der innern Böschung des Cherbourger Dammes 181
271. Niedrigerwerden der Steinschüttung von 1784 . . . —
272. Wirkung der Wellen auf die Steinschüttungen . . . 182
273. Ansicht der Commission von 1792 über die dem Cherbourger Damme zu gebende Höhe . . . . —
274. Höhe eines unter dem Wasser liegenden Dammes . . . 183
275. Höhe eines über die höchsten Fluten hervorragenden Dammes 184
276. Anwendung der Theorie der Grundwellen zur Herstellung der Ruhe auf einer Rhede . . . . —
277. Umstände, welche die Erhöhung eines Dammes über das höchste Meer erheischen . . . . . —

	Seite.

278. Schädlicher Einfluß der Steinschüttung des Cherbourger Dammes auf die Wellen der Rhede. Fig. 51. . . 186
279. Mängel der Steinschüttung, als Damm betrachtet . . . 188
280. Wahrscheinlicher Erfolg der Cachin'schen Projekte . . —
281. Projekt von Roël 189
282. Fortsetzung der Cachin'schen Ideen 190
283. Reve's Projekt . . . . —
284. Grundsätze dieses Projektes 191
    1. Beginn der Ausführung . . . . —
    2. Projekt . . . . —
    3. Eisenbahn. Boot zum Transport und zum Schütten der Steine 192
284. Prüfung der angenommenen Grundsätze 193
285. Seegras auf der Steinschüttung . . . . —
286. Schüttung großer Blöcke 194
287. Profil des projektirten gemauerten Dammes 196
288. Erfolg, den man zu erwarten hat 197
289. Anwendung des concaven Profiles für einen, unter dem Wasser zu bleiben bestimmten, Damm. Fig. 52. . . —
290. Bemerkung über dieses Profil 198
291. Ein über die höchsten Fluten hervorragender Damm mit concavem Profile . . . . —
292. Vergleich der Wirkungen eines concaven, eines englischen und eines geradlinigen Profiles . . . 199
293. Vortheile des concaven Profiles 200
294. Wahrscheinlichkeit eines schlechten Erfolges von jedem anderen Mittel. . . . .
295. Projekt des Herrn Dumont-Moulin . . . . .
296. Projekt eines Dammes mit concavem Profile für die Rhede von Cherbourg 201
297. Mittel zur Ausführung in hoher See . . . . —

1. Kästen.

298. Beschreibung der Form-Kästen, Transport und Versenkung derselben. Fig. 57. 202
299. Bau des Dammes. Fig. 55 und 56. 203

Seite.

2. Prismen.

300. Beschreibungen der sechsseitigen Prismen von Béton, und ihr Gebrauch. Fig. 58 und 59. . . . . , . . 205
301. Dreiseitige Béton-Prismen in Piemont und Toscana . . 206
302. Kubische Bétonkörper von Jearb . . . . —
303. Hafendamm von Alexandria in Egypten 207
304. Verfertigung der sechsseitigen Prismen, Transport und Versetzung derselben. Fig. 60. . . . . —
Anmerk. 1. Durchsichtigkeit des Meeres 208
  2. Taucher 209
305. Dauer des Baues . . . . —
306. Vergleich der projektirten Bauten mit den Werken der Alten 210

3. Gewölbesteine.

307. Verfertigung und Verwendung der gewölbesteinförmigen Béton-Blöcke. Fig. 61. 211
308. Erfolg, welcher zu erwarten steht, wenn ein Damm mit concavem Profile gebaut wird 212
309. Vergleich der Projekte von Dämmen mit concavem Profile mit den andern. Fig. 58 und 54. . . . . —
310. Ersparniß durch den Bau dieser Art von Dämmen . . . 213
311. Anwendung des concaven Profiles zu Dämmen aus Zimmerwerk. Fig. 63 und 64. 214

Zehntes Kapitel.

Mauern mit ebener Außenwand.

312. Mauern, geschützt vor den Grundwellen 215
313. Beschädigungen, denen die Mauern mit ebener Außenwand ausgesetzt sind 216
314. Vortheile der concaven Verkleidungen, abgesehen von ihrer Wirksamkeit gegen die Grundwellen . . . . . . —
315. Die von verschiedenen Baumeistern vorgeschlagenen Fugen-Anordnungen für Quadermauern 217
316. Wirkung des Wellenschlages 218
317. Vorzüglichkeit der horizontalen Lager und Fugen . . . —

16

	Seite
318. Damm von Troon in Schottland	219
319. Dicke der Fugen	—
320. Verrückung des Quaderstein-Verbandes; Mittel, derselben vorzubeugen	220
321. Falze	—
322. Eingelegte Parallelepipeda	221
323. Unzulänglichkeit dieser Mittel	—
324. Bisher unergründete Ursache des zerstörten Verbandes der Verkleidungs-Quadern. Fig. 67 und 68.	222
325. Mauern, ganz aus Quadersteinen	223
326. Untersatzstücke. Fig. 69 und 70.	—
327. Nachtheile einer übel verstandenen Anwendung der Untersatzstücke. Fig. 71.	224
328. Einwurf in Bezug auf die Unkosten	—
329. Vergleich der Anordnung mit Untersatzstücken mit der englischen	—
Beispiel. Liegende Mauern in Preußen. Fig. 75.	225
330. Verkleidungen mit großen Blöcken	—
331. Einwurf wegen des Verbandes in der Mauer. Fig. 72 und 73.	—
332. Anwendung der Einlagestücke bei concaven Mauer-Profilen	226

Verbesserungen.

Seite 7, Zeile 10, von unten, lies mn statt MN.
» 7, » 9, von unten, lies m'n' statt MN.
» 10, » 16, von unten, lies auf der, statt auf die.
» 11, » 2, von oben, lies Strahlenbrechung, statt Strahlenberechnung.
» 17, » 11, von oben, lies erhalten, statt enthalten.
» 18, » 11, von unten, lies Nm'Zm'N, statt Nm'ZmN'.
» 18, » 8, von unten, lies Fläche, statt Oberfläche.
» 19, » 13, von oben, lies eine über die andere, statt eine über der andern.
» 22, » 1, von oben, lies IDJ, statt JDF.
» 22, » 2, von oben, lies JEL, statt FEL.
» 29, » 2, von oben, lies Θ, statt V.
» 30, » 2, von unten, lies hinstellet, statt herstellet.
» 32, » 8, von oben, lies ZS und Zs, statt ZS und ss.
» 32, » 9, von unten, lies PQ, statt PO.
» 33, » 11, von oben, lies während, statt und.
» 42, » 16, von unten, lies JS, statt IS.
» 43, » 11, von oben, lies cf, statt ef.
» 44, » 6, von unten, lies A'BC'DE', statt A'B'C'D'E'.
» 45, » 11, von oben, lies n, n', statt n, m'.
» 56, » 10, von unten, lies AB', statt AB.
» 56, » 10, von unten, lies AB'C', statt A'B'C'.
» 56, » 7, von unten, lies B', statt B.
» 58, » 7, von oben, lies Schwingung, statt Richtung.
» 58, » 8, von oben, lies M'B', statt M'B.
» 58, » 9, von oben, lies B'H, statt BH.
» 63, » 14, von unten, lies Canal, statt Conau.
» 64, » 18, von oben, lies PQ, statt PZ.
» 74, » 9, von unten, lies K', statt k.
» 75, » 8, von oben, lies vor, statt von.
» 83, » 12, von unten, lies BE, statt BC.
» 101, » 3, von unten, lies Laquédives, statt Laquidives.
» 115, » 2, von unten, lies Antaeopolis, statt Antacopolis.
» 120, » 2 und 3, von unten, bleibt weg: die Wirkung der Grundwellen auf.
» 140, » 17, von oben lies: nicht auch, statt auch nicht.